供热工程

主　编　尚伟红　宋喜玲
副主编　赵丽丽　张　冰
参　编　王文琪　穆小丽　郭　旭
　　　　白天韵　侯　冉　陈　爽
　　　　丁　兰　朱彦春　张剑跃

北京理工大学出版社
BEIJING INSTITUTE OF TECHNOLOGY PRESS

内 容 提 要

本书根据高等教育课程改革和人才培养计划的要求编写。全书共分为三个部分 15 个项目，第一部分为热水供暖系统，主要内容包括热水供暖系统概述、供暖系统的设计热负荷、供暖系统散热设备及附属设备、室内热水供暖系统的水力计算、辐射供暖和蒸汽供暖系统；第二部分为集中供热系统，主要内容包括集中供热系统概述、集中供热系统的热负荷、供热管网水力计算、热水网路水压图与定压方式、热水供热系统的水力工况和供热管网的布置与敷设；第三部分为智慧供暖应用，主要内容包括智慧供暖简介、智慧供暖智能化应用和智慧供暖可视化应用。

本书可作为高等院校供热通风与空调工程技术专业的教材，也可作为暖通专业工程技术人员的参考书。

版权专有　侵权必究

图书在版编目（CIP）数据

供热工程 / 尚伟红，宋喜玲主编. -- 北京：北京理工大学出版社，2024.4
　　ISBN 978-7-5763-2961-2

Ⅰ. ①供…　Ⅱ. ①尚…②宋…　Ⅲ. ①供热工程—高等学校—教材　Ⅳ. ①TU833

中国国家版本馆CIP数据核字（2023）第193716号

责任编辑：钟　博　　　　**文案编辑**：闫小惠
责任校对：周瑞红　　　　**责任印制**：王美丽

出版发行 / 北京理工大学出版社有限责任公司
社　　址 / 北京市丰台区四合庄路6号
邮　　编 / 100070
电　　话 / (010) 68914026（教材售后服务热线）
　　　　　　　(010) 68944437（课件资源服务热线）
网　　址 / http：//www.bitpress.com.cn
版 印 次 / 2024年4月第1版第1次印刷
印　　刷 / 河北鑫彩博图印刷有限公司
开　　本 / 787 mm × 1092 mm　1/16
印　　张 / 15
字　　数 / 363千字
定　　价 / 88.00元

图书出现印装质量问题，请拨打售后服务热线，负责调换

前　言

"供热工程"是建筑类高等院校供热通风与空调工程技术专业和建筑设备工程技术专业的核心课程。本书主要阐述了以热水和蒸汽作为热媒的室内供暖系统和集中供热系统相关知识，主要介绍了系统常用形式、基本组成、设备的构造和工作原理、室内和室外管网的设计计算等基本知识。

本书力求结构严谨、层次分明，突出职业特色。本书内容简明扼要、通俗易懂，文字准确、流畅，以实用为目的，以"必需、够用"为度，以高等教育专业课程教学大纲的要求为依据编写，以理论为指导，注重实践与应用，旨在提高学生分析和解决问题的能力，适应工程实际的要求。

本书由辽宁建筑职业学院尚伟红和内蒙古建筑职业技术学院宋喜玲担任主编，辽宁建筑职业学院赵丽丽、张冰担任副主编，内蒙古建筑职业技术学院王文琪、穆小丽，辽宁建筑职业学院郭旭、白天韵、侯冉、陈爽、丁兰及北京和欣运达科技有限公司朱彦春和沈阳天润热力供暖有限公司张剑跃参与编写。具体编写分工如下：项目1由宋喜玲和王文琪编写，项目2、3、4由宋喜玲编写，项目5由穆小丽编写，项目6、7、10、12由尚伟红编写，项目8由张冰编写，项目9由赵丽丽编写，项目11由白天韵和张剑跃编写，项目13由侯冉、丁兰编写，项目14由郭旭和朱彦春编写，项目15由尚伟红和陈爽编写，附录由宋喜玲、尚伟红编写。全书由尚伟红负责统稿工作。

由于编者水平有限，书中难免存在不妥和疏漏之处，敬请广大读者批评指正。

编　者

目录 CONTENTS

第1部分　热水供暖系统

项目1　热水供暖系统概述 ……………… 1
任务1　热水供暖系统的工作原理 …… 2
1.1　自然循环热水供暖系统 …………… 2
1.2　机械循环热水供暖系统 …………… 6
任务2　多层建筑常用热水供暖系统形式 …………………………… 6
2.1　垂直式系统 ………………………… 6
2.2　水平式系统 ………………………… 9
任务3　高层建筑常用供暖系统 …… 11
3.1　分区式高层建筑热水供暖系统 ……………………………… 11
3.2　双线式供暖系统 …………………… 13
3.3　单双管混合式系统 ………………… 13
3.4　热水和蒸汽混合式系统 …………… 14
任务4　室内热水供暖系统管路布置和敷设要求 …………………… 15
4.1　室内热水供暖系统管路布置及环路划分 ……………………… 15
4.2　室内热水供暖系统管路敷设要求 ……………………………… 16
任务5　常用热水供暖系统施工图 …… 17
5.1　热水供暖系统施工图组成及内容 ……………………………… 17
5.2　供暖施工图实例 …………………… 18

项目2　供暖系统的设计热负荷 …… 23
任务1　供暖系统的设计热负荷 …… 24
1.1　供暖系统设计热负荷 ……………… 24
1.2　建筑物得热量和失热量 …………… 24
1.3　确定热负荷的基本原则 …………… 24
任务2　围护结构的耗热量 …………… 25
2.1　围护结构的基本耗热量 …………… 25
2.2　围护结构的附加（修正）耗热量 ……………………………… 30
任务3　冷风渗透耗热量 ……………… 32
3.1　缝隙法 ……………………………… 32
3.2　换气次数法 ………………………… 34
3.3　百分数法 …………………………… 34
任务4　分户热计量供暖热负荷 …… 34
4.1　按面积传热计算的基本传热公式 ……………………………… 35
4.2　按体积热指标计算方法的计算公式 ……………………………… 35
任务5　围护结构的最小传热热阻与经济传热热阻 ………………… 36

· 1 ·

5.1 最小传热热阻的确定 ……………… 36
5.2 例题 ……………………………………… 37

项目 3　供暖系统散热设备及附属设备 ……………………………………… 39

任务 1　散热器 ……………………………… 40
1.1 对散热器的要求 ……………………… 40
1.2 散热器的种类 ………………………… 41
1.3 散热器的选用 ………………………… 45
1.4 散热器的布置 ………………………… 45
1.5 供暖房间普通散热器数量计算 …………………………………… 46

任务 2　暖风机 ……………………………… 50
2.1 暖风机类型 …………………………… 50
2.2 暖风机布置和安装 …………………… 51
2.3 暖风机的选择 ………………………… 52

任务 3　热水供暖系统的附属设备 ……………………………………… 52
3.1 膨胀水箱 ……………………………… 52
3.2 排气装置 ……………………………… 54
3.3 其他附属设备 ………………………… 55

项目 4　室内热水供暖系统的水力计算 ……………………………………… 58

任务 1　热水供暖系统管路水力计算的基本原理 ……………………… 59
1.1 基本公式 ……………………………… 59
1.2 当量局部阻力法和当量长度法 …………………………………… 61
1.3 塑料管材的水力计算原理 …………… 62

任务 2　热水供暖系统水力计算的任务和方法 ……………………… 62
2.1 热水供暖系统水力计算的任务 ……………………………………… 62
2.2 水力计算方法 ………………………… 62

任务 3　自然循环双管热水供暖系统管路水力计算方法和例题 ……………………………………… 65

任务 4　机械循环单管热水供暖系统管路的水力计算方法和例题 ……………………………………… 71
4.1 机械循环单管热水供暖系统管路水力计算方法 ………………… 71
4.2 机械循环单管热水供暖系统管路水力计算例题 ………………… 71

任务 5　机械循环同程式热水供暖系统管路的水力计算方法和例题 ……………………………………… 74

项目 5　辐射供暖 ………………………… 79

任务 1　辐射供暖的概念 …………………… 80
1.1 辐射供暖的定义及特点 ……………… 80
1.2 辐射供暖的分类 ……………………… 80

任务 2　低温热水地板辐射供暖系统 ……………………………………… 81
2.1 低温热水地板辐射供暖系统的热源形式 ……………………… 81
2.2 低温热水地板辐射供暖系统设备组成 ………………………… 81
2.3 散热地面管道的布置 ………………… 84

任务 3　低温热水地板辐射供暖系统设计 ……………………………… 84
3.1 热负荷计算 …………………………… 84
3.2 热力计算 ……………………………… 85
3.3 低温热水地板辐射供暖系统加热管安装 ……………………… 87

任务 4　其他辐射供暖 …………………… 89
4.1 电热辐射供暖 ………………………… 89
4.2 燃气红外线辐射供暖 ………………… 90

项目6 蒸汽供暖系统 ……92
任务1 蒸汽供暖系统的特点及类型 ……93
  1.1 蒸汽供热系统的原理 ……93
  1.2 蒸汽作为热媒的特点 ……93
  1.3 蒸汽供暖系统的类型 ……94
任务2 蒸汽供暖系统的形式 ……94
  2.1 低压蒸汽供暖系统的形式 ……94
  2.2 高压蒸汽供暖系统的形式 ……96
任务3 蒸汽供暖系统的管路布置及附属设备 ……97
  3.1 蒸汽供暖系统管道的布置 ……97
  3.2 蒸汽供暖系统附属设备 ……97

第2部分 集中供热系统

项目7 集中供热系统概述 ……103
任务1 集中供热系统方案确定 ……104
  1.1 热媒种类的确定 ……104
  1.2 热源形式的确定 ……105
任务2 集中供热的基本形式 ……105
  2.1 区域锅炉房供热系统 ……105
  2.2 热电厂供热系统 ……107
任务3 热水供热系统 ……108
  3.1 闭式热水供热系统 ……108
  3.2 开式热水供热系统 ……113
任务4 蒸汽供热系统 ……114
  4.1 蒸汽供热管网与热用户的连接方式 ……114
  4.2 凝结水回收系统 ……115

项目8 集中供热系统的热负荷 ……117
任务1 集中供热系统热负荷的概算 ……117
  1.1 供暖热负荷 ……118
  1.2 通风、空调设计热负荷 ……119
  1.3 生活热水热负荷 ……119
  1.4 生产工艺热负荷 ……120
任务2 集中供热系统年耗热量 ……120
  2.1 供暖年耗热量 ……120
  2.2 通风年耗热量 ……121
  2.3 热水供热年耗热量 ……121
  2.4 生产工艺年耗热量 ……121

项目9 供热管网水力计算 ……123
任务1 供热管网水力计算基本原理 ……124
  1.1 沿程压力损失的计算 ……124
  1.2 局部压力损失的计算 ……126
  1.3 计算管段总压力损失的计算 ……126
任务2 热水供热管网的水力计算 ……126
  2.1 热水供热管网水力计算方法及步骤 ……127
  2.2 水力计算举例 ……128

项目10 热水网路水压图与定压方式 ……131
任务1 热水网路水压图基本概念 ……132
任务2 热水网路水压图 ……133
  2.1 热水网路水压图的组成及作用 ……133
  2.2 绘制热水网路水压图的技术要求 ……134
  2.3 绘制热水网路水压图的方法与步骤 ……135
  2.4 利用热水网路水压图分析用户与管网的连接方式 ……137

任务 3　热水网路定压和水泵选择……138

3.1　热水管网的定压方式……138
3.2　循环水泵……142
3.3　补给水泵……143

项目 11　热水供热系统的水力工况……145

任务 1　热水供热系统的水力失调……145

1.1　水力失调原因……146
1.2　串联、并联管路的特性阻力系数……146
1.3　水力失调计算……147
1.4　水力失调分析……148

任务 2　热水供热系统的水力稳定性……149

项目 12　供热管网的布置与敷设……152

任务 1　供热管网的布置……153

1.1　供热管网的平面布置形式……153
1.2　供热管网的平面布置……154

任务 2　供热管道的敷设……155

2.1　直埋敷设……156
2.2　地沟敷设……157
2.3　架空敷设……160

任务 3　供热管道的热膨胀及热补偿……162

3.1　管道热伸长量……162
3.2　管道热膨胀的补偿……162

任务 4　管道支座及受力分析……168

4.1　管道活动支座……168
4.2　管道的固定支座……171

任务 5　供热管网的附属设施及调节附件……173

5.1　供热管道的泄水与放气……173
5.2　供热管道的检查井与检查平台……174
5.3　供热管道的控制阀门……174

任务 6　供热管道的保温、防腐与刷油……177

6.1　常用管道保温材料的种类和性能……177
6.2　管道保温材料经济厚度的确定……178
6.3　管道防腐与保温的做法与技术要点……179

第 3 部分　智慧供暖应用……182

项目 13　智慧供暖简介……184

13.1　智慧供暖现状……184
13.2　智慧供暖目标……184
13.3　智慧供暖技术未来发展……184

项目 14　智慧供暖智能化应用……186

14.1　设备安装……186
14.2　智能化控制……188

项目 15　智慧供暖可视化应用……196

15.1　触摸屏的初步认识……196
15.2　触摸屏与 BLC-54EH 的连接与控制……196

附录……199

参考文献……230

第1部分　热水供暖系统

项目1　热水供暖系统概述

学习目标

知识目标

1. 了解建筑热水供暖系统的工作原理。
2. 了解常用热水供暖系统的形式。
3. 熟悉室内热水供暖系统的管路布置和敷设要求。
4. 掌握室内热水供暖系统施工图识读。

能力目标

1. 能够识读室内热水供暖系统施工图。
2. 能够完成室内热水供暖系统管路的布置和敷设。
3. 能够利用网络资源收集本课程相关知识及设备附件产品样本、暖通施工图实例等资料。
4. 能够运用学习过程中的经验知识，处理工作过程中遇到的实际问题和解决困难。
5. 具备自学能力和继续学习的能力。

素质目标

1. 具有团队协作意识、服务意识及协调沟通交流能力。
2. 能认真完成所接受的工作任务，脚踏实地，任劳任怨。
3. 诚实守信、以人为本、关心他人。
4. 树立质量意识、安全意识。
5. 树立责任意识、使命担当。
6. 厚植学生的爱国情怀，激发学生的爱国主义、社会主义思想情怀，做有理想、有道德、有文化、有纪律的社会主义接班人。

思政小课堂

"十天建座医院，这怎么可能完成？"这是众多参加火神山医院设计、施工的人，接到任务指令时的第一反应。全体现场施工人员则以"白加黑""5+2"的工作模式，"两班倒"24小时昼夜不停施工，争分夺秒抢抓工程进度；施工、监理人员一齐守在现场，许多难题都是在热火朝天的讨论后现场敲定解决方案。

今天的中国建造，污水处理、空气净化等各项技术更加先进，在给病患和医护人员提供更加完善的生命健康保障的同时，也将医院对周边环境的影响降到最低。

"中国速度"来源于综合国力。"国是千万家，有国才有家。"火神山医院建设期间，全国各地各个行业都调动了起来，从物资到技术，从硬件到软件，人们真正感受到了中国综合国力的增强。这是今天我们能够创造"火神山速度"的最强劲底气之所在。

作为建筑类专业技术人员，要做好知识储备，时刻准备为祖国贡献力量。

任务1 热水供暖系统的工作原理

建筑供暖系统根据热媒的不同，可分为热水供暖系统、蒸汽供暖系统和热风供暖系统。热水供暖系统的热能利用率较高，输送时无效热损失较小，散热设备不易腐蚀，使用周期长，且散热设备表面温度低，符合卫生要求，系统操作方便，运行安全，易于实现供水温度的集中调节，系统蓄热能力高，散热均衡，适用于远距离输送，因此，《民用建筑供暖通风与空气调节设计规范》(GB 50736—2012)(以下简称《民建暖通空调规范》)规定，民用建筑应采用热水供暖系统。

热水供暖系统按循环动力的不同，可分为自然循环热水供暖系统和机械循环热水供暖系统。目前应用最广泛的是机械循环热水供暖系统。

微课：热水供暖系统工作原理

1.1 自然循环热水供暖系统

1. 自然循环热水供暖的工作原理及其作用压力

图1-1所示为自然循环热水供暖系统工作原理图。在图中假设整个系统只有一个放热中心1(散热器)和一个加热中心2(热水锅炉)，用供水管路3和回水管路4将锅炉与散热器连接起来。在系统的最高处连接一个膨胀水箱5，用来容纳水在受热后膨胀而增加的体积。

在系统运行之前，先将系统内充满冷水。当水在锅炉中被加热后，密度减小，水向上浮升，经供水管道流入散热器。在散热器内水被冷却，密度增加，水再沿回水管道返回锅炉。

在水的循环流动过程中，供水和回水由于温度差的存在，产生了密度差，系统就是靠供回水的密度差作为循环动力。这种系统称为自然(重力)循环热水供暖系统。分析该系统循环作用压力时，忽略水在管路中流动时管壁散热产生的水冷却。认为水温只是在锅炉和散热器处发生变化。

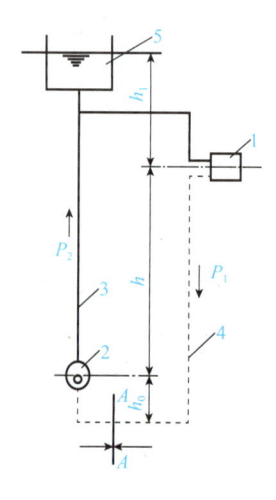

图1-1 自然循环热水供暖系统工作原理图

1—散热器；2—热水锅炉；3—供水管路；
4—回水管路；5—膨胀水箱

假设图 1-1 所示的循环环路最低点的断面 A—A 处有一阀门，若阀门突然关闭，A—A 断面两侧受到不同的水柱压力，两侧的水柱压力差就是推动水在系统内进行循环流动的自然循环作用压力。

设 P_1 和 P_2 分别表示 A—A 断面右侧和左侧的水柱压力，则 A—A 断面两侧的水柱压力分别为

$$P_1 = g(h_0 \rho_h + h \rho_h + h_1 \rho_g)$$
$$P_2 = g(h_0 \rho_h + h \rho_g + h_1 \rho_g)$$

断面 A—A 两侧的压力差，即系统的循环作用压力为

$$\Delta P = P_1 - P_2 = gh(\rho_h - \rho_g) \tag{1-1}$$

式中　ΔP——系统的循环作用压力(Pa)；
　　　g——重力加速度(m/s²)，取 9.81 m/s²；
　　　h——冷却中心至加热中心的垂直距离(m)；
　　　ρ_h——回水密度(kg/m³)；
　　　ρ_g——供水密度(kg/m³)。

由式(1-1)可见，自然循环作用压力的大小与供、回水的密度差和锅炉中心与散热器中心的垂直距离有关。低温热水供暖系统供回水温度一定(95 ℃/70 ℃)时，为了提高系统的循环作用压力，应尽量增大锅炉与散热设备之间的垂直距离。但自然循环系统的作用压力都不大，作用半径一般不超过 50 m。

在热水供暖系统中，应考虑系统充水时，如果未能将空气完全排除，随着水温的升高或水在流动中压力的降低，水中溶解的空气会逐渐析出，空气会在管道的某些高点处形成气塞，阻碍水的循环流动。空气如果积存于散热器中，散热器就会不热。另外，氧气还会加剧管路系统的腐蚀。所以，热水供暖系统应考虑如何排除空气。

图 1-2 所示为自然循环热水供暖系统的两种形式。上供下回式系统的供水干管敷设在所有散热器之上，回水干管敷设在所有散热器之下。

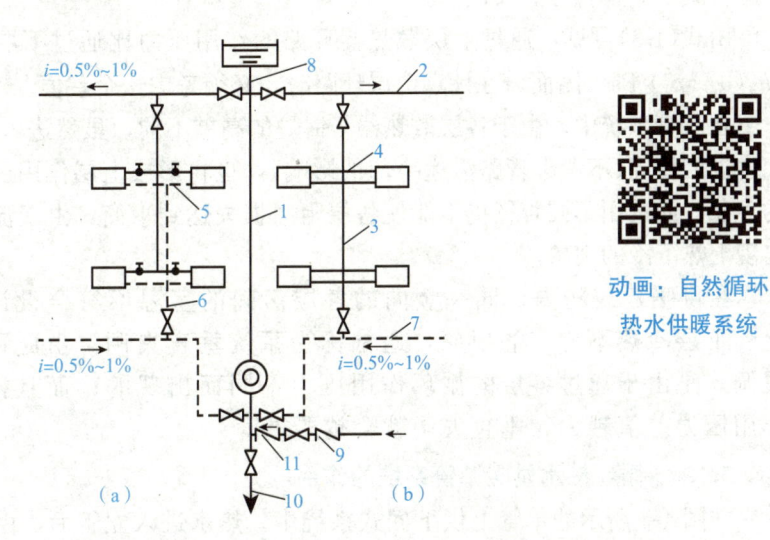

图 1-2　自然循环热水供暖系统的形式
1—总立管；2—供水干管；3—供水立管；4—散热器供水支管；5—散热器回水支管；6—回水立管；
7—回水干管；8—膨胀水箱连接管；9—充水管(接上水管)；10—泄水管(接下水道)；11—止回阀

在自然循环热水供暖系统中,水的循环作用压力较小,流速较低,水平干管中水的流速小于0.2 m/s,而干管中空气气泡的浮升速度为 0.1~0.2 m/s,立管中约为 0.25 m/s,一般超过了水的流动速度,因此,空气能够逆着水流方向向高处聚集,通过膨胀水箱排除。

自然循环上供下回式热水供暖系统的供水干管应顺水流方向设下降坡度,坡度值为0.005~0.01。散热器支管也应沿水流方向设下降坡度,坡度值不小于0.01,以便空气能逆着水流方向上升,聚集到供水干管最高处设置的膨胀水箱排除。

回水干管应该有向锅炉方向下降的坡度,以便于系统停止运行或检修时能通过回水干管顺利泄水。

2. 自然循环热水供暖双管系统的作用压力

在图1-3所示的上供下回式双管系统中,各层散热器都并联在供、回水立管上,热水直接经供水干管、立管进入各层散热器,冷却后的回水,经回水立管、干管直接流回锅炉,如果不考虑水在管道中的冷却,则进入各层散热器的水温相同。

图1-3中散热器 S_1 和 S_2 并联,热水在 a 点分配进入各层散热器,在散热器内放热冷却后,在 b 点汇合后返回热源。该系统形成了两个冷却中心 S_1 和 S_2,同时与热源、供回水干管形成了两个并联环路 aS_1b 和 aS_2b。

通过底层散热器的环路 aS_1b 的作用压力为

$$\Delta P_1 = gh_1(\rho_h - \rho_g) \tag{1-2}$$

通过上层散热器的环路 aS_2b 的作用压力为

$$\Delta P_2 = g(h_1 + h_2)(\rho_h - \rho_g) = \Delta P_1 + gh_2(\rho_h - \rho_g) \tag{1-3}$$

式中 ΔP_1——通过底层散热器 aS_1b 环路的作用压力(Pa);

ΔP_2——通过上层散热器 aS_2b 环路的作用压力(Pa)。

图1-3 上供下回式双管系统原理

式中其他符号意义同前。

由式(1-3)可见,通过上层散热器环路的作用压力比通过下层散热器的大,其差值为 $gh_2(\rho_h - \rho_g)$ Pa。因而,在计算上层环路时,必须考虑这个差值。

在双管系统中,由于各层散热器与锅炉的高差不同,虽然进入和流出各层散热器的供、回水温度相同(不考虑管路沿途冷却的影响),也将形成上层作用压力大、下层作用压力小的现象。如选用不同管径仍不能使各层阻力损失达到平衡,由于流量分配不均匀,必然要出现上热下冷的现象。

在供暖建筑物内,同一竖向的各层房间的室温不符合设计要求的温度,而出现上、下层冷热不均匀的现象,通常称为系统垂直失调。由此可见,双管系统的垂直失调,是由于通过各层的循环作用压力不同而出现的;而且楼层数越多,上下层的作用压力差值越大,垂直失调就会越严重。

3. 自然循环热水供暖单管系统的作用压力

在图1-4所示的单管上供下回式系统中,热水进入立管后,由上向下顺序流过各层散热器,水温逐层降低,各组散热器串联在立管上。每根立管(包括立管上各层散热器)与锅炉、供回水干管形成一个循环环路,各立管环路是并联关系。

图1-4中散热器 S_2 和 S_1 串联在立管上,引起自然(重力)循环作用压力的高差是 $(h_1 +$

h_2),冷却后水的密度分别为 ρ_2 和 $\rho_h(\rho_h=\rho_1)$。其循环作用压力 ΔP 为

$$\Delta P = gh_1(\rho_h-\rho_g)+gh_2(\rho_2-\rho_g) \quad (1-4)$$

同理,若循环环路中有 N 组串联的冷却中心(散热器)时,其循环作用压力 ΔP 可用下面公式表示:

$$\Delta P = \sum_{i=1}^{n} gh_i(\rho_i-\rho_g) \quad (1-5)$$

式中 n——在循环环路中,冷却中心的总数;
g——重力加速度(m/s^2),$g=9.81\ m/s^2$;
ρ_g——供暖系统供水的密度(kg/m^3);
i——表示 N 组冷却中心的顺序数,令沿水流方向最后一组散热器 $i=1$;
h_i——从计算冷却中心 i 到 $(i-1)$ 之间的垂直距离(m);当计算的冷却中心 $i=1$(沿水流方向最后一组散热器)时,h_i 表示与锅炉中心的垂直距离(m);
ρ_i——流出所计算的冷却中心的水的密度(kg/m^3)。

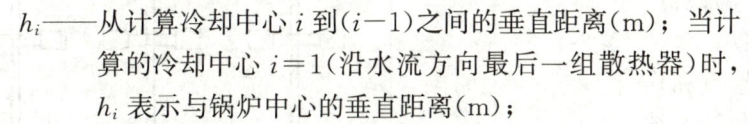

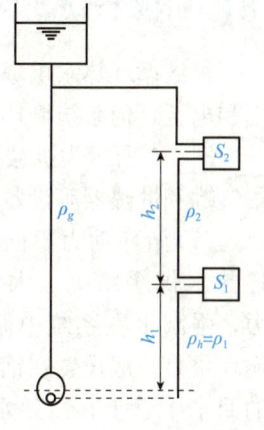

图 1-4 单管系统原理图

在单管系统运行期间,由于立管的供水温度或流量不符合设计要求,也会出现垂直失调现象。但在单管系统中,影响垂直失调的原因不是像双管系统那样,由于各层作用压力不同造成的,而是由于各层散热器的传热系数 K 随各层散热器平均计算温度差的变化程度不同而引起的。

应注意,前面讲述自然循环作用压力时,只考虑水温在锅炉和散热器中发生变化,忽略了水在管路中的沿途冷却。实际上,水的温度和密度沿途是不断变化的,散热器实际进水温度比上述假设情况下的水温低,这会增加系统的循环作用压力。自然循环系统的作用压力一般不大,所以,水在管路内冷却产生的附加压力不应忽略,计算自然循环系统的综合作用压力 ΔP_{zh} 时,应首先在假设条件下确定自然循环作用压力,再增加一个考虑水沿途冷却产生的附加压力,即

$$\Delta P_{zh} = \Delta P + \Delta P_f \quad (1-6)$$

式中 ΔP——重力循环系统中,水在散热器内冷却所产生的作用压力(Pa);
ΔP_f——水在循环环路中冷却的附加作用压力(Pa)。

【例题 1-1】 如图 1-3 所示,设 $h_1=3.2\ m$,$h_2=3.0\ m$,供水温度 $t_g=95\ ℃$,回水温度 $t_h=70\ ℃$。求双管系统的循环作用压力(计算作用压力时,本题不考虑水在管路中冷却的因素)。

【解】 系统的供、回水温度 $t_g=95\ ℃$,$t_h=70\ ℃$。$\rho_g=961.92\ kg/m^3$,$\rho_h=977.81\ kg/m^3$。根据式(1-2)和式(1-3)的计算方法,通过各层散热器循环环路的作用压力,分别为:

第一层:$\Delta P_1=gh_1(\rho_h-\rho_g)=9.81\times 3.2\times(977.81-961.92)=498.8(Pa)$

第二层:$\Delta P_2=g(h_1+h_2)(\rho_h-\rho_g)=9.81\times(3.2+3.0)\times(977.81-961.92)=966.5(Pa)$

第二层与底层循环环路的作用压力差值为

$$\Delta P = \Delta P_2 - \Delta P_1 = 966.5 - 498.8 = 467.7(Pa)$$

自然循环热水供暖系统是最早采用的一种热水供暖方式,已有约 200 年的历史,至今仍在应用。它装置简单,运行时无噪声、不消耗电能。但由于其作用压力小、管径大,作用范围受到限制,因而通常只能在单幢建筑物中应用,其作用半径不宜超过 50 m。

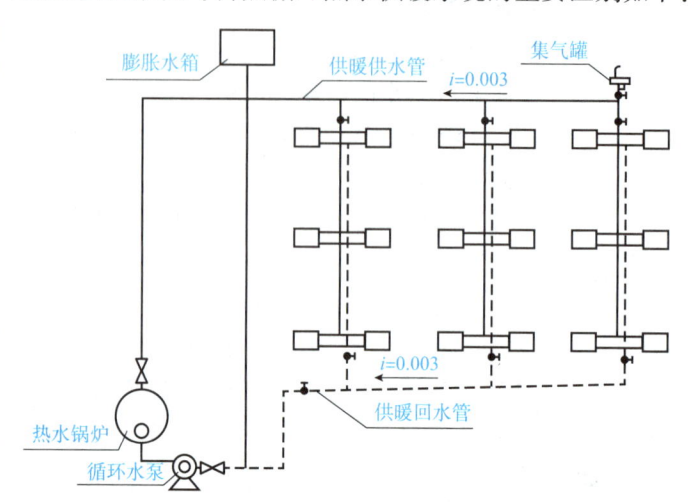

1.2　机械循环热水供暖系统

机械循环热水供暖系统设置了循环水泵为水循环提供动力。这虽然增加了运行管理费用和电耗，但系统循环作用压力大，管径较小，系统的作用半径会显著提高。

图 1-5 所示为机械循环热水供暖系统原理图。该系统中设置了循环水泵、膨胀水箱、集气罐和散热器等设备。机械循环热水供暖系统与自然循环热水供暖系统的主要区别如下：

（1）循环动力不同。机械循环热水供暖系统靠水泵提供动力，强制水在系统中循环流动。循环水泵一般设置在锅炉入口前的回水干管上，该处水温最低，可避免水泵出现气蚀现象。

（2）膨胀水箱的连接点和作用不同。机械循环热水供暖系统的膨胀水箱设置在系统的最高处，水箱下部接出的膨胀管连接在循环水泵入口前的回水干管上。其作用除容纳水受热膨胀而增加的体积外，还能恒定水泵入口压力，保证供暖系统压力稳定。

图 1-5　机械循环热水供暖系统原理图

如图 1-5 所示，系统定压点设置在循环水泵入口处，既能限制水泵吸水管路的压力降，避免水泵出现气蚀现象，又能使循环水泵的扬程作用在循环管路和散热设备中，保证系统有足够的压力克服流动阻力，使水在系统中循环流动。这可以保证系统中各点的压力稳定，使系统压力分布更合理。膨胀水箱是一种最简单的定压设备。

（3）系统排气方式不同。机械循环热水供暖系统中水流速度较大，一般都超过水中分离出的空气泡的浮升速度，易将空气泡带入立管引起气塞。所以，机械循环上供下回式系统水平敷设的供水干管应沿水流方向设上升坡度，坡度宜采用 0.003，不得小于 0.002。在供水干管末端最高点处设置集气罐，以便空气能顺利地与水流同方向流动，集中到集气罐处排除。

动画：机械循环热水供暖系统

回水干管也应采用沿水流方向下降的坡度，坡度宜采用 0.003，不得小于 0.002，以便于泄水。

任务 2　多层建筑常用热水供暖系统形式

多层建筑是指层数为 6 层及以下的建筑物。从散热器的承压能力看，它对于绝大多数的散热器均适用。因此，多层建筑多采用热水作为供暖系统的热媒。

2.1　垂直式系统

垂直式系统按供、回水干管布置位置不同，有下列几种形式。

1. 机械循环上供下回式热水供暖系统

如图 1-6 所示，机械循环上供下回式热水供暖系统的供水干管设置于系统最上面，回水干管设置于系统最下面。管道布置方便，排气顺畅。机械循环热水供暖系统除膨胀水箱的连接位置与自然循环系统不同外，还增加了循环水泵和排气装置。

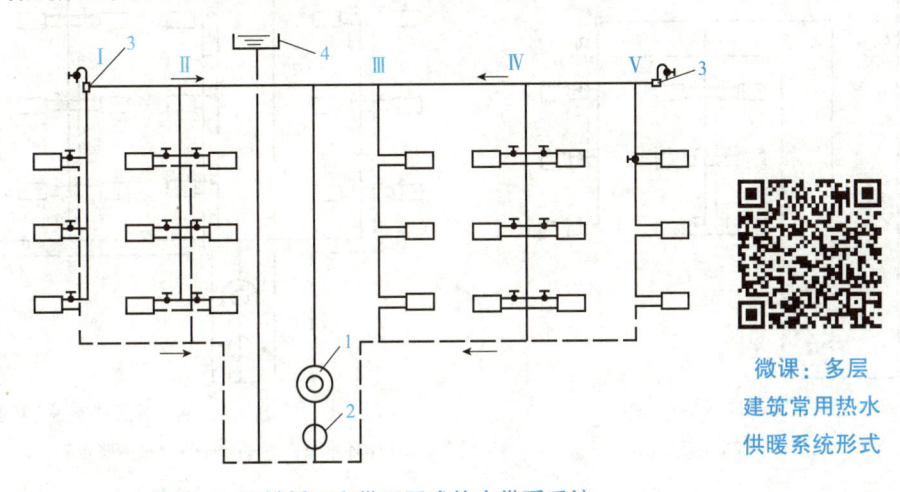

图 1-6　机械循环上供下回式热水供暖系统
1—锅炉；2—循环水泵；3—集气罐；4—膨胀水箱

2. 机械循环上供上回式热水供暖系统

如图 1-7 所示，机械循环上供上回式热水供暖系统的供回水干管均位于系统最上面。供暖干管不与地面设备及其他管道发生占地矛盾，但立管管材消耗量增加，立管下面均要设置防水阀。机械循环上供上回式热水供暖系统主要用于设备和工艺管道较多、沿地面布置干管困难的工厂车间。

3. 机械循环下供下回式热水供暖系统

如图 1-8 所示，机械循环下供下回式热水供暖系统的供回水干管均设置于系统最下面。底层需要设置管沟或有地下室以便于布置两个干管，要在顶层散热器设置放气阀或空气管排除系统中的空气。与机械循环上供上回式供暖系统相比，供水干管无效热损失小，可减轻机械循环上供上回式供暖系统的垂直失调。

4. 机械循环下供上回式(倒流式)热水供暖系统

如图 1-9 所示，机械循环下供上回式热水供暖系统的供水干管均设置于系统最下面，回水干管在系统最上面。立管中水流方向与空气浮升方向一致，有利于排气。与机械循环上供下回式供暖系统相比，底层散热器平均温度高，可减小底层散热器面积，有利于解决某些建筑物中一层散热器面积过大，难于布置的问题。

5. 中供式热水供暖系统

如图 1-10 所示，中供式热水供暖系统是供水干管设置于建筑物中间某楼层的系统形式。供水干管将系统垂直方向分为两部分：上半部分系统为下供下回式系统；下半部分为上供下回式系统。中供式热水供暖系统可减轻垂直失调，但计算和调节较麻烦。

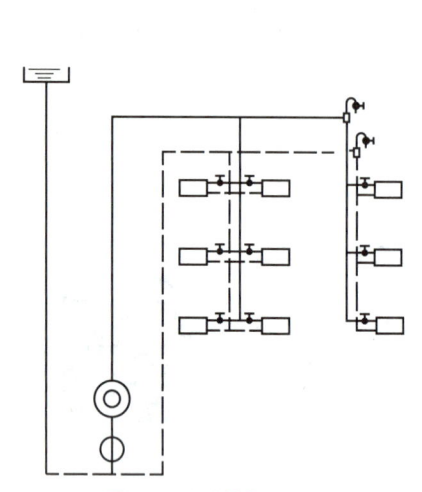

图 1-7　机械循环上供上回式热水供暖系统

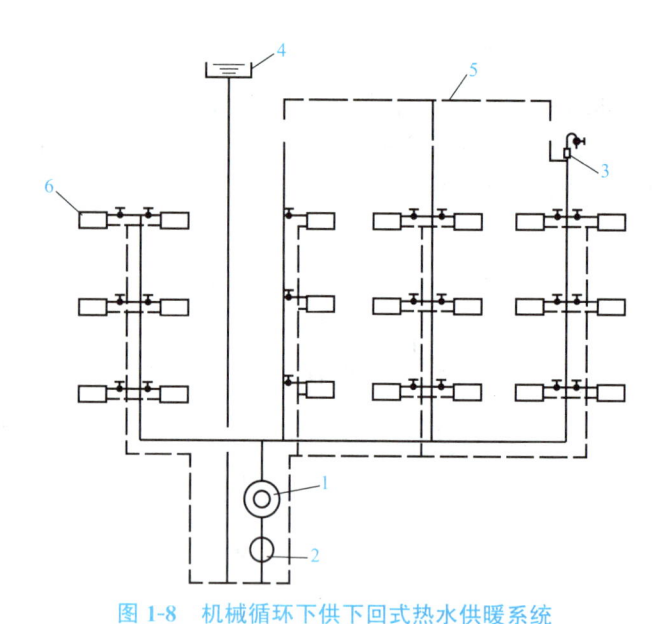

图 1-8　机械循环下供下回式热水供暖系统

1—锅炉；2—循环水泵；3—集气罐；4—膨胀水箱；5—空气管；6—冷风阀

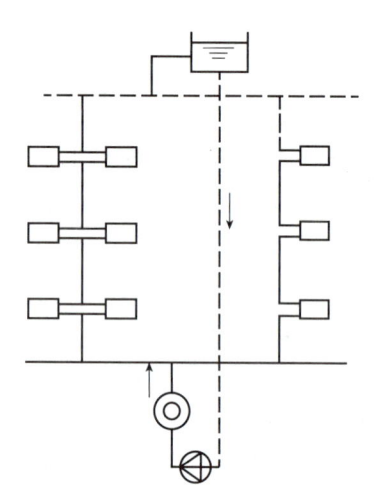

图 1-9　机械循环下供上回式热水供暖系统

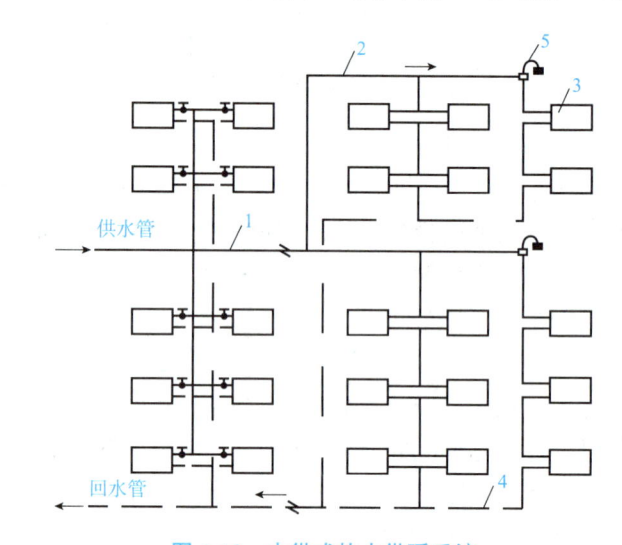

图 1-10　中供式热水供暖系统

1—中部供水管；2—上部供水管；3—散热器；4—回水干管；5—集气罐

6. 异程式系统与同程式系统

上述介绍的各种系统，在供、回水干管走向布置方面都具有如下特点：通过各个立管的循环环路的总长度并不相等。如图 1-6 所示，通过立管Ⅲ循环环路的总长度，就比通过立管Ⅴ的小，这种布置形式称为异程式系统。

异程式系统供、回水干管的总长度小，但在机械循环系统中，由于作用半径较大，连接立管较多，所以通过各个立管环路的压力损失较难平衡。有时离总立管最近的立管，即使选用了最小的管径 $\phi 15\ \text{mm}$，仍有很多的剩余压力。初调节不当时，就会出现近处立管流量超过要求，而远处立管流量不足的现象。在远近立管处出现流量失调而引起在水平方向冷热不均匀的现象，称为系统的水平失调。

为了消除或减轻系统的水平失调，环路的总长度都相等。如图1-11所示，通过最近立管Ⅰ的循环环路与通过最远处立管Ⅳ的循环环路调，在供、回水干管走向布置方面，可采用同程式系统。同程式系统的特点是通过各个立管的循环的总长度都相等，因此压力损失易于平衡。由于同程式系统具有上述优点，所以在较大的建筑物中常采用同程式系统。但同程式系统管道的金属消耗量要多于异程式系统。

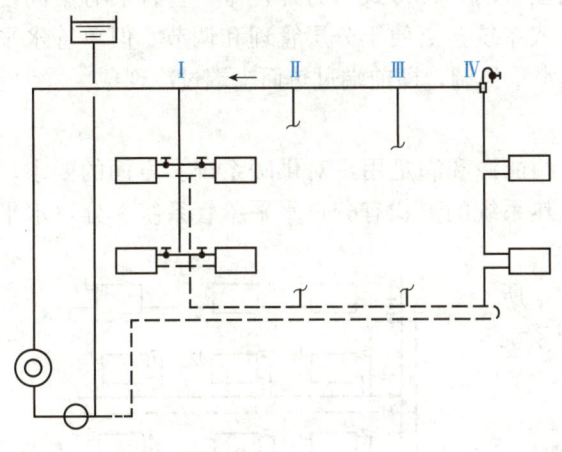

图1-11 同程式系统

微课：室内采暖管道安装

2.2 水平式系统

1. 普通水平式系统

普通水平式系统按供水管与散热器的连接方式不同，可分为顺流式（图1-12）和跨越式（图1-13）两类。这些连接方式在机械循环和自然循环系统中都可应用。

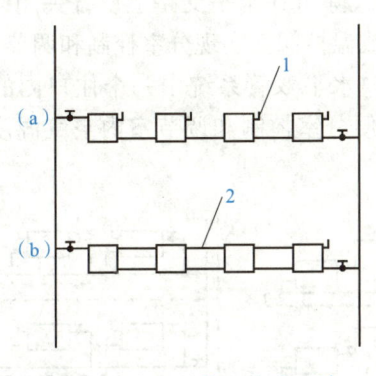

图1-12 水平单管顺流式系统
1—冷风阀；2—空气管

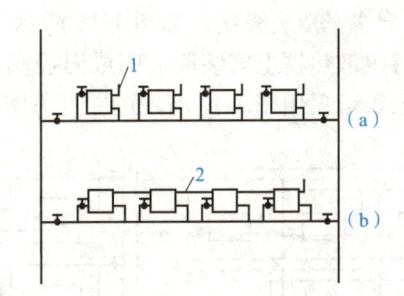

图1-13 水平单管跨越式系统
1—冷风阀；2—空气管

普通水平式系统的排气方式要比垂直式上供下回系统复杂些。它需要在散热器上设置冷风阀分散排气[图1-12(a)和图1-13(a)]，或在同一层散热器上部串联一根空气管集中排气[图1-12(b)和图1-13(b)]。对散热器较少的系统，可采用分散排气方式；对散热器较多的系统，宜采用集中排气方式。

水平式系统与垂直式系统相比，具有如下优点：

(1)系统的总造价一般要比垂直式系统低；
(2)管路简单，无穿过各层楼板的立管，施工方便；
(3)有可能利用最高层的辅助空间(如楼梯间、厕所等)，架设膨胀水箱。

不必在顶棚上专设安装膨胀水箱的房间。这样不仅降低了建筑造价，还不影响建筑物外形美观。

因此，水平式系统也是在国内应用较多的一种形式。另外，对一些各层有不同使用功能或不同温度要求的建筑物，采用水平式系统，更便于分层管理和调节。但单管水平式系统串联散热器很多时，运行时容易出现水平失调，即前端过热而末端过冷现象。

2. 分户热计量供暖系统

为便于分户按实际耗热量计费、节约能源和满足用户对供暖系统多方面的要求，现代建筑采用分户热计量供暖系统。户内供热系统的形式有分户水平单管系统、分户水平双管系统和分户水平放射式系统。

(1)分户水平单管系统。如图 1-14 所示，分户水平单管系统与普通水平单管系统的主要区别如下：

1)水平支路长度限于一个住户之内；
2)能够分户计量和调节供热量；
3)可分室控制，满足不同室温要求。

分户水平单管系统可采用水平顺流式[图 1-14(a)]、散热器同侧接管跨越式[图 1-14(b)]和散热器异侧接管跨越式[图 1-14(c)]。如图 1-14(a)所示，在水平支路上设置关闭阀、调节阀和热量表，可实现分户调节和计量，不能分室改变供热量，只能在对分户水平式系统的供热性能和质量要求不高的情况下使用。图 1-14(b)和图 1-14(c)所示形式除可在水平支路上设置关闭阀、调节阀和热量表外，还可在各散热器支管上安装调节阀或温控阀，实现分室控制和调节。

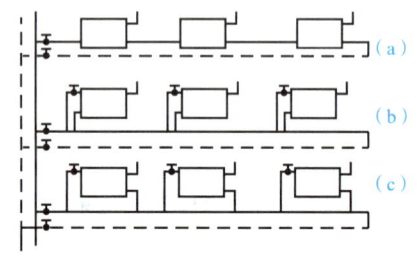

图 1-14 分户水平单管系统
(a)水平顺流式；(b)散热器同侧接管跨越式；
(c)散热器异侧接管跨越式

(2)分户水平双管系统。如图 1-15 所示，分户水平双管系统中一个住户内的各散热器并联，在每组散热器上安装调节阀或温控阀，以便分室控制和调节室内空气温度。水平供水管和回水管可采用图 1-15 所示的三种方案布置。

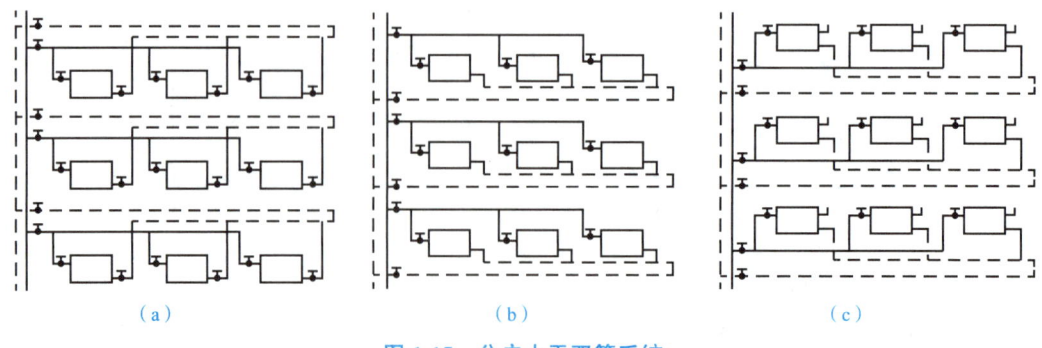

图 1-15 分户水平双管系统

(3)分户水平放射式系统。如图 1-16 所示，分户水平放射式系统在每户的供热管道入口设置小型分水器和集水器 4，各散热器并联，散热量可单体调节。为了计量各用户实际耗热量，入户管上设有热量表1。为了方便调节各室用热量，通往各散热器2的支管上设有调节阀5，每组散热器入口处也可安装温控阀。为了排气，散热器上方安装排气阀3。

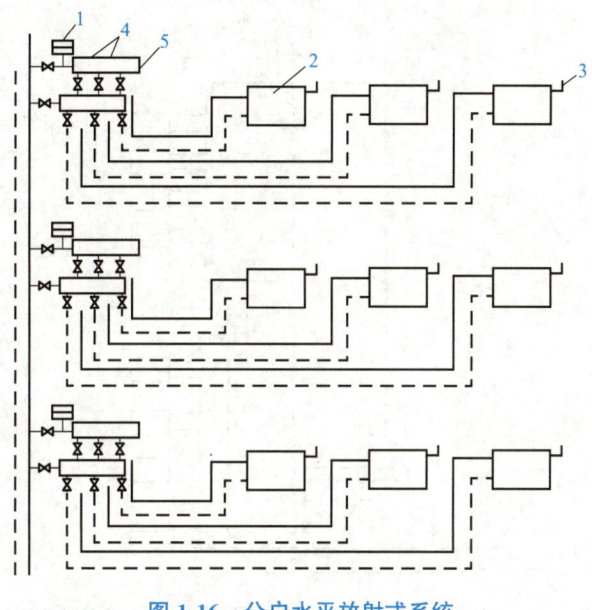

图 1-16 分户水平放射式系统

1—热量表；2—散热器；3—排气阀；4—分、集水器；5—调节阀

任务 3　高层建筑常用供暖系统

高层建筑楼层多，供暖系统底层散热器承受的压力加大，供暖系统的高度增加，更容易产生垂直失调。在确定高层建筑热水供暖系统与室外热水网路的连接方式时，不仅要满足本系统最高点不倒空、不汽化，底层散热器不超压的要求，还要考虑该高层建筑供暖系统连接到集中热网后，不会导致其他建筑物供暖散热器超压。另外，高层建筑热水供暖系统的形式应有利于减轻垂直失调。在上述原则指导下，高层建筑热水供暖系统可以采取以下形式。

微课：高层建筑常用供暖系统

3.1　分区式高层建筑热水供暖系统

分区式高层建筑热水供暖系统是将系统沿垂直方向分成两个或两个以上的独立系统的形式，其分界线取决于集中热网的压力状况、建筑物总层数和所选散热器的承压能力等条件。分区式高层建筑热水供暖系统可解决下部散热器超压问题，同时减轻系统的垂直失调度。

低区部分通常与室外网路直接连接。它的高度主要取决于室外网路的压力工况和散热器的承压能力。高区部分可根据外网的压力选择下述连接形式。

1. 高区采用间接连接的系统

高区供暖系统与热网间接连接的分区式供暖系统如图 1-17 所示。高区系统换热站可设在建筑物的底层、地下室或中间技术层内，还可设置在室外的集中热力站内。室外热网在用户处提供的资用压力较大，供水温度较高时可采用高区间接连接的系统。

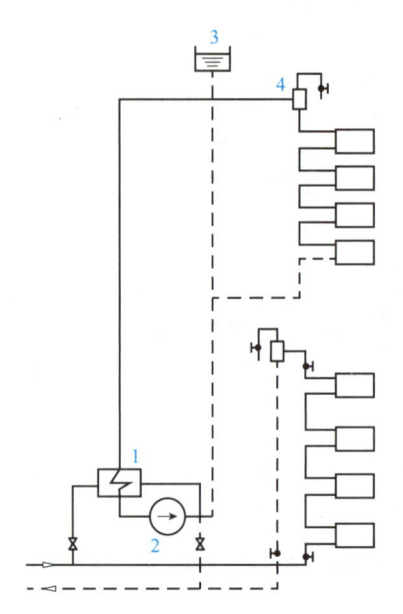

图 1-17 高区供暖系统与热网间接连接的分区式供暖系统

1—换热器；2—循环水泵；3—膨胀水箱；4—集气罐

2. 高区采用双水箱或单水箱系统

当外网在用户处提供的资用压力较小、供水温度较低时，使用热交换器所需的加热面过大而不经济合理时，可采用图 1-18 所示的高区双水箱或单水箱高层建筑热水供暖系统。

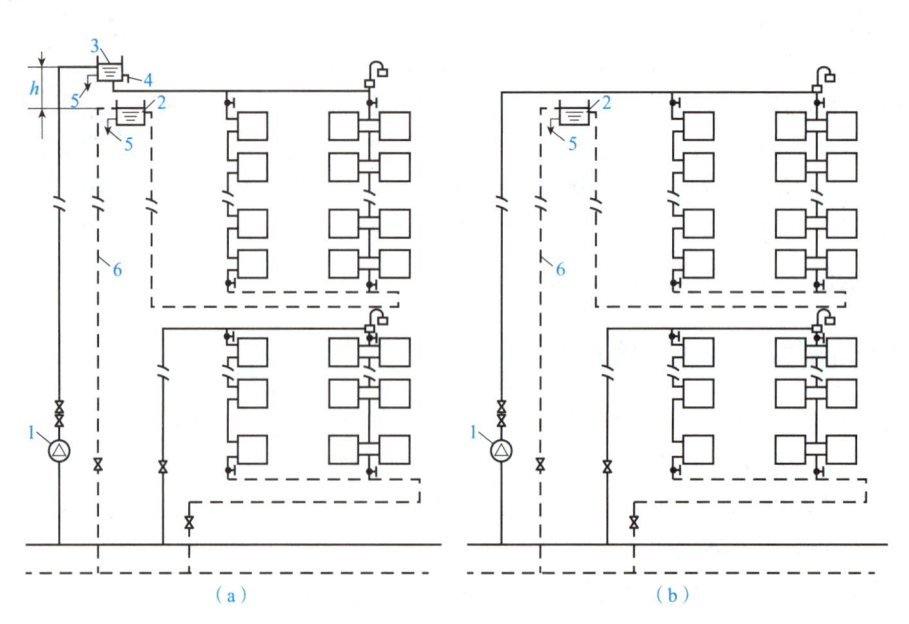

图 1-18 高区双水箱或单水箱高层建筑热水供暖系统

1—加压水泵；2—回水箱；3—供水箱；4—进水箱溢流管；5—信号管；6—回水箱溢流管

在高区设置两个水箱,用加压水泵1将供水注入供水箱3,依靠供水箱3与回水箱2之间的水位高差[图1-18(a)中 h]或利于系统最高点的压力[图1-18(b)],作为高区供暖的循环动力。系统停止运行时,利于水泵出口止回阀使高区与外网供水管断开,高区静水压力传递不到底层散热器及外网的其他用户。由于回水箱溢流管6内水高度取决于外网回水管压力的大小,回水箱高度超过了用户所在的外网回水管的压力,所以,回水箱溢流管6上部为非满管流,起到了将系统高区与外网分离的作用。该系统的水箱为开式,系统容易进入空气,增大了氧化腐蚀的可能。

3.2 双线式供暖系统

双线式供暖系统只能减轻系统失调,不能解决系统下部散热器超压的问题。双线式系统有垂直和水平两种形式。

1. 垂直双线式热水供暖系统

图1-19所示为垂直双线式热水供暖系统。由于散热器立管是由上升立管和下降立管组成的,各层散热器5的平均温度近似,减轻了系统的垂直失调。立管阻力增加,提高了系统的水力稳定性。其适用于公用建筑物的一个房间设置两组散热器或两块辐射板的情形。

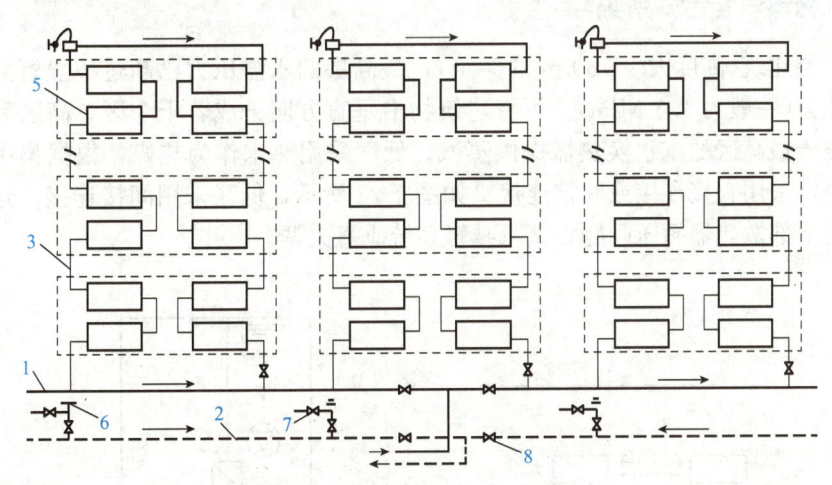

图1-19 垂直双线式热水供暖系统

1—供水干管;2—回水干管;3—双线立管;4—双线水平管;5—散热器;6—节流孔板;7—排水阀;8—截止阀

2. 水平双线式热水供暖系统

图1-20所示为水平双线式热水供暖系统。在水平方向的各组散热器平均温度近似,减轻了系统水平失调,在每层水平支线上设置调节阀7和节流孔板6,可实现分层调节和减轻系统的垂直失调。

3.3 单双管混合式系统

图1-21所示为单双管混合式系统。该系统将散热器沿垂直方向分成组,每组为双管系统,组与组之间采用单管连接。利用双管系统散热器能局部调节和单管系统可提高系统水力稳定性的优点,解决了双管系统层数多时,重力作用压头引起的垂直失调严重的问题。但该系统不能解决下部散热器超压的问题。

· 13 ·

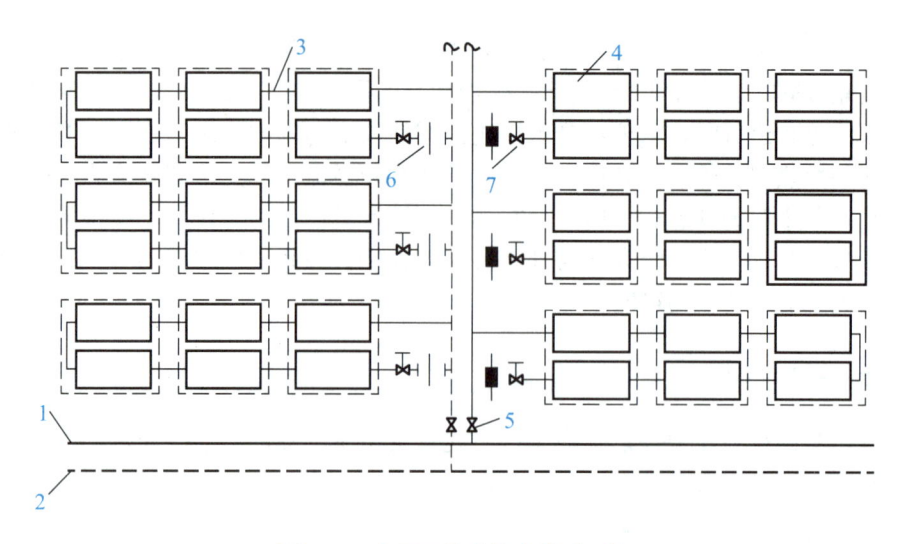

图 1-20　水平双线式热水供暖系统

1—供水干管；2—回水干管；3—水平管；4—散热器；5—截止阀；6—节流孔板；7—调节阀

3.4　热水和蒸汽混合式系统

对特高层建筑(高度大于 160 m 的建筑)，最高层的水静压力已超过一般管路附件和设备的承压能力(一般为 1.6 MPa)。可将建筑物沿垂直方向分成若干个区，高区利于蒸汽作为热媒向位于最高区的汽水换热器提供蒸汽。低区采用热水作为热媒，根据集中热网的压力和温度决定采用直接连接或间接连接。如图 1-22 所示，低区采用间接连接。这种系统既可解决系统下部散热器超压问题，又可减轻系统垂直失调。

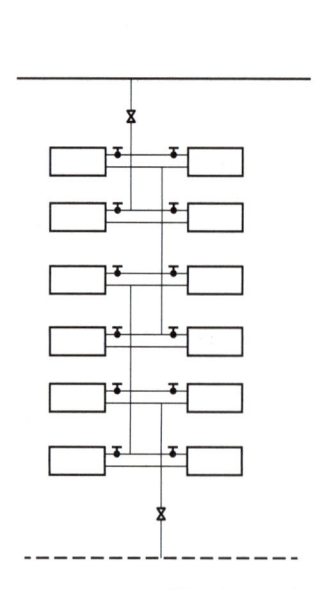

图 1-21　单双管混合式系统

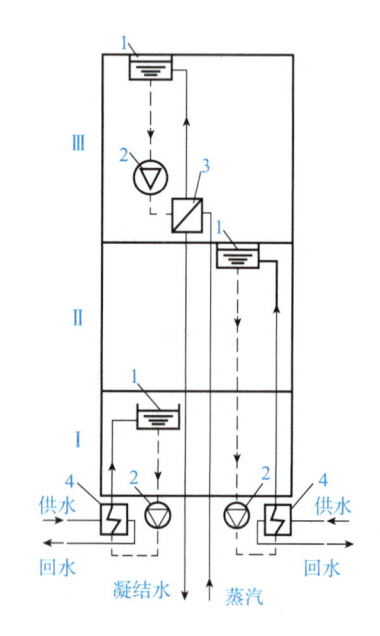

图 1-22　热水和蒸汽混合式系统

1—膨胀水箱；2—循环水泵；
3—汽-水换热器；4—水-水换热器

任务 4 室内热水供暖系统管路布置和敷设要求

4.1 室内热水供暖系统管路布置及环路划分

室内热水供暖系统管路布置的基本原则是使系统构造简单，节省管材，各个并联环路压力损失易于平衡，便于调节热媒流量，便于排气、放水，便于系统安装和检修，以提高系统的使用质量，改善系统运行功能，保证系统正常工作。

1. 管路布置

布置室内热水供暖系统管路时，必须考虑建筑物的具体条件（如平面形状和构造尺寸等）、系统连接形式、管道水力计算方法、室外管道位置或运行等情况，恰当地确定散热设备的位置、管道的位置和走向、支架的布置、伸缩器和阀门的设置、排气和泄水措施等。

设计室内热水供暖系统时，一般先布置散热设备，然后布置干管，再布置立管、支管。对于系统各个组成部分的布置，既要逐一进行，又要全面考虑，即布置散热设备时要考虑到干管、立管、支管、膨胀水箱、排气装置、泄水装置、伸缩器、阀门和支架等的布置，同时，布置干管和立管、支管时也要考虑散热设备等附件的布置。

2. 环路划分

为了合理分配热量，便于运行控制、调节和维修，应根据实际需要将整个室内热水供暖系统划分为若个分支环路，构成几个相对独立的小系统。划分时，尽量使热量分配均衡，各并联环路阻力易于平衡，便于控制和调节系统。当条件许可时，建筑物供暖系统在南北向房间宜分环设置。

下面是几种常见的环路划分方法。图 1-23 所示为无分支环路的同程式系统，它适用于小型系统或引入口的位置不易平分成对称热负荷的系统中；图 1-24 所示为两个分支环路的异程式系统；图 1-25 所示为两个分支环路的同程式系统。与异程式系统相比，同程式系统中间增设了一条回水管和地沟，两大分支环路的阻力容易平衡。

图 1-23　无分支环路的同程式系统
（a）顶层；（b）底层

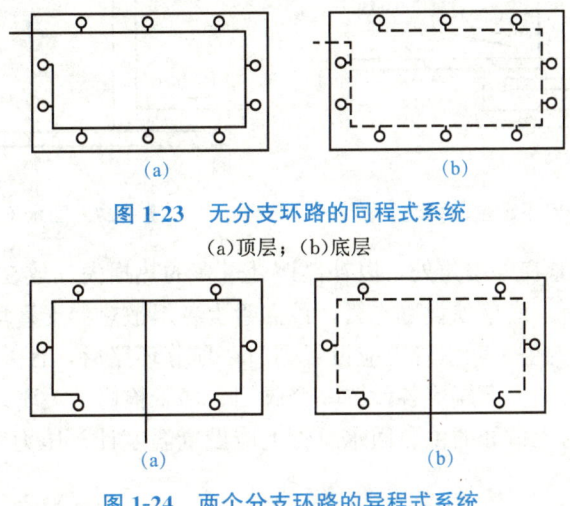

图 1-24　两个分支环路的异程式系统
（a）顶层；（b）底层

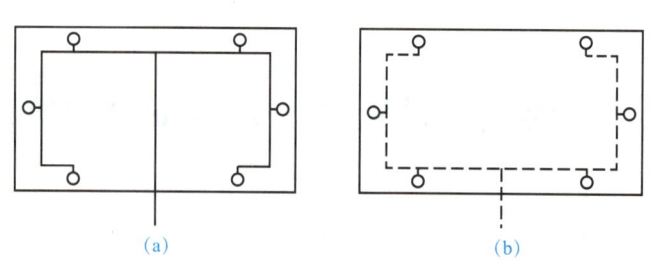

图 1-25 两个分支环路的同程式系统
(a)顶层；(b)底层

4.2 室内热水供暖系统管路敷设要求

室内热水供暖系统管道应尽量明设，便于维护管理并节约造价，有特殊要求或影响室内整洁美观时，考虑暗设。敷设时应考虑以下问题：

(1)上供下回式系统的顶层梁下和窗顶之间的距离应满足供水干管的坡度和集气罐的设置要求。集气罐应尽量敷设在有排水设施的房间，便于排气。

回水干管如敷设在地面上，底层散热器下部与地面之间的距离也应满足回水干管坡度的要求。如地面上不允许敷设或净空高度不够时，应设置在半通行地沟或不通行地沟内。

供、回水干管的敷设坡度应满足《民建暖通空调规范》的要求。

(2)管路敷设时，应尽量避免出现局部向上凹凸现象，以免形成气塞。在局部高点处，应考虑设置排气装置；在局部最低点处，应考虑设置排水阀。

(3)回水干管过门时，如果下部设置过门地沟或上部设置放气管，应设置泄水和排空装置。具体做法如图 1-26 和图 1-27 所示。两种做法中均设置了一段反坡向的管道，目的是顺利排除系统中的空气。

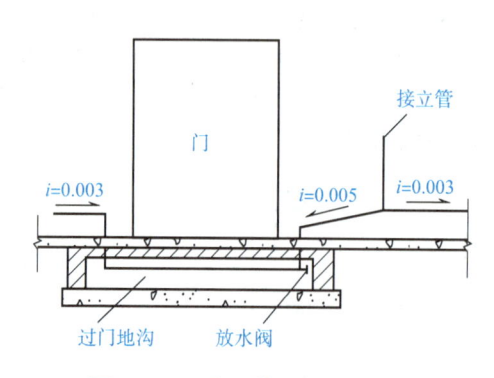

图 1-26 回水干管下部过门地沟

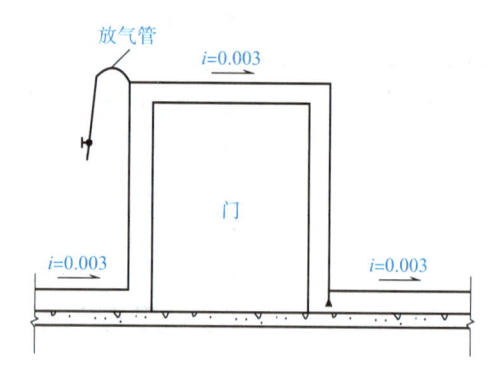

图 1-27 回水干管上部放气管

(4)立管应尽量设置在外墙角处，以补偿该处过多的热损失，放在该处结露。楼梯间或其他有冻结危险的场所，应单独设置立管，该立管上各组散热器支管均不得安装阀门。

(5)室内供暖系统的供、回水管上应设置阀门；划分环路后，各并联环路的起、末端应各设置一个阀门，立管的上下端应各设置一个阀门，便于检修、关闭。

热水供暖系统热力入口处的供、回水总管上应设置温度计、压力表及除污器，必要时，应装设流量计。

(6)散热器的供、回水支管应考虑避免散热器上部积存空气或下部放水时放不干净，应沿水流方向设下降坡度，且坡度不得小于 0.01，如图 1-28 所示。

(7) 当供暖管道穿过建筑物基础、变形缝，以及立管埋设在建筑结构里时，应采取防止由于建筑物下沉而损坏管道的措施。当供暖管道必须穿过防火墙时，在管道穿过处应采取防火封堵措施，并在管道穿过处采取固定措施，使管道可向墙的两侧伸缩。供暖管道穿过隔墙或楼板时，宜装设套管。供暖管道不得同输送蒸汽燃点低于或等于 120 ℃的可燃液体或可燃且具有腐蚀性的气体管道在同一管沟内平行或交叉敷设。

图 1-28 散热器支管坡向

(8) 供暖管道在管沟或沿墙、柱、楼板敷设时，应根据设计、施工与验收规范的要求，每隔一定间距设置管卡或支架、吊架。为了消除管道受热变形产生的热应力，应尽量利用管道上的自然转角进行热伸长的补偿，管线很长时，应设置补偿器，适当位置设置固定支架。

(9) 供暖管道多采用水、煤气钢管，可采用螺纹连接、焊接或法兰连接。管道应按施工与验收规范要求做防腐处理。敷设在管沟、技术夹层、闷顶、管道竖井或易冻结地方的管道，应采取保温措施。

微课：室内热水供暖系统管路布置和敷设要求

(10) 供暖系统供水干管的末端和回水干管始端的管径，不宜小于 20 mm。

任务 5　常用热水供暖系统施工图

5.1　热水供暖系统施工图组成及内容

热水供暖系统施工图由平面图、系统图(轴测图)、详图、设计施工说明等组成。

1. 平面图

平面图是利用正投影原理，采用水平全剖的方法，表示出建筑物各层供暖管道与设备的平面布置。其内容如下：

(1) 房间名称、立管位置及编号、散热器安装位置、类型、片数(长度)及安装方式；

(2) 引入口的位置，供、回水总管的走向、位置及采用的表中图号(或详图号)；

(3) 干管、立管、支管的位置、走向、管径；

(4) 膨胀水箱、集气罐等设备的位置、型号及其与管道的连接情况；

(5) 补偿器型号、位置，固定支架的安装位置与型号；

(6) 室内管沟(包括过门地沟)的位置和主要尺寸，活动盖板的设置位置等。

平面图一般包括标准层平面图、顶层平面图、底层平面图。平面图常用的比例有 1∶50、1∶100、1∶200 等。

2. 系统图

系统图是表示供暖系统的空间布置情况、散热器与管道空间连接形式，设备管道附件等空间关系的立体图。系统图中标有立管编号、管道标高、各管段管径、水平干管的坡度、散热器片数(长度)及集气罐、膨胀水箱、阀件的位置、型号规格等,可了解供暖系统的全貌。其比例与平面图相同。

3. 详图

详图表示供暖系统节点与设备的详细构造及安装尺寸要求。平面图和系统图中表示不清楚,又无法用文字说明的地方,如引入口装置、膨胀水箱的构造与管、管沟断面、保温结构等可用详图表示。如果选用的是国家标准图集,可给出标准图号,不出详图。常用的比例是1∶10、1∶50。

4. 设计施工说明

设计施工说明用于说明设计图纸无法表示的问题,如热源情况、供暖设计热负荷、设计意图及系统形式、进出口压力差、散热器种类、形式及安装要求,管道的敷设方式、防腐保温、水压试验要求,施工中需要参照的有关专业施工图号或采用的标准图号等。

5.2 供暖施工图实例

为更好地了解施工图的组成及主要内容,掌握施工图识读、绘制的方法与技巧,现举例加以说明。

该供暖施工图包括一层供暖平面图(图1-29),二、三层供暖平面图(图1-30)和供暖系统图(图1-31)。该系统采用机械循环上供下回式双管热水供暖系统,供水水温度为95 ℃/70 ℃。供暖引入口设于建筑物西侧管沟内,供水干管沿管沟进入西面外墙内侧(管沟尺寸为1.0 m×1.2 m),向上升至9.6 m处,布置在顶层楼板下面,末端设置一个集气罐。系统每根立管的上、下端各安装一个闸阀。散热器片数已标注在各层平面图中。整个系统布置成同程式,热媒沿各立管通过散热器散热,流入位于管沟内的回水干管,最后汇集在一起,通过引出管流出。

识图时,平面图与系统图要对照来看,从供水管入口开始,沿水流方向,按供水干管、立管、支管顺序到散热器,再由散热器开始,按回水支管、立管、干管顺序到出口。

微课:室内
采暖系统施工图

微课:地板辐射
采暖系统施工图识图

微课:散热器
采暖系统施工图识图

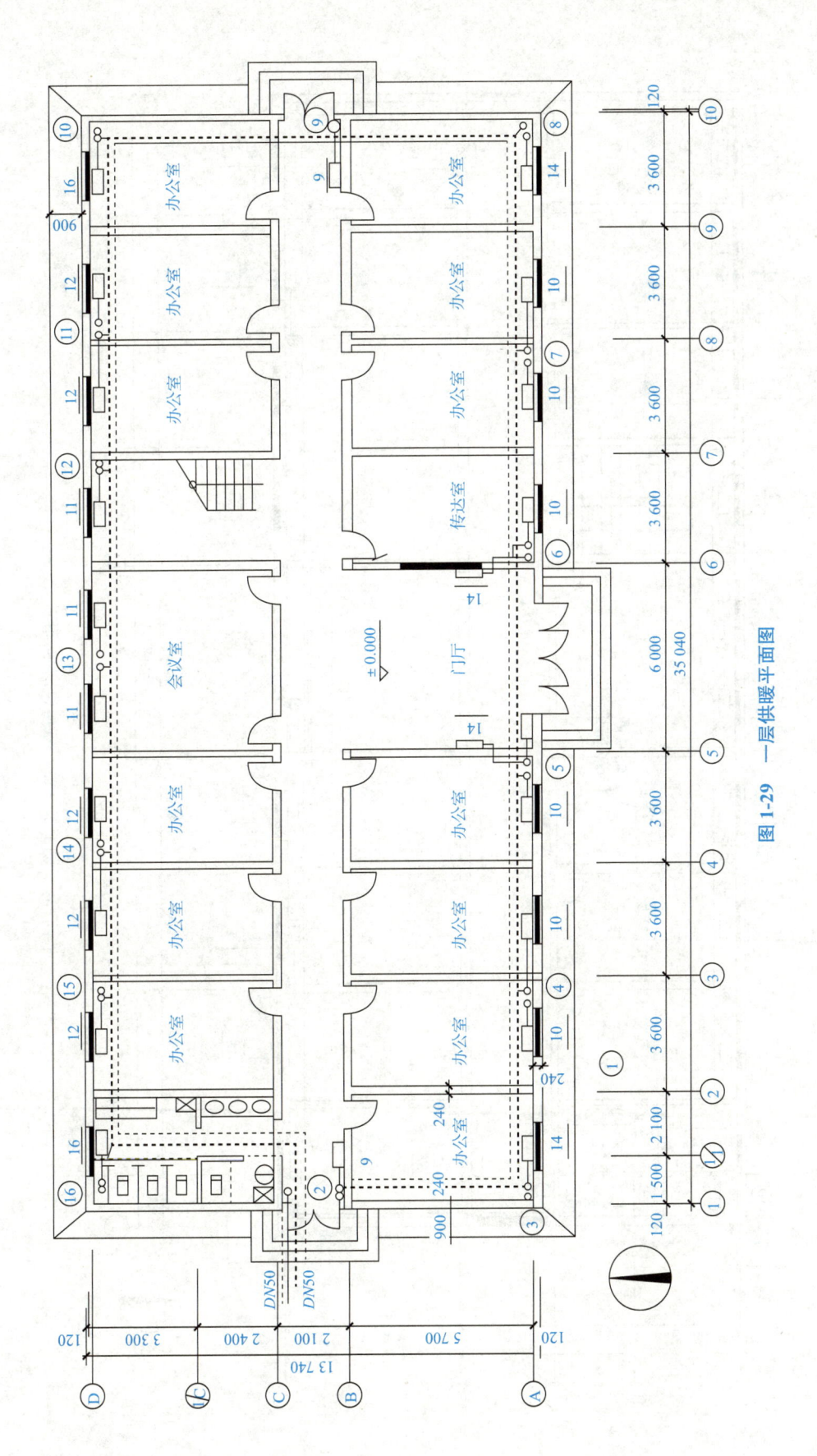

图 1-29 一层供暖平面图

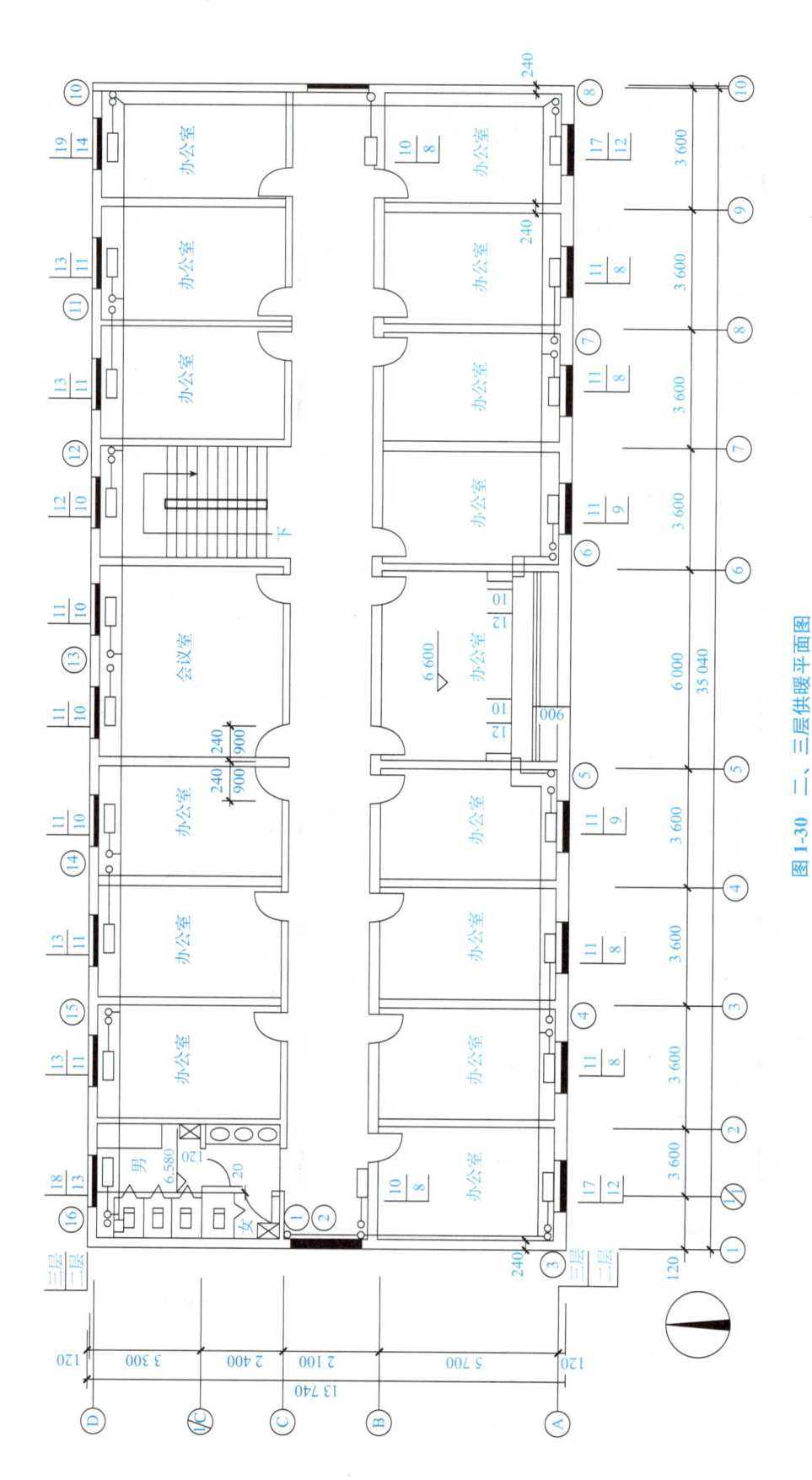

图 1-30 二、三层供暖平面图

图 1-31 供暖系统图

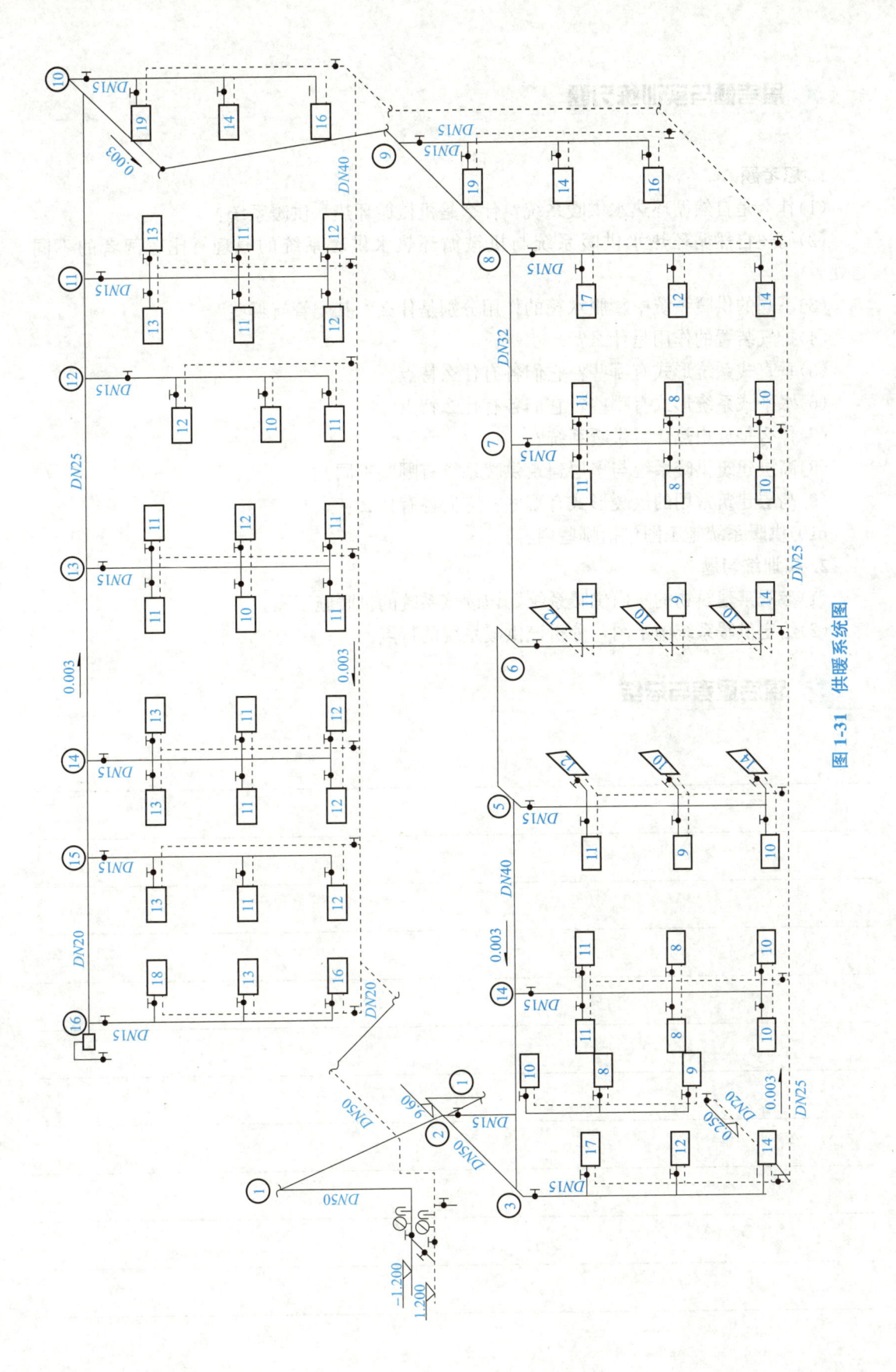

思考题与实训练习题

1. 思考题
(1)什么是自然循环热水供暖系统？什么是机械循环热水供暖系统？
(2)简述自然循环热水供暖系统与机械循环热水供暖系统的原理。比较两者的不同之处。
(3)不同的供暖系统中膨胀水箱的作用分别是什么？其配管有哪些？
(4)排气装置的作用是什么？
(5)垂直式系统形式有哪些？它们各有什么特点？
(6)水平式系统形式有哪些？它们各有什么特点？
(7)什么是分户热计量供暖系统？
(8)高层建筑供暖系统与多层建筑供暖系统有哪些不同？
(9)高层建筑常用的供暖形式有哪些？它们各有什么特点？
(10)供暖系统施工图包括哪些内容？

2. 实训练习题
(1)参观某建筑物的室内供暖系统，识读该系统的供暖施工图。
(2)给定供暖系统施工图，分析该供暖系统的特点。

课后思考与总结

项目 2　供暖系统的设计热负荷

学习目标

知识目标

1. 了解建筑的失热量和得热量。
2. 掌握围护结构耗热量的计算。
3. 掌握冷风渗透耗热量的计算。
4. 掌握分户计量供暖热负荷的计算。

能力目标

1. 能够依据计算方法进行房间耗热量的计算。
2. 具备自学能力和继续学习的能力。

素质目标

1. 具有团队协作意识、服务意识及协调沟通交流能力。
2. 能认真完成所接受的工作任务，脚踏实地，任劳任怨。
3. 诚实守信、以人为本、关心他人。
4. 提升文化自信，激发家国情怀。
5. 培养一丝不苟、精益求精的工匠精神。

思政小课堂

　　漫天的飞雪你一定会觉得很美，脑海中会出现很多描述雪景的诗词，如"不知庭霰今朝落，疑是林花昨夜开""孤舟蓑笠翁，独钓寒江雪""昔去雪如花，今来花似雪""五月天山雪，无花只有寒""梅须逊雪三分白，雪却输梅一段香""忽如一夜春风来，千树万树梨花开"。

　　这么多的好诗都是形容美丽的雪景的，人们一定会感叹诗人的智慧，赞美洁白的飞雪将祖国壮丽的山河装扮得更加壮美。但是大雪纷飞的时节，天气很冷，为了满足人们生活的需求，北方的房间内都进行了供暖，集中供暖在满足需求的同时还要考虑节能减排的问题，因此，室内供暖的温度就要控制在合适的范围内，这就需要进行供暖系统设计热负荷的计算。

任务1 供暖系统的设计热负荷

供暖系统设计热负荷是供暖设计中最基本的数据。它直接影响供暖系统方案的选择、管道管径和散热器等设备的确定,关系到供暖系统的使用和经济效果。

1.1 供暖系统设计热负荷

人们为了生产和生活,要求室内保证一定的温度。一个建筑物或房间可有各种得到热量和散失热量的途径。当建筑物或房间的失热量大于得热量时,为了保持室内在要求温度下的热平衡,需要由供暖通风系统补进热量,以保证室内要求的温度。供暖系统通常利用散热器向房间散热,通风系统送入高于室内要求温度的空气,一方面向房间不断地补充新鲜空气;另一方面也为房间提供热量。

微课:供暖系统的设计热负荷

供暖系统的热负荷是指在某一室外温度下,为了达到要求的室内温度,供暖系统在单位时间内向建筑物供给的热量。它随着建筑物得失热量的变化而变化。

供暖系统的设计热负荷是指在设计室外温度下,为了达到要求的室内温度,供暖系统在单位时间内向建筑物供给的热量。它是设计供暖系统的最基本依据。

1.2 建筑物得热量和失热量

冬季供暖通风系统的热负荷,应根据建筑物或房间的得热量、失热量确定。
(1)失热量。
1)围护结构传热耗热量 Q_1;
2)加热由门、窗缝隙渗入室内的冷空气的耗热量 Q_2,称为冷风渗透耗热量;
3)加热由门、孔洞及相邻房间侵入的冷空气的耗热量 Q_3,称为冷风侵入耗热量;
4)水分蒸发的耗热量 Q_4;
5)加热由外部运入的冷物料和运输工具的耗热量 Q_5;
6)通风耗热量,通风系统将空气从室内排放到室外所带走的热量 Q_6。
(2)得热量。
1)生产车间最小负荷班的工艺设备散热量 Q_7;
2)非采暖通风系统的其他管道和热表面的散热量 Q_8;
3)热物料的散热量 Q_9;
4)太阳辐射进入室内的热量 Q_{10}。
另外,还会有通过其他途径散失或获得的热量。

1.3 确定热负荷的基本原则

对于没有由于生产工艺所带来得热量、失热量而需要设置通风系统的建筑物或房间(如一般的民用住宅建筑、办公楼等),失热量只考虑上述的前三项失热量。得热量只考虑太阳辐射进入室内的热量。至于住宅中其他途径的得热量，如人体散热量、炊事和照明散热量（统称为自由热），一般散热量不大，且不稳定，通常可不予计入。

对没有装置机械通风系统的建筑物，供暖系统的设计热负荷可表示为

$$Q=Q_{sh}-Q_d=Q_1+Q_2+Q_3+Q_{10} \tag{2-1}$$

式中　Q_{sh}——建筑物失热量(W)；

　　　Q_d——建筑物得热量(W)。

任务 2　围护结构的耗热量

围护结构的耗热量是指当室内温度高于室外温度时，通过围护结构向外传递的热量。在工程设计中，计算供暖系统的设计热负荷时，常将它分成围护结构的基本耗热量和附加(修正)耗热量两部分进行计算。基本耗热量是指在设计条件下，通过房间各部分围护结构(门、窗、墙体、地板、屋顶等)从室内传递到室外的稳定传热量的总和；附加(修正)耗热量是指围护结构的传热状况发生变化对基本耗热量进行修正的耗热量。附加(修正)耗热量包括朝向附加、风力附加、高度附加和外门附加等耗热量。

因此，在工程设计中，供暖系统的设计热负荷一般可分为几部分进行计算。

$$Q=Q_{1j}+Q_{1x}+Q_2 \tag{2-2}$$

式中　Q_{1j}——围护结构的基本耗热量(W)；

　　　Q_{1x}——围护结构的附加(修正)耗热量(W)。

2.1　围护结构的基本耗热量

在工程设计中，围护结构的基本耗热量是按照一维稳定传热过程进行计算的，即假设在计算时间内，室内、外空气温度和其他传热过程参数都不随时间变化。实际上是一个不稳定传热过程。但不稳定传热计算复杂，所以，对室内温度容许有一定波动幅度的一般建筑物来说，采用稳定传热计算可以简化计算方法并能基本满足要求。但对于室内温度要求严格，温度波动幅度要求很小的建筑物或房间，就需要采用不稳定传热原理进行围护结构耗热量计算。

围护结构基本耗热量可按下式计算：

$$Q=KF(t_n-t_{wn})\alpha \tag{2-3}$$

式中　Q——围护结构的基本耗热量(W)；

　　　K——围护结构的传热系数[W/(m²·K)]；

　　　F——围护结构的面积(m²)；

　　　t_n——供暖室内计算温度(℃)；

　　　t_{wn}——供暖室外计算温度(℃)；

　　　α——围护结构的温差修正系数。

整个建筑物或房间的基本耗热量等于它的围护结构各部分基本耗热量的总和。

$$Q_{1j}=\sum KF(t_n-t_{wn})\alpha \tag{2-4}$$

微课：围护结构基本耗热量

1. 供暖室内计算温度 t_n

供暖室内计算温度是指距离地面 2 m 以内人们活动地区的平均空气温度。室内空气温度的选定应满足人们生活和生产工艺的要求。生产要求的室温一般由工艺设计人员提出。生活用房间的温度主要取决于人体的生理热平衡。它与许多因素有关，如与房间的用途、室内的潮湿状况和散热强度、劳动强度及生活习惯、生活水平等有关。

许多国家所规定的冬季室内温度标准大致在 16～22 ℃ 范围内。根据国内有关卫生部门的研究结果认为：当人体衣着适宜，保暖量充分且处于安静状况时，室内温度 20 ℃ 比较舒适，18 ℃ 无冷感，15 ℃ 是产生明显冷感的温度界限。

《民建暖通空调规范》中规定，供暖室内设计温度应符合下列规定：
(1) 严寒和寒冷地区主要房间宜采用 18～24 ℃；
(2) 夏热冬冷地区主要房间宜采用 16～22 ℃；
(3) 设置值班供暖房间不应低于 5 ℃。

2. 供暖室外计算温度 t_{wn}

供暖室外计算温度的确定对供暖系统设计有很关键性的影响。如采用 t_{wn} 值过低，使供暖系统的造价增加；如采用 t_{wn} 值过高，则不能保证供暖效果。

目前，国内外选定供暖室外计算温度的方法，可以归纳为两种：一种是根据围护结构的热惰性原理；另一种是根据不保证天数的原则来确定。苏联建筑法规规定各个城市的供暖室外计算温度是按考虑围护结构热惰性原理来确定的；采用不保证天数方法的原则是人为允许有几天时间可以低于规定的供暖室外计算温度值，也即容许这几天室内温度可能稍低于供暖室内计算温度值。不保证天数根据各国家规定而有所不同，有规定 1 天、3 天、5 天等。

我国结合国情和气候特点及建筑物的热工情况等，制定了以日平均温度为统计基础，按照历年室外实际出现较低的日平均温度低于室外计算温度的时间，平均每年不超过 5 天的原则，确定供暖室外计算温度。

我国现行的《民建暖通空调规范》采用了不保证天数方法确定北方城市的供暖室外计算温度值。《民建暖通空调规范》规定："供暖室外计算温度应采用历年平均不保证 5 天的日平均温度"。对大多数城市来说，是指 1971—2000 年共 30 年的气象统计资料里不得有多于 150 天的实际日平均温度低于所选定的室外计算温度值。

我国一些城市的供暖室外计算温度值，见附表 2-1。

3. 温差修正系数 α 值

对供暖房间围护结构外侧不是与室外空气直接接触，而中间隔着不供暖房间或空间的场合(图 2-1)，通过该围护结构的传热量应为 $Q = KF(t_n - t_h)$，式中 t_h 是传热达到热平衡时，非供暖房间或空间的温度。

计算与大气不直接接触的外围护结构基本耗热量时，为了统一计算公式，采用了围护结构的温差修正系数 α：

$$Q = \alpha KF(t_n - t_{wn}) = KF(t_n - t_h)$$

$$\alpha = \frac{t_n - t_h}{t_n - t_{wn}} \quad (2-5)$$

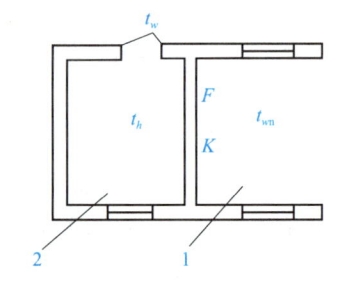

图 2-1 计算温差修正系数示意
1—供暖房间；2—非供暖房间

式中 F——供暖房间所计算的围护结构表面积(m^2)；

t_n——供暖室内计算温度(℃);

t_{wn}——供暖室外计算温度(℃);

K——供暖房间所计算的围护结构的传热系数[W/(m²·K)];

t_h——不供暖房间或空间的空气温度(℃);

$α$——围护结构的温差修正系数(℃)。

围护结构温差修正系数的大小取决于非供暖房间或空间的保温性能和透气状况。对于保温性能差和易于外空气流通的情况,不供暖房间或空间的空气温度更接近于室外空气温度,则 $α$ 值更接近于1。各种不同情况的温差修正系数见表 2-1。

表 2-1 温差修正系数 $α$

围护结构特征	$α$
外墙、屋顶、地面以及与室外相通的楼板等	1.00
闷顶和与室外空气相通的非供暖地下室上面的楼板等	0.90
与有外门窗的不供暖楼梯间相邻的隔墙(1~6层建筑)	0.60
与有外门窗的不供暖楼梯间相邻的隔墙(7~30层建筑)	0.50
非供暖地下室上面的楼板,外墙上有窗时	0.75
非供暖地下室上面的楼板,外墙上无窗且位于室外地坪以上时	0.60
非供暖地下室上面的楼板,外墙上无窗且位于室外地坪以下时	0.40
与有外门窗的非供暖房间相邻的隔墙	0.70
与无外门窗的非供暖房间相邻的隔墙	0.40
伸缩缝墙、沉降缝墙	0.30
防震缝墙	0.70

另外,如两个相邻房间的温差大于或等于 5 ℃时,应计算通过隔墙或楼板的传热量。与相邻房间的温差小于 5 ℃时,且通过隔墙或楼板等的传热量大于该房间热负荷的10%时,还应计算其传热量。

4. 围护结构的传热系数 K 值

(1)一般建筑物的外墙传热过程如图 2-2 所示。传热系数 K 值可用下式计算:

$$K=\frac{1}{\frac{1}{\alpha_n}+\sum\frac{\delta}{\alpha_\lambda\cdot\lambda}+R_k+\frac{1}{\alpha_w}} \quad (2-6)$$

式中 K——围护结构的传热系数[W/(m²·K)];

$α_n$,$α_w$——围护结构内表面、外表面换热系数[W/(m²·K)],见表 2-2、表 2-3;

$α_λ$——材料导热系数修正系数,见表 2-4;

R_k——封闭空气间层的热阻(m²·k/W),见表 2-5;

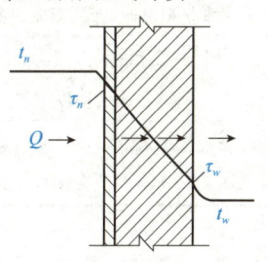

图 2-2 通过围护结构的传热过程

$δ$——围护结构各层材料的厚度(m);

$λ$——围护结构各层材料的导热系数[W/(m·K)]。一些常用建筑材料的导热系数 $λ$ 值,见附表 2-2。

围护结构表面换热过程是对流和辐射的综合过程。围护结构内表面换热是壁面与邻近空气及其他壁面由于温差引起的自然对流和辐射换热的共同作用,而在围护结构外表面主要是由于风力作用产生的强迫对流换热,辐射换热占的比例较小,工程计算中采用的内、外表面换热系数分别列于表 2-2 和表 2-3 中。

表 2-2　围护结构内表面换热系数 α_n

围护结构内表面特征	$\alpha_n/[\mathrm{W \cdot (m^2 \cdot K)^{-1}}]$
墙、地面、表面平整或有肋状突出物的顶棚,当 $h/s \leqslant 0.3$ 时	8.7
有肋、井状突出物的顶棚,当 $0.2 < h/s \leqslant 0.3$ 时	8.1
有肋状突出物的顶棚,当 $h/s > 0.3$ 时	7.6
有井状突出物的顶棚,当 $h/s > 0.3$ 时	7.0

注:表中 h 为肋高(m);s 为肋间净距(m)

表 2-3　围护结构外表面换热系数 α_w

围护结构外表面特征	$\alpha_w/[\mathrm{W \cdot (m^2 \cdot K)^{-1}}]$
外墙和屋顶	23
与室外空气相通的非供暖地下室上面的楼板	17
闷顶和外墙上有窗的非供暖地下室上面的楼板	12
外墙上无窗的非供暖地下室上面的楼板	6

表 2-4　材料导热系数修正系数 α_λ

材料、构造、施工、地区及说明	α_λ
作为夹心层浇筑在混凝土墙体及屋面构件中的块状多孔保温材料(如加气混凝土、泡沫混凝土及水泥膨胀珍珠岩),因干燥缓慢及灰缝影响	1.60
铺设在密闭屋面中的多孔保温材料(如加气混凝土、泡沫混凝土、水泥膨胀珍珠岩、石灰炉渣等),因干燥缓慢	1.50
铺设在密闭屋面中及作为夹心层浇筑在混凝土构件中的半硬质矿棉、岩棉、玻璃棉板等,因压缩及吸湿	1.20
作为夹心层浇筑在混凝土构件中的泡沫塑料等,因压缩	1.20
开孔型保温材料(如水泥刨花板、木丝板、稻草板等),表面抹灰或混凝土浇筑在一起,因灰浆渗入	1.30
加气混凝土、泡沫混凝土砌块墙体及加气混凝土条板墙体、屋面,因灰缝影响	1.25
填充在空心墙体及屋面构件中的松散保温材料(如稻壳、木、矿棉、岩棉等),因下沉	1.20
矿渣混凝土、炉渣混凝土、浮石混凝土、粉煤灰陶粒混凝土、加气混凝土等实心墙体及屋面构件,在严寒地区,且在室内平均相对湿度超过 65% 的供暖房间内使用,因干燥缓慢	1.15

表 2-5　封闭空气间层热阻值 R_k 　　　　　　($\mathrm{m^2 \cdot K/W}$)

位置、热流状态及材料特性		间层厚度 δ/mm						
		5	10	20	30	40	50	60
一般空气间层	热流向下(水平、倾斜)	0.10	0.14	0.17	0.18	0.19	0.20	0.20
	热流向上(水平、倾斜)	0.10	0.14	0.15	0.16	0.17	0.17	0.17
	垂直空气间层	0.10	0.14	0.16	0.17	0.18	0.18	0.18

续表

位置、热流状态及材料特性		间层厚度 δ/mm						
		5	10	20	30	40	50	60
单面铝箔空气间层	热流向下(水平、倾斜)	0.16	0.28	0.43	0.51	0.57	0.60	0.64
	热流向上(水平、倾斜)	0.16	0.26	0.35	0.40	0.42	0.42	0.43
	垂直空气间层	0.16	0.26	0.39	0.44	0.47	0.49	0.50
双面铝箔空气间层	热流向下(水平、倾斜)	0.18	0.34	0.56	0.71	0.84	0.94	1.01
	热流向上(水平、倾斜)	0.17	0.29	0.45	0.52	0.55	0.56	0.57
	垂直空气间层	0.18	0.31	0.49	0.59	0.65	0.69	0.71

常用围护结构的传热系数 K 值可直接从有关手册中查得,附表 2-3 给出一些常用围护结构的传热系数 K 值。

(2)地面的传热系数。在冬季,室内热量通过靠近外墙地面传递到室外的路程较短,热阻较小;而通过远离外墙地面传到室外的路径较长,热阻增大。因此,室内地面的传热系数(热阻)随着距离外墙的远近而有变化,但在距离外墙约为 8 m 远的地面,传热量基本不变。基于上述情况,在工程上一般采用近似方法计算,把地面沿外墙平行的方向分成四个计算地带,如图 2-3 所示。

1)贴土非保温地面[组成地面的各层材料导热系数 λ 都大于 1.16 W/(m·℃)]的传热系数及换热热阻见表 2-6。第一地带靠近墙角的地面面积需要计算两次。在工程计算中,也有采用对整个建筑物或房间地面以平均传热系数进行计算的简易方法,可详见《供暖通风设计手册》。

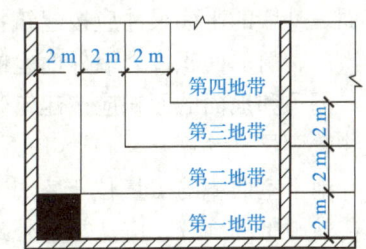

图 2-3 地面传热的地带划分

表 2-6 非保温地面的传热系数 k_0 和换热热阻 R_0

地带	R_0 /[(m²·K)·W⁻¹]	K_0 /[W·(m²·K)⁻¹]
第一地带	2.15	0.47
第二地带	4.30	0.23
第三地带	8.60	0.12
第四地带	14.2	0.07

2)贴土保温地面[组成地面的各层材料中,有导热系数 λ 小于 1.16 W/(m·K)的保温层各地带的热阻值,可按下式计算:

$$R'_0 = R_0 + \sum_{i=1}^{n} \frac{\delta_i}{\lambda_i} \tag{2-7}$$

式中 R'_0——贴土保温地面的换热热阻(m²·K/W);

R_0——非保温地面的换热热阻(m²·K/W);

λ_i——保温材料的导热系数[W/(m·K)];

δ_i——保温层的厚度(m)。

3)铺设在地垄墙上的保温地面各地带的换热热阻值可按下式计算：
$$R_0''=1.18R_0' \tag{2-8}$$

（3）顶棚的传热系数。对于有顶棚的坡屋面，当用顶棚面积计算其传热量时，屋面和顶棚的综合传热系数可按下式计算：

$$K=\frac{K_1 \times K_2}{K_1 \times \cos\alpha + K_2} \tag{2-9}$$

式中　K——屋顶和顶棚的综合传热系数[W/(m²·K)]；

　　　K_1——顶棚的传热系数[W/(m²·K)]；

　　　K_2——屋面的传热系数[W/(m²·K)]；

　　　α——层面和顶棚的尖角。

5. 围护结构传热面积的丈量

不同围护结构传热面积的丈量按图2-4的规定计算。

外墙面积的丈量高度从本层地面算到上层的地面。对平屋顶的建筑物，最顶层的丈量是从最顶层的地面到平屋顶的外表面的高度；而对有闷顶的斜屋面，算到闷顶内的保温层表面。外墙的平面尺寸应按建筑物外廓尺寸计算。两相邻房间以内墙中线为分界线。

门、窗的面积按外墙外面上的净空尺寸计算。

闷顶和地面的面积应按建筑物外墙以内的内廓尺寸计算。对于平屋顶，顶棚面积按建筑物轮廓尺寸计算。

地下室面积的丈量位于室外地面以下的外墙，其耗热量计算方法与地面的计算相同，但传热地带的划分，应从与室外地面相平的墙面算起，以及把地下室外墙在室外地面以下的部分，看作是地下室地面的延伸，如图2-5所示。

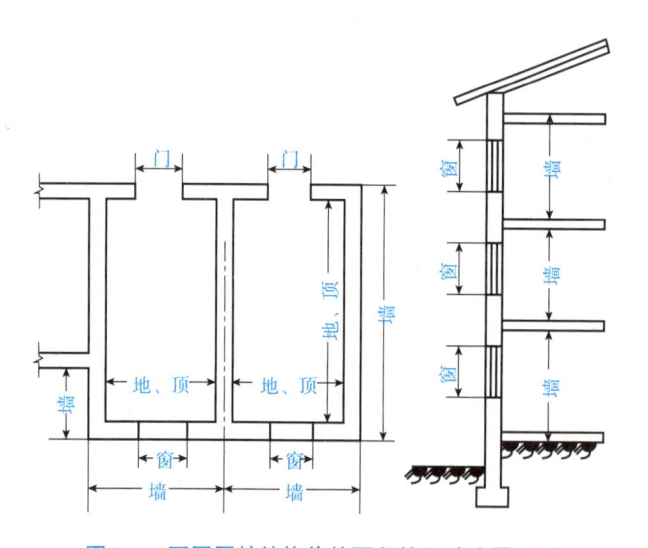

图2-4　不同围护结构传热面积的尺寸丈量规则　　　图2-5　地下室面积的丈量

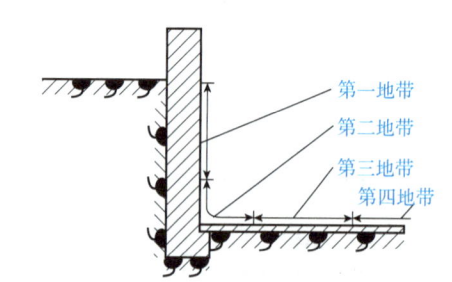

2.2　围护结构的附加（修正）耗热量

围护结构的实际耗热量会受到气象条件及建筑物情况等各种因素影响而有所增减。由于这些因素影响，需要对围护结构基本耗热量进行修正，这些修正耗热量称为围护结构附加(修正)耗热量。通常按基本耗热量的百分率进行修正。附加(修正)耗热量有朝向附加耗热量、风力附加耗热量、高度附加耗热量和外门附加耗热量。

1. 朝向附加耗热量

朝向附加耗热量是考虑建筑物受太阳照射影响而对围护结构基本耗热量的修正。需要修正的耗热量等于垂直的外围护结构(门、窗、外墙及屋顶的垂直部分)的基本耗热量乘以相应的朝向修正率。

《民建暖通空调规范》规定：宜按下列规定的数值，选用不同朝向的修正率：

(1)北、东北、西北按 0~10%；
(2)东、西按－5%；
(3)东南、西南按－15%~－10%；
(4)南按－30%~－15%。

选用上面朝向修正率时，应考虑当地冬季日照率、建筑物使用和被遮挡等情况。对于冬季日照率小于 35% 的地区，东南向、西南向和南向修正率宜采用－10%~0%，东向、西向可不修正。适用于全国各主要城市采用的朝向修正率，见附表 2-4。

2. 风力附加耗热量

风力附加耗热量是考虑室外风速变化对围护结构基本耗热量的修正。在计算围护结构基本耗热量时，外表面换热系数是对应风速约为 4 m/s 的计算值。我国大部分地区冬季平均风速一般为 2~3 m/s。因此，《民建暖通空调规范》规定：在一般情况下，不必考虑风力附加。只对建设在不避风的高地、河边、海岸、旷野上的建筑物，以及城镇中明显高出周围其他建筑物的建筑物，才考虑垂直外围结构附加 5%~10%。

3. 高度附加耗热量

高度附加耗热量是考虑房屋高度对围护结构耗热量的影响而附加的耗热量。

《民建暖通空调规范》规定：建筑物(除楼梯间外)的围护结构耗热量高度附加率，散热器供暖房间高度大于 4 m 时，高出 1 m 应附加 2%，但总的附加率不应大于 15%；地面辐射供暖的房间高度大于 4 m 时，每高出 1 m 宜附加 1%，但总附加率不宜大于 8%。

综上所述，建筑物或房间在室外供暖计算温度下，通过围护结构的总耗热量可用下式综合表示：

$$Q_1 = Q_{1j} + Q_{1x} = (1+x_g)\sum \alpha KF(t_n - t_{wn})(1+x_{ch}+x_f) \tag{2-10}$$

式中　x_{ch}——朝向修正率(%)；
　　　x_f——风力附加率(%)，$x_f \geqslant 0$；
　　　x_g——高度附加率(%)，$0 \leqslant x_g \leqslant 15\%$。

式中其他符号意义同前。

4. 外门附加耗热量

外门附加耗热量是考虑建筑物外门开启时侵入冷空气导致耗热量增大，而对外门基本耗热量的修正。对于短时间开启无热风幕的外门，可以用外门的基本耗热量乘以表 2-7 中相应的附加率。阳台门不应考虑外门附加。

$$Q'_m = NQ'_{1 \cdot j \cdot m} \tag{2-11}$$

式中　$Q'_{1 \cdot j \cdot m}$——外门的基本耗热量(W)；
　　　N——冷风侵入的外门附加率，按表 2-7 采用。

表 2-7 外门附加率

外门布置状况	附加率/%
一道门	65n
两道门	80n
三道门(有两个门斗)	60n
公共建筑和工业建筑的主要出入口	500

注：n—建筑物的楼层数

任务 3　冷风渗透耗热量

在冬季，建筑物由于室外空气与建筑物内部的竖直贯通通道（楼梯间、电梯井等）中空气之间的密度差形成的热压，以及风吹过建筑物时在门窗两侧形成的风压的作用下，室外的冷空气通过门、窗等缝隙渗入室内，被加热后逸出。将这部分冷空气从室外温度加热到室内温度所消耗的热量，称为冷风渗透耗热量 Q_2。

影响冷风渗透耗热量的因素很多，如建筑物内部隔断、门窗构造、门窗朝向、室外风向和风速、室内外空气温差、建筑物高度及建筑物内部通道状况等。总的来说，对于多层（六层及六层以下）建筑物，由于房屋高度较小，在工程设计中，冷风渗透耗热量主要考虑风压的作用，可忽略热压的影响。对于高层建筑，则应考虑风压与热压的综合作用。

计算冷风渗透耗热量的常用方法有缝隙法、换气次数法和百分数法。

微课：围护结构的附加（修正）耗热量及冷风渗透耗热量

3.1　缝隙法

（1）多层和高层民用建筑，加热由门窗缝隙渗入室内的冷风渗透耗热量 Q_2，可按下式计算：

$$Q_2 = 0.28 c_p \rho_{wn} L (t_n - t_{wn}) \tag{2-12}$$

式中　Q_2——由门窗缝隙渗入室内的冷空气的耗热量(W)；

c_p——空气的定压比热容，$c_p = 1.00$ kJ/(kg·℃)；

ρ_{wn}——供暖室外计算温度下的空气密度(kg/m³)；

L——渗透空气量(m³/h)；

t_n——供暖室内计算温度(℃)；

t_{wn}——供暖室外计算温度(℃)；

0.28——单位换算系数，1 kJ/h=0.28 W。

（2）渗透冷空气量可根据不同的朝向，按下式确定：

$$L = L_0 \cdot l \cdot m^b \tag{2-13}$$

式中　L_0——在某基准高度单纯风压作用下，不考虑朝向修正和内部隔断情况时，通过每米门窗缝隙进入室内的理论渗透空气量[m³/(m·h)]；

l——外门窗缝隙的长度(m)，应分别按各朝向可开启的门窗全部缝隙长度计算；

m——风压与热压共同作用下，考虑建筑体型、内部隔断和空气流通等因素后，不同朝向、不同高度的门窗冷风渗透压差综合修正系数；

b——门窗缝隙渗风指数，$b=0.56\sim 0.78$，当无实测数据时，可取 $b=0.67$。

1) 通过每米门窗缝隙进入室内的理论渗透空气量，可按下式计算：

$$L_0=a_1\left(\frac{\rho_{wn}}{2}v_0^0\right)^b \tag{2-14}$$

式中 a_1——外门窗缝隙渗风系数[$m^3/(m\cdot h\cdot Pa^b)$]，当无实测数据时，可根据建筑外窗空气渗透性能分级的相关标准(表2-8)采用；

v_0——基准高度冬季室外最多风向的平均风速(m/s)。

式中其他符号意义同前。

表 2-8 外门窗缝隙渗风系数下限值

建筑外窗空气渗透性能分级	Ⅰ	Ⅱ	Ⅲ	Ⅳ	Ⅴ
$a_1/[m^3\cdot(m\cdot h\cdot Pa^b)]^{-1}$	0.1	0.3	0.5	0.8	1.2

2) 冷风渗透压差综合修正系数，可按下式计算：

$$m=C_r\cdot \Delta C_f\cdot(n^{1/b}+C)\cdot C_h \tag{2-15}$$

式中 C_r——热压系数，当无法精确计算时，可按表2-9取值；

ΔC_f——风压系数，当无实测数据时，可取 $\Delta C_f=0.7$；

n——单纯风压作用下，渗透冷空气量的朝向修正系数，见附表2-5；

C——作用于门窗上的有效热压差与有效风压差之比；

C_h——高度修正系数，按下式计算：

$$C_h=0.3h^{0.4} \tag{2-16}$$

式中 h——计算门窗的中心线标高(当 $h<10$ m 时，风速均为 v_0，渗入的冷空气量不变，所以当 $h<10$ m 时应按基准高度 $h=10$ m 计算)(m)。

其他符号意义同前。

表 2-9 热压系数

内部隔断情况	开敞空间	内有门或房门		有前室门、楼梯间门或走廊两端设门	
		密闭性差	密闭性好	密闭性差	密闭性好
C_r	1.0	1.0~0.8	0.8~0.6	0.6~0.4	0.4~0.2

3) 有效热压差与有效风压差之比，可按下式计算：

$$C=70\cdot\frac{h_s-h}{\Delta C_f\cdot v_0^2\cdot h^{0.4}}\cdot\frac{t_n'-t_{wn}}{273+t_n} \tag{2-17}$$

式中 h_s——单纯热压作用下，建筑物中和面的标高(m)，可取建筑物总高度的 1/2；

t_n'——建筑物内形成热压作用的竖井计算温度(℃)。

其他符号意义同前。

(3) 对于多层建筑的渗透冷空气量，当无相关数据时，可按以下近似公式计算：

$$L=L_0'\cdot l\cdot n \tag{2-18}$$

式中 L_0'——不同类型门窗、不同风速下每米缝隙渗入的空气量[$m^3/(m\cdot h)$]，可根据当地冬季室外平均风速，按表2-10的试验数据采用；

l——门、窗缝隙的计算长度(m);

n——渗透空气量的朝向修正系数,见附表2-5。

表2-10　每米门、窗缝隙渗入的空气量 L'_0 　　　　　[m³/(m·h)]

门窗类型	冬季室外平均风速/(m·s⁻¹)					
	1	2	3	4	5	6
单层木窗	1.0	2.0	3.1	4.3	5.5	6.7
双层木窗	0.7	1.4	2.2	3.0	3.9	4.7
单层钢窗	0.6	1.5	2.6	3.9	5.2	6.7
双层钢窗	0.4	1.1	1.8	2.7	3.6	4.7
推拉铝窗	0.2	0.5	1.0	1.6	2.3	2.9
平开铝窗	0.0	0.1	0.3	0.4	0.6	0.8

注:1. 每米外门缝隙渗入的空气量为表中同类型外窗的2倍。
　　2. 当有密封条时,表中数据可乘以0.5~0.6

3.2　换气次数法

对于多层建筑的渗透空气量,当无相关数据时,渗入的空气量可按下式计算:

$$L = kV \tag{2-19}$$

式中　k——换气次数(次/h),当无实测数据时,可按表2-11取值;

V——房间体积(m³)。

表2-11　换气次数

房间类型	一面有外窗房间	两面有外窗房间	三面有外窗房间	门厅
k/(次·h⁻¹)	0.5	0.5~1.0	1.0~1.5	2

3.3　百分数法

工业建筑房屋较高,加热由门窗缝隙渗入室内的冷空气的耗热量,可按表2-12估算。

表2-12　渗透耗热量占围护结构总耗热量的百分率　　　　　%

建筑物高度/m		< 4.5	4.5~10.0	> 10.0
玻璃窗层数	单层	25	35	40
	单、双层均有	20	30	35
	双层	15	25	30

任务4　分户热计量供暖热负荷

实际上,设置分户热计量供暖系统的建筑物,其热负荷的计算方法与常规供暖系统基本相同。考虑到提高热舒适是计量供热系统设计的一个主要目的,计量供暖系统允许各用户根据自己的生活习惯、经济能力等在一定范围内自主选择室内供暖温度，这就会出现在运行过程中由于人为节能所造成的邻户、邻室传热。对于某一用户而言，当其相邻用户室温较低时，由于热传递有可能使该用户室温达不到设计室内温度值，为了避免随机的邻户传热影响房间的温度，房间热负荷必须考虑由于分室调温而出现的温度差引起的向邻户的传热量，即间热负荷。因此，在确定户内供暖设备容量时，选用的房间热负荷应为常规供暖房间热负荷与户间热负荷之和。

微课：分户热计量供暖热负荷

目前《民建暖通空调规范》并未给出户间传热的统一计算方法。根据实测数据，某些地方规程中对此作了较具体的规定。如天津市《集中供热住宅计量供暖设计规程》规定户间热负荷只计算通过不同户之间的楼板和隔墙的传热量，而同一户内不计算该项热传递，典型房间与周围房间的计算温差宜取 5~8 ℃。另外，考虑到户间各方向的热传递不是同时发生，因此，计算房间各方向热负荷之和后，应乘以一个概率系数。户间热负荷的产生本身存在许多不确定因素，而针对各类型房间，即使供暖计算热负荷相同，由于相同外墙对应的户内面积不完全相同，计算出的户间热负荷相差很大。为了控制户内供暖设备选型过大造成不必要的浪费，同时应尽量减小因户间热负荷的变化对供暖系统产生的影响，因此，户间热负荷规定不应超过供暖计算热负荷的 50%。该规程中还给出了户间热负荷的具体计算公式。

4.1 按面积传热计算的基本传热公式

按面积传热计算的基本传热公式如下：

$$Q = N \sum_{i=1}^{n} K_i F_i \Delta t \qquad (2-20)$$

式中　Q——户间总热负荷(W)；
　　　K——户间楼板及隔墙传热系数[W/(m²·K)]；
　　　F——户间楼板或隔墙面积(m²)；
　　　Δt——户间热负荷计算温差(℃)，按面积传热计算时宜为 5 ℃；
　　　N——户间楼板及隔墙同时发生传热的概率系数。

当有一面可能发生传热的楼板或隔墙时，$N=0.8$；
当有两面可能发生传热的楼板或隔墙，或一面楼板与一面隔墙时，$N=0.7$；
当有两面可能发生传热的楼板及一面隔墙，或两面隔墙与一面楼板时，$N=0.6$；
当有两面可能发生传热的楼板及两面隔墙时，$N=0.5$。

4.2 按体积热指标计算方法的计算公式

按体积传热指标计算方法的计算公式如下：

$$Q = \alpha \cdot q_n \cdot V \cdot \Delta t \cdot N \cdot M \qquad (2-21)$$

式中　Q——户间总热负荷(W)；
　　　α——房间温度修正系数，一般为 3.3；
　　　q_n——房间供暖体积热指标系数[W/(m³·K)]，一般为 0.5 W/(m³·K)；
　　　V——房间轴线体积(m³)；
　　　Δt——户间热负荷计算温差(℃)，按体积传热计算时宜为 8 ℃；

N——户间楼板及隔墙同时发生传热的概率系数(取法同上);

M——户间楼板及隔墙数量修正率系数。

当有一面可能发生传热的楼板或隔墙时,$M=0.25$;

当有两面可能发生传热的楼板或隔墙,或一面楼板与一面隔墙时,$M=0.5$;

当有两面可能发生传热的楼板及一面隔墙,或两面隔墙与一面楼板时,$M=0.75$;

当有两面可能发生传热的楼板及两面隔墙时,$M=1.0$。

上述计算公式可简化为

当有一面可能发生传热的楼板或隔墙时,$Q=2.64V$;

当有两面可能发生传热的楼板或隔墙,或一面楼板与一面隔墙时,$Q=4.62V$;

当有两面可能发生传热的楼板及一面隔墙,或两面隔墙与一面楼板时,$Q=5.9V$;

当有两面可能发生传热的楼板及两面隔墙时,$Q=6.6V$。

任务 5　围护结构的最小传热热阻与经济传热热阻

确定围护结构传热热阻时,围护结构内表面温度是一个最主要的约束条件。除浴室等相对湿度很高的房间外,围护结构内表面温度值应满足内表面不结露的要求。内表面结露可以导致耗热量增大和使围护结构易于损坏。

5.1　最小传热热阻的确定

室内空气温度与围护结构内表面温度的温度差还要满足卫生要求。当内表面温度过低,人体向外辐射热过多,会产生不舒适感。根据上述要求而确定的外围护结构传热阻,称为最小传热热阻。

在一个规定年限内,使建筑物的建造费用和经营费用之和最小的围护结构传热热阻称为围护结构的经济传热热阻。建造费用包括围护结构和供暖系统的建造费用。经营费用包括围护结构和供暖系统的折旧费、维修费及系统的运行费。

在工程设计中,围护结构的最小传热热阻可按下式确定:

$$R_{0 \cdot \min} = \frac{\alpha(t_n - t_w)}{\Delta t_y} R_n \tag{2-22}$$

式中　$R_{0 \cdot \min}$——围护结构的最小传热热阻($m^2 \cdot K/W$);

Δt_y——供暖室内计算温度 t_n 与围护结构内表面温度 τ_n 的允许温差(℃),按表2-13选用;

t_w——冬季围护结构室外计算温度(℃)。

表 2-13　允许温差 Δt_y 值　　　　　　　　　　　℃

建筑物及房间类别	外墙	屋顶
居住建筑、医院和幼儿园等	6.0	4.0
办公建筑、学校和门诊部等	6.0	4.5
公共建筑(上述指明者除外)和工业企业辅助建筑物(潮湿房间除外)	7.0	5.5
室内空气干燥的生产厂房	10.0	8.0
室内空气湿度正常的生产厂房	8.0	7.0

室内空气潮湿的公共建筑、生产厂房及辅助建筑物:		
当不允许墙和顶棚内表面结露时	t_n-t_l	$0.8(t_n-t_l)$
当仅不允许顶棚内表面结露时	7.0	$0.9(t_n-t_l)$
室内空气潮湿且具有腐蚀性介质的生产厂房	t_n-t_l	t_n-t_l
室内散热量大于 23 W/m³,且计算相对湿度不大于 50%的生产厂房	12.0	12.0

注:1. 室内空气干湿程度的区分,应根据室内温度和相对湿度按《民建暖通空调规范》规定确定;
   2. 与室外空气相通的楼板和非供暖地下室的楼板,其允许温差 Δt_y 值,可采用 2.5 ℃;
   3. t_l ——在室内计算温度和现对湿度状况下的露点温度(℃)。

冬季围护结构室外计算温度 t_w,按围护结构热惰性指标 D 值分成四个等级来确定(表 2-14)。

表 2-14　冬季围护结构室外计算温度

围护结构类型	热惰性指标 D 值	t_w 的取值/℃
Ⅰ	>6.0	$t_w=t_{un}$
Ⅱ	4.1~6.0	$t_w=0.6t_{un}+0.4t_{p\cdot min}$
Ⅲ	1.6~1.0	$t_w=0.3t_{un}+0.7t_{p\cdot min}$
Ⅳ	≤1.5	$t_w=t_{p\cdot min}$

注:$t_{p\cdot min}$ 为历年最低日平均温度(℃)。

匀质多层材料组成的平壁围护结构的 D 可按下式计算:

$$D=\sum_{i=1}^{n}D_i=\sum_{i=1}^{n}R_is_i \tag{2-23}$$

式中　R_i——各层材料的传热热阻(m²·K/W);
　　　s_i——各层材料的蓄热系数[W/(m²·K)]。

材料的蓄热系数 s 可按下式计算:

$$s=\sqrt{\frac{2\pi c\rho\lambda}{Z}} \tag{2-24}$$

式中　c——材料的比热[J/(kg·K)];
　　　ρ——材料的密度(kg/m³);
　　　λ——材料的导热系数[W/(m·K)];
　　　Z——温度波动周期(s)(一般取 24 h=86 400 s 计算)。

5.2　例题

【例题 2-1】 哈尔滨市一住宅建筑,外墙为 2 砖墙,内抹灰(20 mm)。试计算其传热系数值及传热阻。

【解】 哈尔滨市供暖室外计算温度:$t_{un}=-26$ ℃。

由附表 2-2 查出,砖墙的导热系数 $\lambda=0.81$ W/(m·K);

内表面抹灰砂浆的导热系数 $\lambda=0.87$ W/(m·K)。

根据式(2-6)、表 2-2 和表 2-3,得

$$K=\frac{1}{R_0}=\frac{1}{\frac{1}{\alpha_n}+\sum\frac{\delta}{\alpha_\lambda\cdot\lambda}+R_k+\frac{1}{\alpha_w}}=1.27\ \text{W/(m·K)}$$

$$R_0=0.786\ \text{W/(m·K)}$$

思考题与实训练习题

1. 思考题

(1)热量传递的方式有哪些？其原理是什么？

(2)复合换热与复合传热有什么不同？

(3)什么是供暖设计热负荷？如何确定？

(4)围护结构基本耗热量如何计算？

(5)围护结构附加耗热量有哪些？如何确定？

(6)什么是冷风渗透耗热量？如何计算？

(7)什么是户间热负荷？常用计算方法有哪些？

(8)什么是围护结构最小传热热阻？

2. 实训练习题

按照某市气象条件，根据给定数据，参照图1-29～图1-31，计算某几个房间的采暖设计热负荷。

课后思考与总结

项目 3　供暖系统散热设备及附属设备

学习目标

知识目标

1. 了解供暖系统散热设备的作用和类型。
2. 熟悉供暖系统附属设备的作用和原理。
3. 掌握供暖系统散热设备的选型。

能力目标

1. 能够依据房间热负荷进行散热器片数的计算。
2. 能够完成膨胀水箱、排气装置、调压板等附属设备的选择计算。
3. 能够利用网络资源收集本课程相关知识及设备附件产品样本、暖通施工图实例等资料。
4. 能够运用学习过程中的经验知识，处理工作过程中遇到的实际问题并解决困难。
5. 具备自学能力和继续学习的能力。

素质目标

1. 具有团队协作意识、服务意识及协调沟通交流能力。
2. 能认真完成所接受的工作任务，脚踏实地，任劳任怨。
3. 诚实守信、以人为本、关心他人。
4. 培养职业素养。
5. 树立正确的世界观、人生观、价值观。

思政小课堂

屈原(公元前 340 年—前 278 年)，战国时期楚国诗人、政治家。芈姓，屈氏，名平，字原；又自云名正则，字灵均。约公元前 340 年出生于楚国丹阳(今湖北秭归)，楚武王熊通之子屈瑕的后代。

屈原是中国历史上第一位伟大的爱国诗人，中国浪漫主义文学的奠基人，被誉为"中华诗祖""辞赋之祖"。他是"楚辞"的创立者和代表作者，开辟了"香草美人"的传统。屈原的出现标志着中国诗歌进入了一个由集体歌唱到个人独创的新时代。他被后人称为"诗魂"。

屈原也是楚国重要的政治家，早年受楚怀王信任，任左徒、三闾大夫，兼管内政外交大事。吴起之后，在楚国另一个主张变法的就是屈原。他提倡"美政"，主张对内举贤任能，修明法度，对外力主联齐抗秦。因遭贵族排挤毁谤，他被先后流放至汉北和沅湘流域。

公元前278年，秦将白起攻破楚都郢(今湖北江陵)，屈原悲愤交加，怀石自沉于汨罗江，以身殉国。1953年是屈原逝世2230周年，世界和平理事会通过决议，确定屈原为当年纪念的世界四大文化名人之一。

屈原的主要作品有《离骚》《九歌》《九章》《天问》等。他创作的《楚辞》是中国浪漫主义文学的源头，与《诗经》并称"风骚"，对后世诗歌产生了深远影响。

那么屈原是"愚忠"吗？同学们应对屈原投江行为有新认识：屈原投江行为是爱国而不是"愚忠"。

作为建筑施工人员，在从事施工质量验收时要有屈原的这种社会责任感和爱国情怀，施工质量不容忽视，关系到千千万万人的安全。

任务1 散热器

1.1 对散热器的要求

散热器是供暖系统中重要的基本组成部件，热媒通过散热器向室内散热实现供暖的目的。散热器的正确选择涉及系统的经济指标和运行效果。对散热器的基本要求有以下几点。

1. 热工性能方面的要求

散热器的传热系数 K 值越高，说明其散热性能越好。要想提高散热器的散热量，增大散热器传热系数，可以采用增加外壁散热面积(在外壁上加肋片)、提高散热器周围空气流动速度和增加散热器向外辐射强度等方式。

2. 经济方面的要求

散热器传递给房间的单位热量所需金属耗量越少，成本越低，其经济性越好。散热器的金属热强度是衡量散热器经济性的一个标志。金属热强度是指散热器内热媒平均温度与室内空气温度差为1℃时，每千克质量散热器单位时间所散出的热量。即

$$q = K/G \tag{3-1}$$

式中　q——散热器的金属热强度[W/(kg·K)]；

K——散热器的传热系数[W/(m²·K)]；

G——散热器每1 m²散热面积的质量(kg/m²)。

q 值越大，说明散出同样的热量所消耗的金属量越小。这个指标可作为衡量同一材质散热器经济性的一个指标。对各种不同材质的散热器，其经济评价标准宜以散热器单位散热量的成本(元/W)来衡量。

3. 安装使用和工艺方面的要求

散热器应具有一定机械强度和承压能力，散热器的结构形式应便于组合成所需要的散热面积，结构尺寸要小，少占房间面积和空间，散热器的生产工艺应满足大批量生产的要求。

4. 卫生和美观方面的要求

散热器外表应光滑，不易积灰，便于清扫，外形宜与室内装饰相协调。

5. 使用寿命的要求

散热器应不易于被腐蚀和破损，使用年限要长。

1.2 散热器的种类

目前，国内生产的散热器种类繁多，按其制造材质，主要可分为铸铁散热器、钢制散热器两大类；按其构造形式，主要可分为柱型、翼型、管型、平板型等。

微课：
散热器的安装

1. 铸铁散热器

铸铁散热器长期以来得到广泛应用。由于它具有结构简单、耐腐蚀、使用寿命长、水容量大的优点而沿用至今。但其金属耗量大、金属热强度低于钢制散热器。目前，国内应用较多的铸铁散热器有翼型和柱型两大类。

(1)翼型散热器。翼型散热器可分为圆翼型和长翼型两类。

1)圆翼型散热器是一根内径为 75 mm 的管子，外面带有许多圆形肋片的铸件，如图 3-1 所示。管子两端配设法兰，可将数根组成平行叠置的散热器组。管子长度分为 750 mm 和 1 000 mm 两种。最高工作压力：当热媒为热水时，水温低于 150 ℃，P_b=0.6 MPa；当热媒为蒸汽时，P_b=0.4 MPa。圆翼型型号标记为 TY0.75—6(4) 和 TY1.0—6(4)。

2)长翼型散热器的外表面具有许多竖向肋片，外壳内部为一扁盒状空间，如图 3-2 所示。长翼型散热器的标准长度分为 200 mm 和 280 mm 两种，宽度为 115 mm，同侧进出口中心距 500 mm、高度 595 mm。长翼型型号标记分别相应为：TC0.28/5—4(俗称大60)和 TC0.20/5—4(俗称小60)。

图 3-1　圆翼型散热器　　　图 3-2　长翼型散热器

翼型散热器的优点是制造工艺简单，长翼型散热器的造价也较低；缺点是其金属热强度和传热系数比较低，外形不美观，灰尘不易清扫，特别是它的单体散热量较大，设计选用时不易恰好组成所需的面积，因而目前选用这种散热器较少。

(2)柱型散热器。柱型散热器是呈柱状的单片散热器，外表面光滑，每片各有几个中空的立柱相互连通。根据散热面积的需要，可将各个单片组装在一起形成一组散热器。我国目前常用的柱型散热器(图 3-3)有二柱散热器[图 3-3(a)]、三柱散热器[图 3-3(b)]、四柱散热器[图 3-3(c)]。柱型散热器有带脚和不带脚的两种片型，便于落地或挂墙安装。

柱型散热器与翼型散热器相比，其金属热强度及传热系数较高，外形美观，易清除积灰，容易组成所需的面积，因而它得到较广泛的应用。

(a)　　　　　　　　　　　　　　(b)　　　　　　　　　　　　　(c)

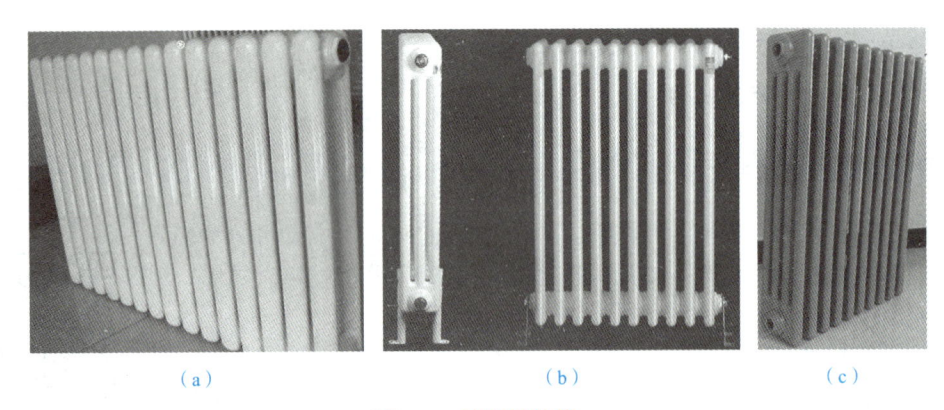

图 3-3　柱型散热器

(a)二柱；(b)三柱；(c)四柱

我国常用的几种铸铁散热器的规格见附表 3-1。

2. 钢制散热器

(1)闭式钢串片散热器。闭式钢串片散热器(图 3-4)，由钢管、钢片、联箱及管接头组成。钢管上的串片采用薄钢片，串片两端折边 90°形成封闭形。形成许多封闭垂直空气通道，增强了对流换热，同时，也使串片不易损坏。其规格以"高×宽"表示，长度可按设计要求制作。

图 3-4　闭式钢串片散热器

(2)钢制板型散热器。钢制板型散热器(图 3-5)由面板、背板、进出水口接头、放水门固定套及上下支架组成。面板、背板多用 1.2～1.5 mm 厚的冷轧钢板冲压成型，在面板上直接压出呈圆弧形或梯形的散热器水道。水平联箱压制在背板上，经复合滚焊形成整体。为了增大散热面积，在背板后面可焊上 0.5 mm 厚的冷轧钢板对流片。

图 3-5　钢制板型散热器

(3)钢制柱型散热器。钢制柱型散热器(图3-6)的构造与铸铁柱型散热器相似,每片也有几个小空立柱。这种散热器是采用1.25～1.5 mm厚冷轧钢板冲压延伸形成片状半柱型,将两片片状半柱型经压力滚焊复合成单片,单片之间经气体弧焊连接成散热器。

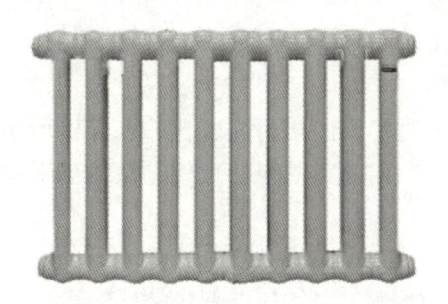

图3-6 钢制柱型散热器

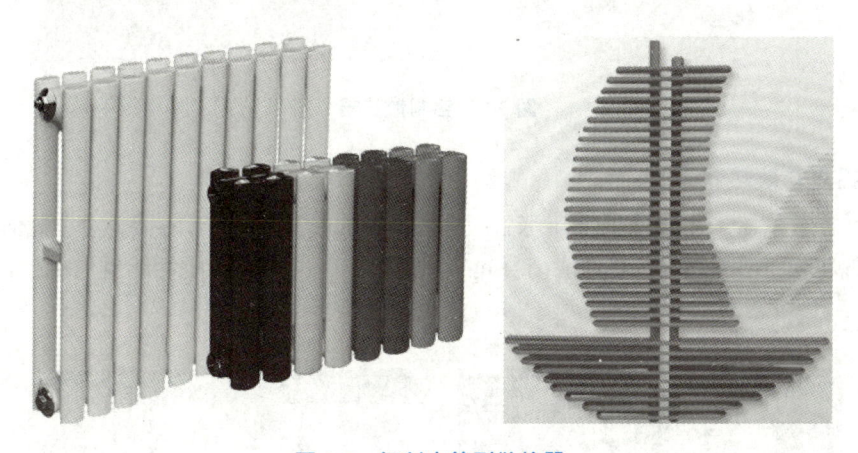

(4)钢制扁管型散热器。钢制扁管型散热器(图3-7)是采用52 mm×11 mm×1.5 mm(宽×高×厚)的水通路扁管叠加焊接在一起制成的。扁管散热器的板型有单板、双板、单板带对流片和双板带对流片四种结构形式。单、双板扁管散热器两面均为光板,板面温度较高,有较多的辐射热。带对流片的单、双板扁管散热器,每片散热量比同规格的不带对流片的大,热量主要是以对流方式传递。

图3-7 钢制扁管型散热器

钢制散热器与铸铁散热器相比,具有以下特点:

1)金属耗量少。钢制散热器大多数是由薄钢板压制焊接而成。金属热强度可达$0.8 \sim 1.0$ W/(kg·K),而铸铁散热器的金属热强度一般仅为0.3 W/(kg·K)左右。

2)耐压强度高。铸铁散热器的承压能力一般为0.4～0.5 MPa。钢制板型散热器及柱型散热器的最高工作压力可达0.8 MPa。钢串片散热器承压能力可达1.0 MPa。

3)外形美观整洁,占地小,便于布置。如钢制板型散热器和钢制扁管型散热器还可以在其外表面喷刷各种颜色的图案,与建筑和室内装饰相协调。钢制散热器高度较小,扁管型散热器和板型散热器厚度薄、占地小,便于布置。

4)除钢制柱型散热器外,钢制散热器的水容量较少,热稳定性差些。在供水温度偏低而又采用间歇供暖时,散热效果明显降低。

5)钢制散热器的主要缺点是容易被腐蚀,使用寿命比铸铁散热器短。另外,在蒸汽供暖系统中不应采用钢制散热器。对具有腐蚀性气体的生产厂房或相对湿度较大的房间,不宜设置钢制散热器。

除上述几种钢管散热器外,还有一种最简易的散热器——光面管(排管)散热器。它是用钢管在现场或工厂焊接制成。其主要缺点是耗钢量大、不美观,一般只用于工业厂房。

3. 铝制散热器

铝制散热器如图 3-8 所示,质量轻,外表美观;铝的辐射系数比铸铁和钢的小,为补偿其辐射放热量的减小,外形上采取措施以提高其对流散热量。但铝制散热器不宜在强碱条件下长期使用。

图 3-8 铝制散热器

4. 铜铝复合散热器

铜铝复合散热器采用较新的液压涨管技术将里面的铜管与外部的铝合金紧密连接起来,将铜的防腐性能和铝的高效传热性能结合起来,这种组合使散热器的性能更加优越,如图 3-9 所示。

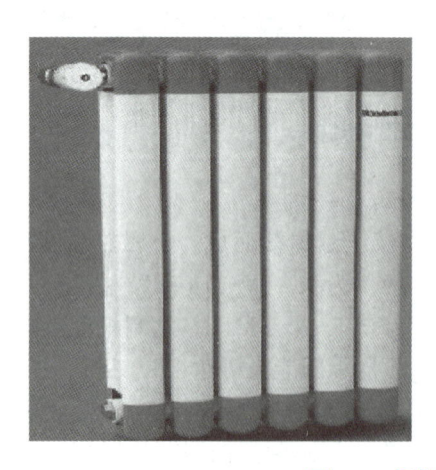

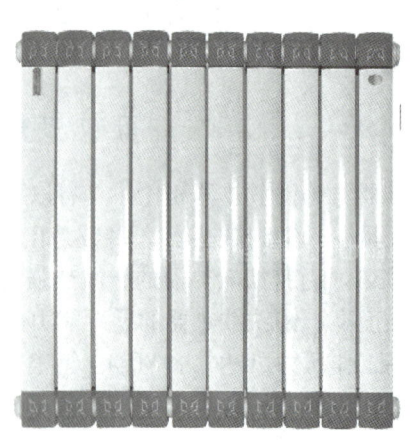

图 3-9 铜铝复合散热器

另外,还有用塑料等制造的散热器。塑料散热器质量轻、节省金属、耐腐蚀,但不能承受太高的温度和压力。

1.3 散热器的选用

选用散热器类型时,应注意在热工、经济、卫生和美观等方面的基本要求。但要根据具体情况有所侧重。设计选择散热器时,应符合下列原则性的规定:

(1)散热器的工作压力,当以热水为热媒时,不得超过制造厂规定的压力值。对高层建筑使用热水供暖时,首先要求保证承压能力,这对系统的安全运行至关重要。

(2)所选散热器的传热系数应较大,其热工性能应满足供暖系统的要求。供暖系统下部各层散热器承压能力较大,所能承受的最大工作压力应大于供暖系统底层散热器的实际最大工作压力。

(3)散热器的外形尺寸应适合建筑尺寸和环境要求,易于清扫。民用建筑宜采用外形美观、易于清扫的散热器,考虑与室内装修协调。在放散粉尘或对防尘要求较高的工业建筑中,应采用易于清除灰尘的散热器。

(4)在具有腐蚀性气体的工业建筑和或相对湿度较大的房间应采用耐腐蚀的散热器。

(5)铝制散热器内表面应进行防腐处理,且供暖水的 pH 值不应大于 10。水质较硬的地区不宜使用铝制散热器,采用铝制散热器或铜铝复合散热器时,应采取措施防止散热器接口电化学腐蚀。

(6)安装热表和恒温阀的热水供暖系统不宜采用水流通道内含有粘砂的铸铁等散热器。

1.4 散热器的布置

散热器的布置原则是使渗入室内的冷空气迅速被加热,人们停留的区域温暖、舒适,少占用房间有效的使用面积和空间。常见的散热器布置位置和要求如下:

(1)散热器宜安装在外墙的窗台下,这样,沿散热器上升的对流热气流能阻止和改善从玻璃窗下降的冷气流和玻璃冷辐射的影响,有利于人体舒适。当安装或布置管道有困难时,也可靠内墙安装。

(2)为防止冻裂散热器,两道外门之间的门斗内不应设置散热器。楼梯间的散热器宜分配在底层或按一定比例分配在下部各层。各层楼梯间散热器的分配比例可按表3-1采用。

表3-1 各层楼梯间散热器的分配比例　　　　　　　　　　　　　　　　　　　%

建筑物总层数	计算层数							
	1	2	3	4	5	6	7	8
2	65	35	—	—	—	—	—	—
3	50	30	20	—	—	—	—	—
4	50	30	20	—	—	—	—	—
5	50	25	15	10	—	—	—	—
6	50	20	15	15	—	—	—	—
7	45	20	15	10	10	—	—	—
8	40	20	15	10	10	5	—	—

(3)散热器宜明装。内部装修要求较高的民用建筑可采用暗装,暗装时装饰罩应有合理

的气流通道和足够的通道面积,并方便维修。幼儿园的散热器必须暗装或加防护罩,以防止烫伤儿童。

(4)在垂直单管或双管热水供暖系统中,同一房间的两组散热器可以串联连接;储藏室、盥洗室、厕所和厨房等辅助用室及走廊的散热器可同邻室串联连接。两串联散热器之间的串联管径应与散热器接口口径相同,以便水流畅通。

(5)铸铁散热器的组装片数不宜超过下列数值:粗柱型(包括柱翼型)——20片;细柱型——25片;长翼型——7片。

(6)公共建筑楼梯间或有回马廊的大厅散热器应尽量分配在底层,当散热器数量过多,在底层无法布置时,可参考表3-1进行分配,住宅楼梯间一般可不设散热器。

1.5 供暖房间普通散热器数量计算

供暖房间的散热器向房间供应热量以补偿房间的热损失,普通散热器的散热方式主要以对流为主。散热器的散热量应等于供暖房间的设计热负荷。

散热器散热面积F可按下式计算:

$$F=\frac{Q}{K(t_{pj}-t_n)}\beta_1\beta_2\beta_3\beta_4 \tag{3-2}$$

式中 F——散热器散热面积(m^2);

Q——散热器的散热量(W);

K——散热器的传热系数[$W/(m^2 \cdot K)$];

t_{pj}——散热器内热媒平均温度(℃);

t_n——供暖室内计算温度(℃);

β_1——散热器组装片数修正系数,见附表3-2;

β_2——散热器连接形式修正系数,见附表3-3;

β_3——散热器安装形式修正系数,见附表3-4;

β_4——进入散热器的流量修正系数,见表3-2。

微课:供暖房间普通散热器数量计算

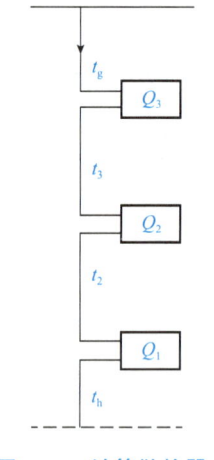

1. 散热器内热媒平均温度 t_{pj}

散热器内热媒平均温度随供暖热媒(蒸汽或热水)参数和供暖系统形式而定。

(1)热水供暖系统。在热水供暖系统中,t_{pj}为散热器进、出口水温的算术平均值,即

$$t_{pj}=\frac{t_{sg}+t_{sh}}{2} \tag{3-3}$$

式中 t_{sg}——散热器进水温度(℃);

t_{sh}——散热器出水温度(℃)。

对双管热水供暖系统,散热器的进、出口温度分别按系统的设计供、回水温度计算。

对单管热水供暖系统,由于每组散热器的进、出口水温沿水流方向下降,所以每组散热器的进、出口水温必须逐一分别计算,进而计算出散热器内热媒平均温度,如图3-10所示。

流出第三层散热器的水温 t_3 可按下式计算:

图3-10 计算散热器内热媒平均温度

$$t_3 = t_g - \frac{Q_3}{Q_1+Q_2+Q_3}(t_g - t_h) \tag{3-4}$$

流出第二层散热器的水温可按下式计算：

$$t_2 = t_g - \frac{Q_2+Q_3}{Q_1+Q_2+Q_3}(t_g - t_h) \tag{3-5}$$

写成通式，即

$$t_i = t_g - \frac{\sum_{i=1}^{n} Q_i}{\sum Q}(t_g - t_h) \tag{3-6}$$

式中 t_i——流出第 i 组散热器的水温（℃）；

$\sum_{i=1}^{n} Q_i$——沿水流方向，在第 i 组（包括第 i 组）散热器前的全部散热器的散热量（W）；

$\sum Q$——立管上所有散热器负荷之和（W）。

计算出各管段水温后，就可以计算散热器的热媒平均温度。

(2)蒸汽供暖系统。在蒸汽供暖系统中，当蒸汽表压力小于或等于 0.03 MPa 时，t_{pj} 取 100 ℃；当蒸汽表压力大于 0.03 MPa 时，t_{pj} 取与散热器进口蒸汽压力相应的饱和温度。

2. 散热器传热系数 K 及其修正系数

散热器传热系数 K 值是表示当散热器内热媒平均温度 t_{pj} 与室内空气温度 t_n 相差 1 ℃ 时，每平方米散热器面积所放出的热量，它是散热器散热能力强弱的主要标志。选用散热器时，散热器传热系数越大越好。

影响散热器传热系数的因素很多，散热器的制造情况（如采用的材料、几何尺寸、结构形式、表面喷涂等因素）和散热器的使用条件（如使用的热媒、温度、流量、室内空气温度及流速、安装方式、组合片数等因素）综合影响散热器的散热性能，因而难以用理论计算散热器散热系数 K 值，只能通过试验方法确定。

因为散热器向室内散热量的大小主要取决于散热器外表面的换热热阻，而在自然对流传热下，外表面换热热阻的大小主要取决于热媒与空气平均温度差 Δt。Δt 越大，则传热系数 K 及放热量 Q 值越大。

散热器的传热系数 K 和放热量 Q 值是在一定的条件下通过试验测定的。若实际情况与试验情况不同，则应对测定值进行修正。式(3-2)中的 β_1、β_2、β_3、β_4 值都是考虑散热器的实际使用条件与测定试验条件不同，对 K 或 Q 值，也即对散热器面积 F 引入的修正系数。

(1)散热器组装片数修正系数 β_1。柱型散热器是以 10 片作为试验组合标准，整理出关系式 $K=f(\Delta t)$ 或 $Q=f(\Delta t)$。在传热过程中，柱型散热器中间各相邻片之间相互吸收辐射热，减少了向房间的辐射热量，只有两端散热器的外侧表面才能将绝大部分辐射热量传递给室内。随着柱型散热器片数的增加，其外侧表面占总散热面积的比例减小。散热器单位散热面积的平均散热量也就减少，因而实际传热系数 K 值减小，在热负荷一定的情况下所需散热面积增大。

散热器组装片数的修正系数 β_1，可按附表 3-2 选用。

(2)散热器连接形式修正系数 β_2。所有散热器传热系数 $K=f(\Delta t)$ 或 $Q=f(\Delta t)$ 关系式，都是在散热器支管与散热器同侧连接，上进下出的试验状况下整理得出。当散热器支管与散热器的连接方式不同时,由于受到散热器外表面温度场变化的影响,散热器的传热系数就会发生变化。因此,按上进下出试验公式计算其传热系数 K 值时,应予以修正,即需要增加散热面积。

不同连接方式的散热器修正系数值 β_2,可按附表 3-3 取用。

(3)散热器安装形式修正系数 β_3。安装在房间内的散热器可有多种方式,如敞开装置、在壁龛内或加装遮挡罩板等。试验公式及 $K=f(\Delta t)$ 或 $Q=f(\Delta t)$,都是在散热器敞开装置情况下整理的。当安装方式不同时,就改变了散热器对流放热和辐射放热的条件,因而要对 K 值或 Q 值进行修正。

散热器安装形式修正系数 β_3 值,可按附表 3-4 取用。

(4)进入散热器的流量修正系数 β_4。在一定的连接方式和安装形式下,通过散热器的水流量对某些形式的散热器的 K 值和 Q 值也有一定影响。如在闭式钢串片散热器中,当流量减少较多时,肋片的温度明显降低。传热系数 K 值和散热量 Q 值下降。

进入散热器的流量修正系数 β_4,可按表 3-2 取用。

表 3-2 进入散热器的流量修正系数 β_4

散热器类型	流量增加倍数						
	1	2	3	4	5	6	7
柱型、翼型	1.00	0.90	0.86	0.85	0.83	0.83	0.82
扁管型	1.00	0.94	0.93	0.92	0.91	0.90	0.90

注:表中流量增加倍数为 1 时的流量为散热器进出口温差为 25 ℃ 时的流量,也称为标准流量。

另外,试验表明:散热器表面采用涂料不同,对 K 值和 Q 值也有影响。银粉(铝粉)的辐射系数低于调和漆,散热器表面涂调和漆时,传热系数比涂银粉漆时高 10% 左右。

在蒸汽供暖系统中,蒸汽在散热器内表面凝结放热,散热器表面温度较均匀,在相同的计算热媒平均温度 t_{pj} 下(如热水散热器的进、出口水温度为 130 ℃/70 ℃ 与蒸汽表压力低于 0.03 MPa 的情况相对比),蒸汽散热器的传热系数 K 值要高于热水散热器的 K 值。

一些常用的铸铁散热器传热系数 K 值可按附表 3-1 选用;一些钢制散热器的传热系数 K 值可按附表 3-5 选用。不同厂家的散热器具有不同的 K 值,选用时可查相关的样本资料。

3. 散热器片数或长度的确定

按式(3-2)确定所需散热器散热面积后(由于每组片数或总长度未定,先按 $\beta_1=1$ 计算),可按下式计算所需散热器的总片数或总长度:

$$n=\frac{F}{f} \tag{3-7}$$

式中 n——散热器片数或长度(片或 m);

F——散热器散热面积(m^2);

f——每片或每 1 m 长的散热器散热面积(m^2/片或 m^2/m)。

然后根据每组片数或长度乘以修正系数 β_1,最后确定散热器面积。散热器的片数或长度应按以下原则取舍:

(1)双管系统:热量尾数不超过所需散热量的 5% 时可舍去,大于或等于 5% 时应进位。

(2)单管系统:上游、中间及下游散热器数量计算尾数分别不超过所需散热量的 7.5%、

5%及2.5%时可舍去，反之应进位。

4. 考虑供暖管道散热量时，散热器散热面积的计算

供暖系统的管道敷设有暗设和明设两种方式。暗设的供暖管道应用于美观要求高的房间。暗设供暖管道的散热量没有进入房间内，同时进入散热器的水温降低。因此，《民建暖通空调规范》规定：民用建筑和室内温度要求严格的工业建筑中的非保温管道。明设时应计算管道的散热量对散热器数量的折减，暗设时应计算管道中水的冷却对散热器数量的增加。在设计中的修正，可参考有关资料。

对于明设于供暖房间内的管道，因考虑到全部或部分管道的散热量会进入室内，抵消了水冷却的影响，因而，计算散热面积时，通常可不考虑这个修正因素，除非室温要求严格的建筑物。

在精确计算散热器散热量的情况下（如民用建筑的标准设计或室内温度要求严格的房间），应考虑明设供暖管道散入供暖房间的散热量，供暖管道散入房间的热量可用下式计算：

$$Q_g = F \cdot K_g \cdot l \cdot \Delta t \cdot \eta \tag{3-8}$$

式中　Q_g——供暖管道散热量（W）；

　　　F——每米长管道的表面积（m^2）；

　　　l——明设供暖管道长度（m）；

　　　K_g——管道的传热系数[$W/(m^2 \cdot K)$]；

　　　Δt——管道内热媒温度与室内温度差（℃）；

　　　η——管道安装位置的修正系数。

沿顶棚下面的水平管道 $\eta = 0.5$

沿地面上的水平管道 $\eta = 1.0$

立管 $\eta = 0.75$

连接散热器的支管 $\eta = 1.0$

5. 散热器计算例题

【例题3-1】 某房间设计热负荷为1 600 W，室内安装M-132型散热器，散热器明装，上部有窗台板覆盖，散热器距离窗台板的高度为150 mm。供暖系统为双管上供式。设计供、回水温度为95 ℃/70 ℃，室内供暖管道明设，支管与散热器的连接方式为同侧连接，上进下出，计算散热器面积时，不考虑管道向室内散热的影响。确定散热器面积及片数。

【解】 已知 $Q = 1\ 600$ W，$t_{pj} = (95+70)/2 = 82.5$（℃），$t_n = 18$ ℃。$\Delta t = t_{pj} - t_n = 82.5 \times 18 = 64.5$（℃）

查附表3-1，对于M-132型散热器，$K = 7.99\ W/(m^2 \cdot K)$。

散热器组装片数修正系数，先假定 $\beta_1 = 1.0$；

散热器连接形式修正系数，查附表3-3，$\beta_2 = 1.0$；

散热器安装形式修正系数，查附表3-4，$\beta_3 = 1.02$；

进入散热器流量修正系数，查表3-2，$\beta_4 = 1.0$。

根据式（3-2）

$$F' = \frac{Q}{K\Delta t}\beta_1\beta_2\beta_3\beta_4 = \frac{1\ 600}{7.99 \times 64.5} \times 1.0 \times 1.0 \times 1.02 \times 1.0 = 3.17(m^2)$$

M-132型散热器每片散热面积 $f = 0.24\ m^2$（附表3-1），计算片数 $\beta_1 = 1.05$ 为

$$n'=F'/f=3.17/0.24=13.2(片)\approx 13\ 片$$

查附表 3-2，当散热器片数为 11～20 片时，$\beta_1=1.05$。

因此，实际所需散热器面积为

$$F=F'·\beta'=3.17\times1.05=3.33(m^2)$$

实际采用片数 n 为

$$n=F/f=3.33/0.24=13.88(片)$$
$$0.88/13.88=6.3\%>5\%$$

则应采用 M-132 型散热器 14 片。

任务 2　暖风机

2.1　暖风机类型

暖风机是由通风机、电动机及空气加热器组合而成的联合机组。在风机的作用下，空气由吸风口进入机组，经空气加热器加热后，从送风口送到室内，以维持室内要求的温度。

暖风机可分为轴流与离心式两种，常称为小型暖风机和大型暖风机。根据其结构特点及适用的热媒不同，又可分为蒸汽暖风机、热水暖风机、蒸汽、热水两用暖风机及冷热水两用暖风机等。目前，国内常用的轴流式暖风机主要有蒸汽、热水两用的 NC 型（图 3-11）和 NA 型暖风机与冷热水两用的 S 型暖风机；离心式大型暖风机主要有蒸汽、热水两用的 NBL 型暖风机（图 3-12）。

微课：暖风机

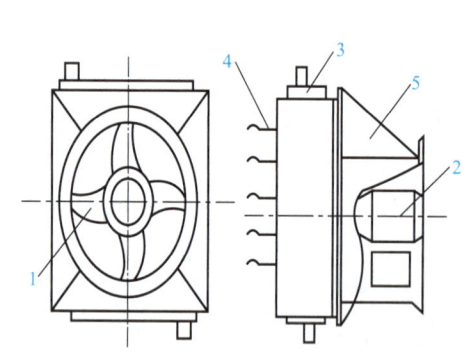

图 3-11　NC 型轴流式暖风机
1—离心式风机；2—电动机；
3—加热器；4—百叶片；5—支架

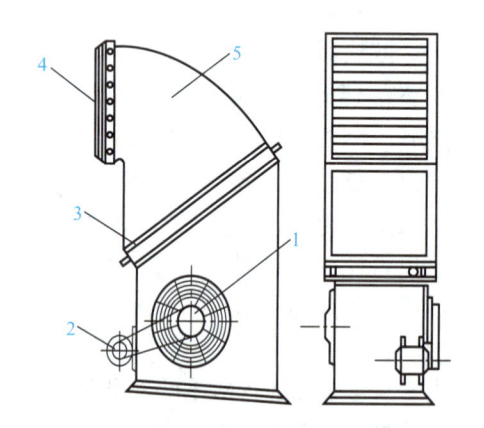

图 3-12　NBL 型离心式暖风机
1—轴流式风机；2—电动机；3—加热器；
4—导流叶片；5—外壳

轴流式暖风机体积小、结构简单、安装方便，但其送出的热风气流射程短，出口风速低。轴流式暖风机一般悬挂或支架在墙或柱子上。热风经出风口处百叶调节板，直接吹向工作区。离心式暖风机是用于集中输送大量热风的采暖设备。由于它配用离心式通风机，有较大的作用压头和较高的出口速度，比轴流式暖风机的气流射程长，送风量和产热量大，故常用于集中送风采暖系统。

暖风机是热风采暖系统的制热和送热设备。其散热方式主要以对流为主,热惰性小、升温快。轴流式小型暖风机主要用于加热室内再循环空气,离心式大型暖风机,除用于加热室内再循环空气外,也可用来加热一部分室外新鲜空气,同时用于房间通风和采暖,但对于空气中含有燃烧危险的粉尘、产生易燃易爆气体和纤维未经处理的生产厂房,从安全角度考虑,不得采用再循环空气。

2.2 暖风机布置和安装

在生产厂房内布置暖风机时,应根据车间的几何形状、工艺设备布置情况及气流作用范围等因素,设计暖风机台数及位置。

采用小型暖风机采暖,为使车间温度场均匀,保持一定的断面速度,布置时宜使暖风机的射流互相衔接,使采暖房间形成一个总的空气环流;同时,室内空气的换气次数每小时宜大于等于1.5次。

位于严寒地区或寒冷地区的工业建筑,利用热风采暖时,宜在窗下设置散热器,作为值班采暖或满足工艺所需的最低室内温度,一般不得低于5 ℃。

小型暖风机常见的三种布置方案如图3-13所示。

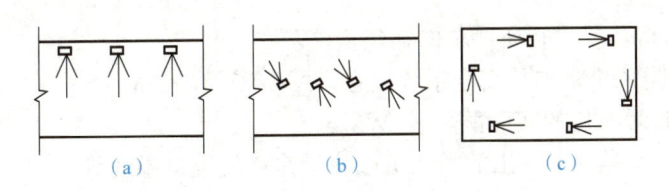

图3-13 小型暖风机常见的三种布置
(a)直吹布置;(b)斜吹布置;(c)顺吹布置

图3-13(a)所示为直吹布置,暖风机布置在内墙一侧,射出的热风与房间短轴平行,吹向外墙或外窗方向,以减少冷空气渗透。

图3-13(b)所示为斜吹布置,暖风机在房间中部,沿纵轴方向布置,将热空气向外墙斜吹。此布置适用于沿房间纵轴方向可以布置暖风机的场合。

图3-13(c)所示为顺吹布置,若暖风机无法在房间纵轴线上布置,可使暖风机沿四边墙串联吹射,避免气流互相干扰,使室内空气温度较均匀。

在高大厂房内,如内部隔墙和设备布置不影响气流组织,宜采用大型暖风机集中送风。在选用大型暖风机采暖时,由于出口速度和风量都很大,一般沿车间长度方向布置。气流射程不应小于车间采暖区的长度。在射程区域内不应有高大设备或遮挡,避免造成整个平面上的温度梯度达不到设计要求。

小型暖风机的安装高度(指其送风口离地面的高度):当出口风速小于或等于5 m/s时,宜采用3~3.5 m;当出口风速大于5 m/s时,宜采用4~4.5 m,可保证生产厂房的工作区的风速不大于0.3 m/s。暖风机的送风温度宜采用35~50 ℃。送风温度过高,热射流呈自然上升的趋势,会使房间下部加热不好;送风温度过低,易使人体有吹冷风的不舒适感。

当采用大型暖风机集中送风采暖时,其安装高度应根据房间的高度和回流区的分布位置等因素确定，不宜低于3.5 m，但不得高于7.0 m，房间的生活地带或作业地带应处于集中送风的回流区；生活地带或作业地带的风速，一般不宜大于0.3 m/s，但最小平均风速不宜小于0.15 m/s；送风口的出口风速应通过计算确定，一般可采用5～15 m/s。集中送风的送风温度，不宜低于35 ℃，不得高于70 ℃，以免热气流上升而无法向房间工作地带供热。当房间高度或集中送风温度较高时，送风口处宜设置向下倾斜的导流板。

2.3 暖风机的选择

热风采暖的热媒宜采用0.1～0.3 MPa的高压蒸汽或不低于90 ℃的热水。当采用燃气、燃油加热或电加热时，应符合现行国家有关标准的要求。

在暖风机热风采暖设计中，主要是确定暖风机的型号、台数、平面布置及安装高度等。各种暖风机的性能，即热媒参数(压力、温度等)、散热量、送风量、出口风速和温度、射程等均可以从有关设计手册或产品样本中查出。

暖风机的台数可按下式计算：

$$n=\frac{\beta Q}{Q_d} \tag{3-9}$$

式中　n——暖风机台数(台)；

　　　Q——暖风机热风采暖所要求的耗热量(W)；

　　　β——选用暖风机附加的安全系数，宜采用$\beta=1.2\sim1.3$；

　　　Q_d——每台暖风机的实际散热量(W)。

需要指出：产品样本中给出的暖风机散热量是空气进口温度等于15 ℃时的散热量，若空气进口温度不等于15 ℃时，散热量也随之改变。此时可按下式进行修正：

$$Q_d=\frac{t_{pj}-t_n}{t_{pj}-15}Q_0 \tag{3-10}$$

式中　Q_0——产品样本中给出当进口空气温度为15 ℃的散热量(W)；

　　　t_{pj}——热媒平均温度(℃)；

　　　t_n——设计条件下的进风温度(℃)。

小型暖风机的射程可按下式估算：

$$S=11.3v_0 D \tag{3-11}$$

式中　S——气流射程(m)；

　　　v_0——暖风机出口风速(m/s)；

　　　D——暖风机出口的当量直径(m)。

任务3　热水供暖系统的附属设备

3.1 膨胀水箱

膨胀水箱的作用是用来贮存热水供暖系统加热的膨胀水量。膨胀水箱有圆形和矩形两种形式，一般是由薄钢板焊接而成的。如图3-14所示，膨胀水箱上接有膨胀管4、循环管3、信号管(检查管)5、溢流管1和排水管2。

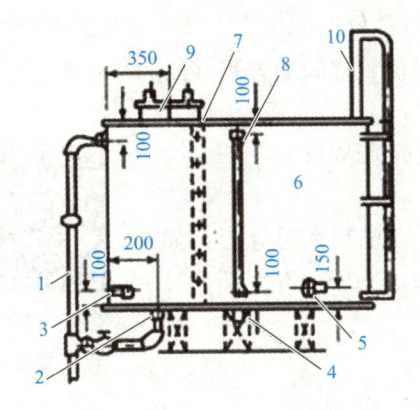

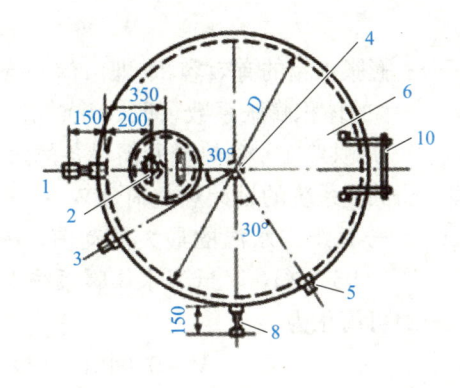

图 3-14　圆形膨胀水箱
1—溢流管；2—排水管；3—循环管；4—膨胀管；5—信号管；6—箱体；
7—内人梯；8—玻璃管水位计；9—人孔；10—外人梯

在自然循环上供下回式热水供暖系统中，膨胀水箱连接在供水总立管的最高处，起到排除系统内空气作用。在机械循环热水供暖系统中，如图 3-15 所示，膨胀水箱连接在回水干管循环水泵入口前，可以恒定系统水泵入口压力，保证系统压力稳定。

（1）膨胀管。膨胀水箱设置在系统的最高处，热水供暖系统的膨胀水量通过膨胀管进入膨胀水箱。自然循环热水供暖系统膨胀管连接在供水总立管的上部；机械循环热水供暖系统膨胀管连接在回水干管循环水泵入口前。膨胀管上不允许设置阀门，以免偶然关断使系统内压力增高，发生事故。

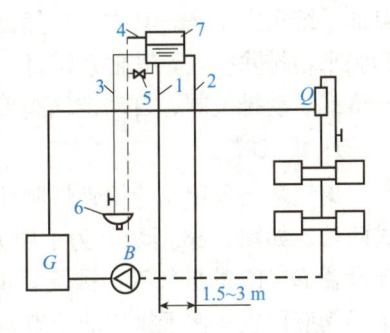

图 3-15　膨胀水箱与机械循环热水供暖系统的连接方式
1—膨胀管；2—循环管；3—信号管；
4—溢流管；5—排污泄水管；
6—洗涤盆；7—膨胀水箱

（2）循环管。当膨胀水箱设置在不供暖的房间内时，为了防止水箱内的水冻结，膨胀水箱需设置循环管。机械循环热水供暖系统循环管连接至定压点前的水平回水干管上，连接点与定压点之间应保持 1.5～3 m 的距离，使热水能缓慢地在循环管、膨胀管和水箱之间流动；自然循环热水供暖系统中，循环管连接到供水干管上，与膨胀管也应有一段距离，以维持水的缓慢流动。

循环管上也不允许设置阀门，以免水箱内的水冻结。如果膨胀水箱设置在非供暖房间，水箱及膨胀管、循环管、信号管均应做保温处理。

（3）信号管(检查管)。信号管用来检查膨胀水箱水位，决定系统是否需要补水。信号管控制系统的最低水位，应接至锅炉房内或人们容易观察的地方，信号管末端应设置阀门。

（4）溢流管。溢流管控制系统的最高水位。当系统水的膨胀体积超过溢流管口时，水溢出就近排入排水设施中。溢流管上也不允许设置阀门，以免偶然关闭时水从人孔处溢出。溢流管也可以用来排空气。

（5）排水管。排水管用于清洗、检修时放空水箱中的水，可与溢流管一起就近接入排水设施，其上应安装阀门。

膨胀水箱的型号和规格尺寸可根据水箱的有效容积按《全国通用建筑标准图集》选择。

膨胀水箱有效容积指的是检查管至溢流管之间的容积。其容积可按下式计算确定：

$$V = \alpha \cdot \Delta t_{max} \cdot V_C \cdot Q \tag{3-12}$$

式中　V——膨胀水箱的有效容积(即由信号管到溢流管之间的容积)(L)；
　　　α——水的体积膨胀系数，取 0.000 6，1/℃；
　　　V_C——每供给 1 kW 热量所需设备的水容量(L/kW)；
　　　Q——供暖系统的设计热负荷(kW)；
　　　Δt_{max}——系统内水温的最大波动值，一般以 20 ℃水温算起，如在 95 ℃/70 ℃低温水供暖系统中，$\Delta t_{max} = 95 - 20 = 75(℃)$。

式(3-12)可简化为

$$V = 0.045 V_C \cdot Q \tag{3-13}$$

微课：供暖系统附属设备安装

3.2 排气装置

热水供暖系统必须及时排除系统内的空气，以避免产生气塞而影响水流的循环和散热，保证系统正常工作。其中，自然循环、机械循环的双管下供下回式及倒流式系统可以通过膨胀水箱排除空气，其他系统都应在供暖总立管的顶部或供暖干管末端的最高点处设置集气罐或手动排气阀、自动排气阀等排气装置排除系统内的空气。

1. 集气罐

集气罐是采用无缝钢管焊制而成的，或者采用钢板卷制焊接而成。其可分为立式和卧式两种。如图 3-16 所示，为了增大集气罐的储气量，其进、出水管宜靠近罐底，在罐的顶部设置 DN15 的排气管，排气管的末端应设置排气阀。排气阀应引致附近的排水设施处，排气阀应设置在便于操作的地方。

(1)集气罐规格的选择。
1)集气罐的有效容积应为膨胀水箱容积的 1%；
2)集气罐的直径应大于或等于干管直径的 1.5～2 倍；
3)应使水在集气罐中的流速不超过 0.05 m/s。

(2)集气罐的安装。一般立式集气罐安装于供暖系统总立管的顶部；卧式集气罐安装于供水干管的末端，如图 3-16 所示。
1)集气罐一般安装于供暖房间内，否则应采取防冻措施；
2)安装时应有牢固的支架支撑，以保证安装的平稳牢固，一般采用角钢栽埋于墙内作为横梁，再配以直径为 12 的 U 形螺栓进行固定；
3)集气罐在系统中与管配件保持 5～6 倍直径的距离，以防止涡流影响空气的分离；
4)排气管一般采用 DN15，其上应设置截止阀，中心距离地面以 1.8 m 为宜。

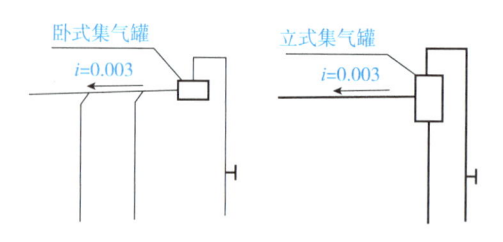

图 3-16　集气罐

2. 自动排气阀

自动排气阀大都是依靠水对浮体的浮力，通过自动阻气和排水机构，使排气孔自动打开或关闭，达到排气的目的，如图 3-17 所示。

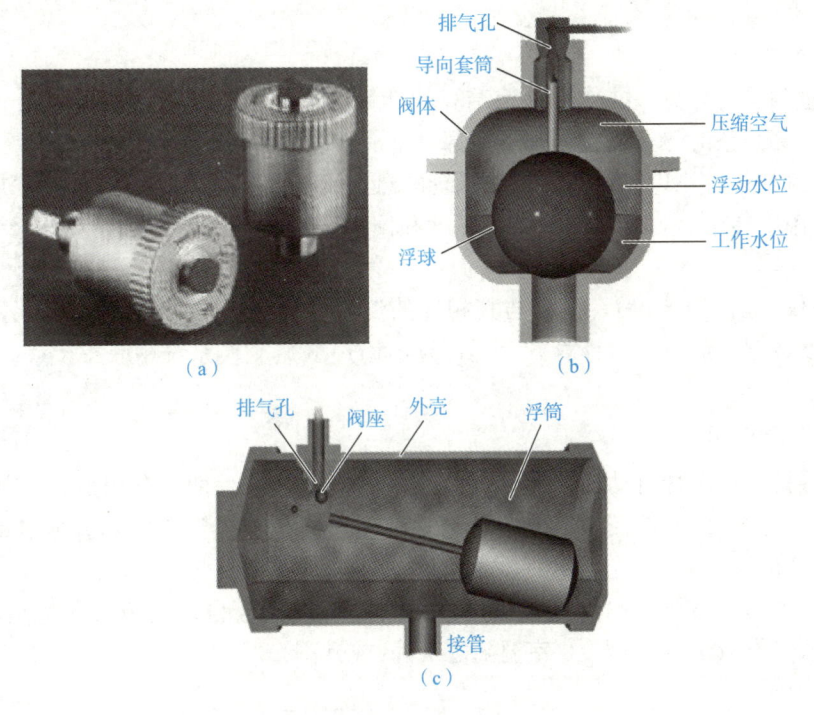

图 3-17 自动排气阀
(a)自动排气阀外形；(b)立式自动排气阀；(c)卧式自动排气阀

自动排气阀一般采用丝扣连接，安装后应保证不漏水。自动排气阀的安装要求如下：
(1)自动排气阀应垂直安装在干管上。
(2)为了便于检修，应在连接管上设置阀门，但在系统允许时阀门应处于开启状态。
(3)排气口一般不需要接管，如接管时，排气管上不得安装阀门。排气口应避开建筑设施。
(4)调整后的自动排气阀应参与管道的水压试验。

3. 冷风阀

冷风阀适用于公称压力不大于 600 kPa，工作温度不高于 100 ℃ 的水或蒸汽供暖系统的散热器。如图 3-18 所示，冷风阀多用在水平式和下供上回式系统中，它旋紧在散热器上部专设的丝孔上，以手动方式排除空气。

图 3-18 冷风阀

3.3 其他附属设备

1. 除污器

除污器是热水供暖系统中最常用的附属设备之一，可用来截留、过滤管路中的杂质和污垢，保证系统内水质洁净，减少阻力，防止堵塞。除污器一般安装在循环水泵吸入口的回水干管上，用于集中除污；也可分别设置于各个建筑物入口处的供、回水干管上，用于分散除污。当建筑物入口供水干管上安装有节流孔板时，除污器应安装在节流孔板前的供水干管上，防止污物阻塞孔板。另外，在一些小孔口的阀（如自动排气阀）前也宜设置除污器或过滤器。

2. 热量表

进行热量测量与计算，并作为计费结算的计量仪器称为热量表（也称热表）。根据热量计算方程，一套完整的热量表应由以下三部分组成：

(1) 热水流量计，用以测量流经换热系统的热水流量。

(2) 一对温度传感器，分别测量供水温度和回水温度，并进而得到供、回水温差。

(3) 积算仪（也称积分仪），根据与其相连的流量计和温度传感器提供的流量及温度数据，通过热量计算方程可计算出用户从热交换系统中获得的热量。

微课：分户热计量系统中热量表规格的选择

3. 散热器温控阀

散热器温控阀是一种自动控制散热器散热量的设备，它由两部分组成，一部分为阀体部分；另一部分为感温元件控制部分，如图 3-19 所示。散热器温控阀具有恒定室温、节约热能的优点。

当室内温度高于（或低于）给定温度时，散热器温控阀会自动调节进入散热器的水量，使散热器的散热量减小（或增大），室温随之下降（或升高）。

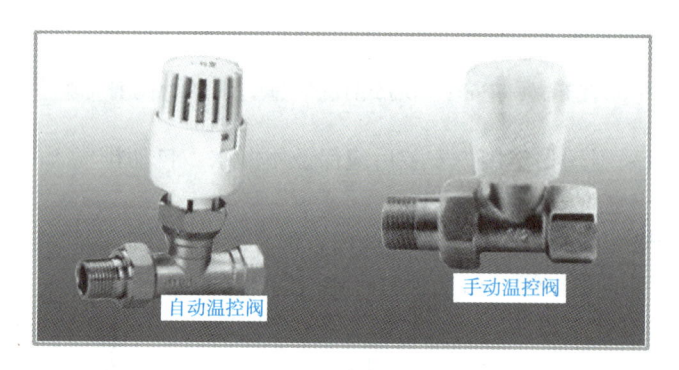

图 3-19 散热器温控阀

4. 调压板

当外网压力超过用户的允许压力时，可设置调压板来减少建筑物入口供水干管上的压力。调压板用于压力低于 100 kPa 的系统中。选择调压板时，孔口直径不应小于 3 mm，且在调压板前应设置除污器或过滤器。调压板厚度一般为 2～3 mm，安装在两个法兰之间。

调压板的孔径可按下式计算：

$$d = 20.1\sqrt{G^2/\Delta p} \qquad (3-14)$$

式中　d——调压板的孔径（mm）；
　　　G——热媒流量（m³/h）；
　　　Δp——调压板前后的压差（kPa）。

微课：温控阀的工作原理

思考题与实训练习题

1. 思考题
(1) 散热器的类型有哪些？它们分别适用于什么场合？
(2) 散热器的布置原则是什么？
(3) 散热器的传热系数为什么需要修正，有哪些修正项？
(4) 暖风机的作用有哪些？
(5) 暖风机安装有哪些要求？
(6) 热水供暖系统有哪些附属设备，其作用是什么？

2. 实训练习题
按照某市气象条件，根据给定图纸图 1-29～图 1-31，以及给定数据，进行各供暖房间散热器的选型。

课后思考与总结

项目 4　室内热水供暖系统的水力计算

学习目标

知识目标

1. 熟悉热水供暖系统水力计算的原理。
2. 熟悉热水供暖系统水力计算的任务。
3. 掌握热水供暖系统水力计算的方法。

能力目标

1. 能够识读采暖及室外供热工程施工图；能够进行机械循环热水供暖系统的水力计算。
2. 能够利用网络资源收集本课程相关知识及设备附件产品样本、暖通施工图实例等资料。
3. 能够运用学习过程中的经验知识，处理工作过程中遇到的实际问题和解决困难的能力。
4. 具备自学能力和继续学习的能力。

素质目标

1. 具有团队协作意识、服务意识及协调沟通交流能力。
2. 能认真完成所接受的工作任务，脚踏实地，任劳任怨。
3. 诚实守信、以人为本、关心他人。
4. 培养职业素养。
5. 培养精益求精的大国工匠精神。

思政小课堂

都江堰是由李冰督建的。李冰，今山西省运城市盐湖区解州镇郊斜村人，战国时期的水利家，对天文地理也有研究。秦昭襄王末年(公元前 256—前 251 年)为蜀郡守，在今四川省都江堰市(原灌县)岷江出山口处主持兴建了中国早期的灌溉工程都江堰，因而使成都平原富庶起来。据《华阳国志·蜀志》记载，李冰曾在都江堰安设石人水尺，这是中国早期的水位观测设施。他还在今宜宾、乐山境开凿滩险，疏通航道，又修建汶井江(今崇州市西河)、白木江(今邛崃南河)、洛水(今石亭江)、绵水(今绵远河)等灌溉和航运工程，以及修索桥、开盐井等。他也修筑了一条连接中原、四川雅安市名山区派出所与云南的五尺道。老百姓怀念他的功绩，建造庙宇加以纪念。北宋以后还流传着李冰之子李二郎协助李冰治水的故事。

作为专业技术人员，我们在进行水力计算时要学习李冰建造都江堰的精益求精的态度。

任务1　热水供暖系统管路水力计算的基本原理

1.1　基本公式

当流体沿管道流动时，流体分子间及其与管壁间的摩擦的存在，产生流动阻力。流体流动要克服流动阻力产生的能量损失。能量损失有沿程压力损失和局部压力损失两种形式。沿程压力损失是由于管壁的粗糙度和流体黏滞性的共同影响，在管段全长上产生的损失；局部压力损失是流体流过管道的局部附件(如阀门、弯头、三通、散热器等)时，由于流动方向或速度的改变，产生局部旋涡和撞击而引起的损失。

1. 沿程压力损失

根据达西公式，沿程压力损失可用下式计算：

$$\Delta P_y = \lambda \frac{l}{d} \cdot \frac{\rho v^2}{2} \tag{4-1}$$

式中　ΔP_y——沿程压力损失(Pa)；
　　　λ——管段的摩擦阻力系数；
　　　l——管段长度(m)；
　　　d——管子内径(m)；
　　　v——热媒在管道内的流速(m/s)；
　　　ρ——热媒的密度(kg/m^3)。

单位长度的沿程压力损失，即比摩阻 R 的计算公式为

$$R = \frac{\Delta P_y}{l} = \frac{\lambda}{d} \cdot \frac{\rho v^2}{2} \tag{4-2}$$

式中　R——每米管长的沿程损失，即比摩阻(Pa/m)。

在实际工程计算中，已知流量，则式(4-2)中的流速 v 可用质量流量 G 表示

$$v = \frac{G}{3\,600\,\frac{\pi d^2}{4}\rho} = \frac{G}{900\pi d^2 \rho} \tag{4-3}$$

将式(4-3)代入式(4-2)中，整理后得

$$R = 6.25 \times 10^{-8} \frac{\lambda}{\rho} \cdot \frac{G^2}{d^5} \tag{4-4}$$

式中　G——管段中热水的质量流量(kg/h)。

式(4-4)中的管段的沿程阻力系数 λ，与热媒的流动状态和管壁的粗糙度有关，即

$$\lambda = f(Re, K/d)$$

式中　Re——雷诺数，判断流体流动状态的特征数(当 $Re < 2\,320$ 时，流体表现为层流；当 $2\,320 < Re < 4\,000$ 时，流体处于过渡状态，既有层流的特征，也有紊流的特征；当 $Re < 4\,000$ 时，流体表现为紊流)；
　　　K——管壁的当量绝对粗糙度。

管壁的当量绝对粗糙度 K 值与管子的使用状况(如腐蚀结垢程度和使用等因素)有关，根据运行实践积累的资料，对室内使用钢管的热水供暖系统可采用 $K = 0.2$ mm，室外热水

供热系统可取 $K=0.5$ mm。

根据流体力学理论将流体流动分成几个区，用经验公式分别确定每个区域的沿程阻力系数 λ。

(1)层流区：

$$\lambda = \frac{64}{Re} \tag{4-5}$$

在热水供暖系统中很少处于层流区，仅在自然循环热水供暖系统中个别管径很小、流速很小的管段内，才会遇到层流状态。

(2)紊流区。

1)紊流光滑区。摩擦阻力系数 λ 只与 Re 有关，与 K/d 无关。可用布拉修斯公式计算，即

$$\lambda = \frac{0.3164}{Re^{0.25}} \tag{4-6}$$

2)紊流过渡区。流动状态从水力光滑管区过渡到粗糙区（阻力平方区）的一个区域称为过渡区。过渡区的摩擦阻力系数 λ 值，可用洛巴耶夫公式来计算，即

$$\lambda = \frac{1.42}{\left(\lg Re \cdot \frac{d}{K}\right)^2} \tag{4-7}$$

摩擦阻力系数 λ 不仅与 Re 有关，还与 K/d 有关。

3)粗糙管区（阻力平方区）。在此区域内，摩擦阻力系数 λ 值仅取决于管壁的相对粗糙度 K/d。

粗糙管区的摩擦阻力系数 λ 值，可用尼古拉兹公式计算，即

$$\lambda = \frac{1}{\left(1.14 + 2\lg \frac{d}{K}\right)^2} \tag{4-8}$$

对于管径等于或大于 40 mm 的管子，用希弗林松推荐的、更为简单的计算公式也可得出很接近的数值：

$$\lambda = 0.11 \left(\frac{K}{d}\right)^{0.25} \tag{4-9}$$

另外，还有适合用于计算整个紊流区的摩擦阻力系数 λ 值的统一的公式，可参考有关资料。

一般情况下，室内热水供暖系统的流动状态几乎都处于紊流过渡区，室外热水供暖系统的流动状态大多处于紊流粗糙管区。

如果水温和流动状态一定，室内、外热水管路就可以利用相应公式计算沿程阻力系数 λ 值。将 λ 值代入式(4-4)中，因为 λ 值和 ρ 值均为定值，即可确定 $R=f(G,d)$，则只要已知三个参数中的任意两个就可以计算出第三个参数。附表 4-8 就是按式(4-4)编制的热水供暖系统管道水力计算表。因此，查表确定比摩阻 R 后，该管段的沿程压力损失 $P_y=Rl$ 就可以确定出来。

2. 局部压力损失

管段的局部压力损失 ΔP_j 可按下式计算：

$$\Delta P_j = \sum \xi \frac{\rho v^2}{2} \tag{4-10}$$

式中　$\sum \xi$——管段中总的局部阻力系数，见附表 4-1。

3. 总压力损失

各个管段的总压力损失应等于该管段的沿程压力损失与局部压力损失之和。即

$$\Delta P = \Delta P_y + \Delta P_j \tag{4-11}$$

式中　ΔP——总压力损失(Pa)；
　　　ΔP_y——沿程压力损失(Pa)；
　　　ΔP_j——管段局部损失。

1.2 当量局部阻力法和当量长度法

在实际工程设计中，为了简化计算，采用所谓"当量局部阻力法"或"当量长度法"进行管路的水力计算。

1. 当量局部阻力法

当量局部阻力法的基本原理是将管段的沿程损失转变为局部损失来计算。设管段的沿程损失相当于某一局部损失 P_i，则

$$\Delta P_j = \xi_d \frac{\rho v^2}{2} = \frac{\lambda}{d} l \frac{\rho v^2}{2}$$

$$\xi_d = \frac{\lambda}{d} l \tag{4-12}$$

式中　ξ_d——当量局部阻力系数。
　　式中其他符号意义同前。
　　计算管段的总压力损失可写成：

$$\Delta P = \Delta P_y + \Delta P_j = (\xi_d + \Sigma \xi) \frac{\rho v^2}{2}$$

令

$$\xi_{zh} = \xi_d + \Sigma \xi$$

则

$$\Delta P = \xi_{zh} \frac{\rho v^2}{2} \tag{4-13}$$

式中　$\Sigma \xi$——总局部阻力系数；
　　　ξ_{zh}——管段的折算阻力系数。
　　将式(4-3)代入(4-13)中，则有

$$\Delta P = \xi_{zh} \frac{1}{900^2 \pi^2 d^4 \times 2\rho} \times G^2$$

令

$$A = \frac{1}{900^2 \pi^2 d^4 \times 2\rho}$$

则管段的总压力损失为

$$\Delta P = \xi_{zh} A G^2 \tag{4-14}$$

式中其他符号意义同前。

附表4-2给出了各种不同管径的 A 值和 λ/d 值。附表4-3给出了按 $\xi_{zh}=1$ 确定热水供暖系统管段压力损失的管径计算表。附表4-4、附表4-5分别给出单管顺流式热水供暖系统立管组合部件的 ξ_{zh} 值和单管顺流式热水供暖系统立管的 ξ_{zh} 值。

2. 当量长度法

当量长度法的基本原理是将管段的局部损失折合为管段的沿程损失来计算。
如某一管段的总局部阻力系数为 $\Sigma \xi$，设它的压力损失相当于流经管段 l_d 米长度的沿程损失，则

$$\sum \xi \frac{\rho v^2}{2} = R l_d = \frac{\lambda}{d} l_d \frac{\rho v^2}{2}$$

$$l_d = \sum \xi \frac{d}{\lambda} \tag{4-15}$$

式中　l_d——管段中局部阻力的当量长度(m)。

管段的总压力损失可表示为

$$\Delta P = Rl + \Delta P_j = R(l + l_d) = R l_{zh} \tag{4-16}$$

式中　l_{zh}——管段的折算长度(m)。

其他符号意义同前。

当量长度法一般多用在室外热力网路的水力计算上。

1.3 塑料管材的水力计算原理

低温热水供暖系统常用塑料管材。由于塑料管材内壁的粗糙度在 0.000 7 m 左右，内壁比较平滑，而每个盘管的水量基本为 0.15~1.0 m³/h，盘管的水力工况在水力光滑区内，其 λ 值按布拉修斯公式计算。

考虑到分、集水器和阀门等的局部阻力，盘管管路的总阻力可在沿程阻力的基础上附加 10%~20%。一般盘管管路的阻力为 20~50 kPa。附表 4-6 给出地板供暖常用塑料管道的水力计算表。

任务 2　热水供暖系统水力计算的任务和方法

2.1 热水供暖系统水力计算的任务

(1)已知各管段的流量和循环作用压力，确定各管段管径。常用于工程设计。
(2)已知各管段的流量和管径，确定热力供暖系统所需的循环作用压力。常用于校核计算。
(3)已知各管段管径和该管段的允许压降，确定该管段的流量。常用于校核计算。

2.2 水力计算方法

热水供暖系统水力计算方法有等温降法和不等温降法。

1. 等温降法水力计算

等温降法认为，双管系统中每组散热器的水温降相同；单管系统中每根立管的供回水温降相同。在这个前提下计算各管段流量，进而确定各管段的管径。

(1)根据已知温降，计算各管段流量 G。

$$G = \frac{3\ 600Q}{4.187 \times 10^3 (t_g - t_h)} = \frac{0.86Q}{t_g - t_h} \tag{4-17}$$

式中　Q——各计算管段的热负荷(W)；
　　　t_g——系统的设计供水温度(℃)；
　　　t_h——系统的设计回水温度(℃)。

(2)根据系统的循环作用压力，确定最不利环路的平均比摩阻 R_{pj}。

$$R_{pj} = \frac{\alpha \cdot \Delta P}{\sum l} \qquad (4\text{-}18)$$

式中 R_{pj}——最不利环路的平均比摩阻(Pa/m);

ΔP——最不利环路的循环作用压力(Pa);

α——沿程压力损失占总损失的估计百分数,查附表 4-7 确定;

$\sum l$——环路的总长度(m)。

如果热水供暖系统的循环作用压力暂无法确定,平均比摩阻 R_{pj} 无法计算;或入口处供回水压力差较大时,平均比摩阻 R_{pj} 过大,会使管内流速过高,系统中各环路难以平衡。出现上述情况时,对机械循环热水供暖系统可选用经济平均比摩阻 $R_{pj}=60\sim120$ Pa/m 来确定管径。剩余的资用循环压力由入口处的调压装置节流。

根据平均比摩阻确定管径时,应注意管中的流速不能超过规定的最大允许流速,流速过大会使管道产生噪声。《民建暖通空调规范》规定的最大允许流速为

1)热水管道管径 $DN15$,一般室内热水管道 0.8 m/s;
2)热水管道管径 $DN20$,一般室内热水管道 1.0 m/s;
3)热水管道管径 $DN25$,一般室内热水管道 1.2 m/s;
4)热水管道管径 $DN32$,一般室内热水管道 1.4 m/s;
5)热水管道管径 $DN40$,一般室内热水管道 1.8 m/s;
6)热水管道管径 $\geqslant DN50$,一般室内热水管道 2.0 m/s。

(3)根据平均比摩阻和各管段流量,查附表 4-8 选出最接近的管径,确定该管径下管段的实际比摩阻 R 和实际流速 v。

(4)确定各管段的压力损失,进而确定系统总的压力损失。应用等温降法进行水力计算时应注意以下几项:

1)如果系统未知循环作用压力,可在总压力损失之上附加 10% 确定。
2)各并联循环环路应尽量做到阻力平衡,以保证各环路分配的流量符合设计要求。
3)散热器的进流系数。

在单管顺流式热水供暖系统中,如图 4-1 所示,两组散热器并联在立管上,立管流量经三通分配至各组散热器。流进散热器的流量 G_s 与立管流量 G_l 的比值称为散热器的进流系数 α。即

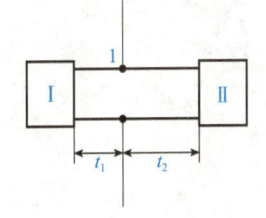

$$\alpha = \frac{G_s}{G_l} \qquad (4\text{-}19)$$

图 4-1 顺流式系统散热器节点

在垂直顺流式热水供暖系统中,当散热器单侧连接时,进流系数 $\alpha=1.0$;当散热器双侧连接时,如果两侧散热器支管管径、长度、局部阻力系数都相等,则进流系数 $\alpha=0.5$;如果散热器支管管径、长度、局部阻力系数不相等,进流系数可查图 4-2 确定。

在跨越式热水供暖系统中,由于一部分直接经跨越管流入下层散热器,散热器的进流系数 α 取决于散热器支管、立管,跨越管管径的组合情况和立管中的流量、流速情况,进流系数可查图 4-3 确定。

2. 不等温降法水力计算

不等温降法水力计算是指在单管系统中各立管的温降不相等的前提下进行水力计算。

它以并联环路节点压力平衡的基本原理进行水力计算,这种计算方法对各立管间的流量分配完全遵守并联环路节点压力平衡的流体力学规律,能使设计工况与实际工况基本一致。

进行室内热水供暖系统不等温降法水力计算时,一般从系统环路的最远立管开始。

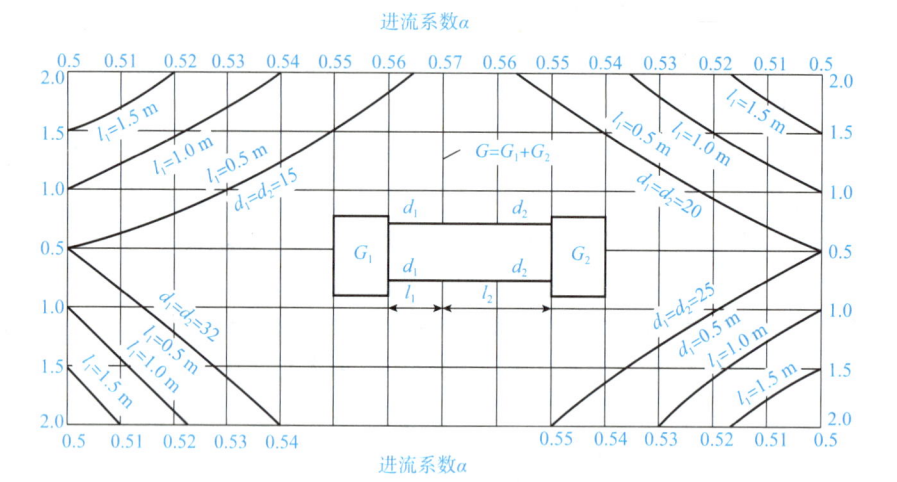

图 4-2 单管顺流式散热器进流系数

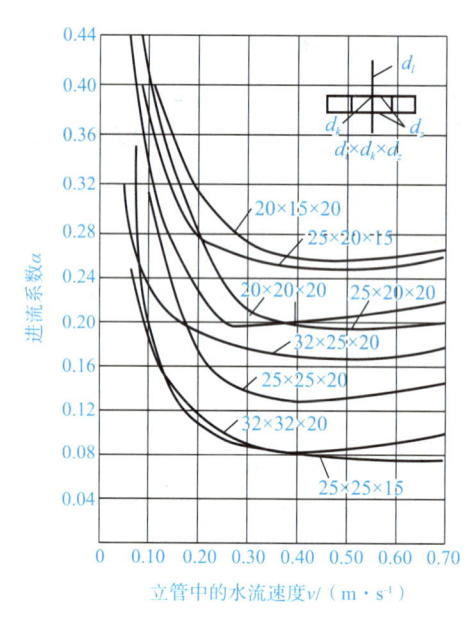

图 4-3 跨越式系统中散热器的进流系数

(1)首先任意给定最远立管的温降。一般按设计温降增加 2~5 ℃,由此计算出最远立管的计算流量 G_j。根据该立管的流量,选用 R(或 v)值,确定最远立管管径和环路末端供、回水干管的管径及相应的压力损失值。

(2)确定环路最末端的第二根立管的管径。该立管与上述管段为并联管路。根据已知节点的压力损失 Δp,选定该立管管径,从而确定通过环路最末端的第二根立管的计算流量及其计算温度降。

(3)按照上述方法,由远至近,依次确定出该环路上供、回水干管各管段的管径及其相应压力损失,以及各立管的管径、计算流量和计算温度降。

(4)系统中有多个分支循环环路时，按上述方法计算各个分支循环环路。计算得出的各循环环路在节点压力平衡状况下的流量总和，一般都不会等于设计要求的总流量，需要根据并联环路流量分配和压降变化的规律，对初步计算出的各循环环路的流量、温降和压降进行调整，最后确定各立管散热器所需的面积。

任务3　自然循环双管热水供暖系统管路水力计算方法和例题

如前所述，自然循环双管热水供暖系统通过散热器环路的循环作用压力的计算公式为

$$\Delta P_{zh} = \Delta P + \Delta P_f = gH(\rho_h - \rho_g) + \Delta P_f \tag{4-20}$$

式中　ΔP——自然循环系统中，水在散热器内冷却所产生的作用压力(Pa)；

　　　g——自然加速度，$g = 9.81 \text{ m/s}^2$；

　　　H——所计算的散热器中心与锅炉中心的高差(m)；

　　　ρ_g，ρ_h——供水和回水密度(kg/m³)；

　　　ΔP_f——水在循环环路中冷却的附加作用压力(Pa)。

应注意：通过不同立管和楼层的循环环路的附加作用压力 ΔP_f 值是不同的，应按附表4-9选定。

【例题4-1】　确定自然循环双管热水供暖系统管路的管径（图4-4）。热媒参数：供水温度 $t_g = 95 \text{ ℃}$，回水温度 $t_h = 70 \text{ ℃}$。锅炉中心距底层散热器中心距离为3 m，层高为3 m。每组散热器的供水支管上均有一个截止阀。

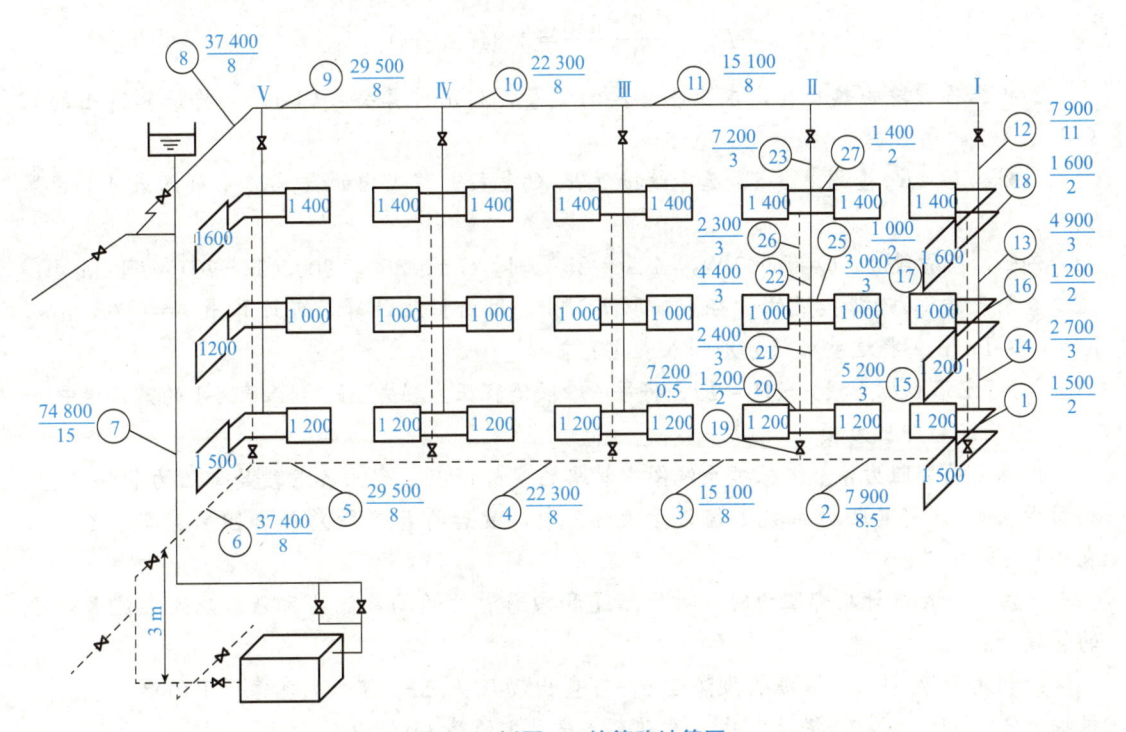

图4-4　例题4-1的管路计算图

【解】　图4-4所示为该系统两个支路中的一个支路。图上小圆圈内的数字表示管段号。

圆圈旁的数字：上行表示管段热负荷(W)，下行表示管段长度(m)。散热器内的数字表示其热负荷(W)。罗马数字表示立管编号。

计算步骤如下：

(1)选择最不利循环环路。自然循环异程式双管系统的最不利循环环路是通过最远立管底层散热器的循环环路，计算应由此开始。由图4-4可见，最不利环路是通过立管Ⅰ的最底层散热器Ⅰ₁(1 500 W)的环路。这个环路从散热器Ⅰ₁顺序地经过管段①、②、③、④、⑤、⑥，进入锅炉，再经管段⑦、⑧、⑨、⑩、⑪、⑫、⑬、⑭进入散热器Ⅰ₁。

(2)计算通过最不利环路散热器Ⅰ₁的循环作用压力ΔP_{I_1}，根据式(4-20)得

$$\Delta P_{I_1} = gH(\rho_h - \rho_g) + \Delta P_f$$

根据图中已知条件：立管Ⅰ距锅炉的水平距离为30~50 m，下层散热器中心距锅炉中心的垂直高度小于15 m。因此，查附表4-9，得$\Delta P_f = 350$ Pa。根据供回水温度知$\rho_h = 977.81$ kg/m³，$\rho_g = 961.92$ kg/m³，将已知数字代入上式，得

$$\Delta P_{I_1} = 9.81 \times 3 \times (977.81 - 961.92) + 350 = 818 \text{(Pa)}$$

(3)确定最不利环路各管段的管径。

1)求平均比摩阻：

$$R_{pj} = \alpha \cdot \Delta P_{I_1} / \sum l_{I_1}$$

式中 $\sum l_{I_1}$ ——最不利环路的总长度(m)。

$\sum l_{I_1} = 2 + 8.5 + 8 + 8 + 8 + 8 + 15 + 8 + 8 + 8 + 8 + 11 + 3 + 3 = 106.5$(m)

查附表4-7，沿程损失占总压力损失的估计百分数$\alpha = 0.5$。

将各数字代入上式，得

$$R_{pj} = \frac{0.5 \times 818}{106.5} = 3.84 \text{(Pa/m)}$$

2)根据各管段的热负荷，求出各管段的流量，利用计算公式(4-17)，将计算得出的G列入表4-1的第3栏。

3)根据G、R_{pj}查附表4-8，选择最接近R_{pj}的管径。将查出的d、R、v列入表4-1的第5、6、7栏中。

例如，对管段②，$Q = 7\,900$ W，当$\Delta t = 25$ ℃时，$G = 0.86 \times 7\,900/(95 - 70) = 272$(kg/h)。

查附表4-8，选择接近的管径。如取$DN32$，用内插法计算，可计算出$v = 0.08$ m/s，$R = 3.39$ Pa/m。将这些数值分别列入表4-1中。

(4)确定沿程压力损失$\Delta P_y = Rl$。将每一管段沿程压力损失ΔP_y列入表4-1的第8栏中。

(5)确定局部阻力损失Δp_j。

1)确定局部阻力系数ζ根据系统图中管路的实际情况，列出各管段局部阻力管件名称，利用附表4-1，将其阻力系数ζ值记于表4-2中，最后将各管段总局部阻力系数$\sum \zeta$列入表4-1的第9栏中。

应注意：在统计局部阻力时，对于三通和四通管件的局部阻力系数，应列在流量较小的管段上。

2)利用附表4-10，根据管段流速v，可查出动压头ΔP_d值，列入表4-1的第10栏中。根据$\Delta P_j = \Delta P_d \cdot \sum \zeta$，将求出的$\Delta P_j$值列入表4-1的第11栏中。

(6)求各管段的压力损失$\Delta P = \Delta P_y + \Delta P_j$。将表4-1中第8栏与第11栏相加，列入表4-1的第12栏中。

(7) 求环路总压力损失，即 $\sum(\Delta P_y+\Delta P_j)_{1\sim14}=712(\text{Pa})$。

(8) 计算富裕压力值。考虑由于施工的具体情况，可能增加一些在设计计算中未计入的压力损失。因此，要求系统应有10%以上的富裕度。

$$\Delta\% = \frac{\Delta P_{\text{I}1} - \sum(\Delta P_y+\Delta P_j)_{1\sim14}}{\Delta P_{\text{I}1}} \times 100\% = \frac{818-712}{818} \times 100\% = 13\% > 10\%$$

式中　$\Delta\%$——系统作用压力的富裕率；

　　　$\Delta P_{\text{I}1}$——通过最不利环路的作用压力(Pa)；

　　　$\sum(\Delta P_y+\Delta P_j)_{1\sim14}$——通过最不利环路的压力损失(Pa)。

(9) 确定通过立管Ⅰ第二层散热器环路中各管段的管径：

1) 计算通过立管Ⅰ第二层散热器环路的作用压力 $\Delta P_{\text{I}2}$：

$$\begin{aligned}\Delta P_{\text{I}2} &= gH_2(\rho_b-\rho_g)+\Delta P_f \\ &= 9.81\times6\times(977.81-961.92)+350 \\ &= 1\,285(\text{Pa})\end{aligned}$$

2) 确定通过立管Ⅰ第二层散热器环路中各管段的管径。

① 求平均比摩阻 R_{pj}。根据并联环路节点平衡原理(管段⑮、⑯与管段①、⑭为并联管路)，通过第二层管段⑮、⑯的资用压力为

$$\begin{aligned}\Delta P_{15,16} &= \Delta P_{\text{I}2}-\Delta P_{\text{I}1}+\sum(\Delta P_y+\Delta P_j)_{1,14} \\ &= 1\,285-818+32 \\ &= 499(\text{Pa})\end{aligned}$$

管段⑮、⑯的总长度为5 m，平均比摩阻为

$$R_{pj}=0.5\Delta P_{15,16}/\sum l=0.5\times499/5=49.9(\text{Pa/m})$$

② 根据同样方法，按⑮和⑯管段的流量 G 及 R_{pj}，确定管段 d，将相应的 R、v 值列入表4-1中。

3) 求通过底层与第二层并联环路的压降不平衡率

$$\begin{aligned}x_{\text{I}2} &= \frac{\Delta P_{15,16}-\sum(\Delta P_y+\Delta P_j)_{15,16}}{\Delta P_{15,16}}\times100\% \\ &= \frac{499-524}{499}\times100\% = -5\%\end{aligned}$$

此相对差额在允许±15%范围内。

(10) 确定通过立管Ⅰ第三层散热器环路上各管段的管径，计算方法与前相同。计算结果列于表4-1中。因⑰、⑱管段已选用最小管径，剩余压力只能用第三层散热器支管上的阀门消除。

(11) 确定通过立管Ⅱ各层环路各管段的管径。作为异程式双管系统的最不利循环环路是通过最远立管Ⅰ底层散热器的环路。对与它并联的其他立管的管径计算，同样应根据节点压力平衡原理与该环路进行压力平衡计算确定。

1) 确定通过立管Ⅱ底层散热器环路的作用压力 $\Delta P_{\text{Ⅱ}1}$。

$$\begin{aligned}\Delta P_{\text{Ⅱ}1} &= gH_1(\rho_h-\rho_g)+\Delta P_f \\ &= 9.81\times3\times(977.81-961.22)+350 \\ &= 818(\text{Pa})\end{aligned}$$

2) 确定通过立管Ⅱ底层散热器环路各管段管径 d。管段⑲~㉓与管段①、②、⑫、⑬、⑭为并联环路，对立管Ⅱ与立管Ⅰ可列出下式，从而求出管段⑲~㉓的资用压力：

$$\Delta P_{19\sim23}=\sum(\Delta P_y+\Delta P_j)_{1,2,12\sim14}-(\Delta P_{I1}-\Delta P_{I2})$$
$$=132-(818-818)$$
$$=132(Pa)$$

3)管段⑲~㉓的水力计算同前,结果列入表4-1中,其总阻力损失。
$$\sum(\Delta P_y+\Delta P_j)_{19\sim23}=132(Pa)$$

4)与立管Ⅰ并联环路相比的不平衡率刚好为零。

通过立管Ⅱ的第二、三层各环路的管径确定方法与立管Ⅰ中的第二、三层环路计算相同,不再赘述。其计算结果列入表4-1中。

表4-1 自然循环双管热水供暖系统水力计算表(例题4-1)

管段号	Q/W	$G/(kg \cdot h^{-1})$	L/m	d/mm	$v/(m \cdot s^{-1})$	$R/(Pa \cdot m^{-1})$	$\Delta P_y = Rl/Pa$	$\sum\zeta$	$\Delta P_d /Pa$	$\Delta P_j = \Delta P_d \cdot \sum\zeta/Pa$	$\Delta P = \Delta P_y + \Delta P_j/Pa$	备注
1	2	3	4	5	6	7	8	9	10	11	12	13
立管Ⅰ 第一层散热器 I_1 环路 作用压力 $\Delta P_{I1}=818$ Pa
1	1 500	52	2	20	0.04	1.38	2.8	25	0.79	19.8	22.6	
2	7 900	272	8.5	32	0.08	3.39	28.8	4	3.15	12.6	41.4	
3	15 100	519	8	40	0.11	5.58	44.6	1	5.95	5.95	50.6	
4	22 300	767	8	50	0.1	3.18	25.4	1	4.92	4.92	30.3	
5	29 500	1 015	8	50	0.13	5.34	42.7	1	8.31	8.31	51.0	
6	37 400	1 287	8	70	2.39	19.1	2.5	4.92	12.3	31.4		
7	74 800	2 573	15	70	0.2	8.69	130.4	6	19.66	118.0	248.4	
8	37 400	1 287	8	70	0.1	2.39	19.1	3.5	4.92	17.2	36.3	
9	29 500	1 015	8	50	0.13	5.34	42.7	1	8.31	8.31	51.0	
10	22 300	767	8	50	0.1	3.18	25.4	1	4.92	4.92	30.3	
11	15 100	519	8	40	0.11	5.58	44.6	1	5.95	5.95	50.6	
12	7 900	272	11	32	0.08	3.39	37.3	4	3.15	12.6	49.9	
13	4 900	169	3	32	0.05	1.45	4.4	4	1.23	4.9	9.3	
14	2 700	93	3	25	0.04	1.95	5.85	4	0.79	3.2	9.1	

$\sum l = 106.5$ m $\sum(\Delta P_y+\Delta P_j)_{1\sim14}=712$ Pa

系统作用压力富裕率 $\Delta\% = \dfrac{\Delta P_{I1}-\sum(\Delta P_y+\Delta P_j)_{1\sim14}}{\Delta P_{I1}}\times100\% = \dfrac{818-712}{818}\times100\% = 13\% > 10\%$

管段号	Q/W	$G/(kg \cdot h^{-1})$	L/m	d/mm	$v/(m \cdot s^{-1})$	$R/(Pa \cdot m^{-1})$	$\Delta P_y = Rl/Pa$	$\sum\zeta$	$\Delta P_d /Pa$	$\Delta P_j = \Delta P_d \cdot \sum\zeta/Pa$	$\Delta P = \Delta P_y + \Delta P_j/Pa$	备注
1	2	3	4	5	6	7	8	9	10	11	12	13
立管Ⅰ 第二层散热器 I_2 环路 作用压力 $\Delta P_{I2}=1\,285$ Pa
15	5 200	179	3	15	0.26	97.6	292.8	5.0	33.23	166.2	459	
16	1 200	41	2	15	0.06	5.15	10.3	31	1.77	54.9	65	

续表

管段号	Q/W	G/(kg·h^{-1})	L/m	d/mm	v/(m·s^{-1})	R/(Pa·m^{-1})	$\Delta P_y = Rl$/Pa	$\Sigma\zeta$	ΔP_d/Pa	$\Delta P_j = \Delta P_d \cdot \Sigma\zeta$/Pa	$\Delta P = \Delta P_y + \Delta P_j$/Pa	备注

$\Delta P_{15,16} = 524$ Pa

不平衡百分率 $x_{I2} = [\Delta P_{15,16} - \Sigma(\Delta P_y + \Delta P_j)_{15,16}]/\Delta P_{15,16} = (499-524)/499 = -5\%$

立管 I 第三层散热器 I$_3$ 环路 作用压力 $\Delta P_{I3} = 1\ 753$ Pa

| 17 | 3 000 | 103 | 3 | 15 | 0.15 | 34.6 | 103.8 | 5 | 11.06 | 55.3 | 159.1 | |
| 18 | 1 600 | 55 | 2 | 15 | 0.08 | 10.98 | 22.0 | 31 | 3.15 | 97.7 | 119.7 | |

$\Delta P_{17,18} = 279$ Pa

不平衡百分率 $x_{I3} = [\Delta P_{I,17,18} - \Sigma(\Delta P_y + \Delta P_j)_{15,17,18}]/\Delta P_{15,17,18} = (976-738)/976 = 24.4\% > 15\%$

立管 II 第一层散热器环路 作用压力 $\Delta P_{19\sim23} = 132$ Pa

19	7 200	248	0.5	32	0.07	2.87	1.4	3	2.41	7.2	8.6	
20	1 200	41	2	15	0.06	5.15	10.3	27	1.77	47.8	58.1	
21	2 400	83	3	20	0.07	5.22	15.7	4	2.41	9.6	25.3	
22	4 400	152	3	25	0.07	4.76	14.3	4	2.41	9.6	23.9	
23	7 200	248	3	32	0.07	2.87	8.6	3	2.41	7.2	15.8	

$\Sigma(\Delta P_y + \Delta P_j)_{19\sim23} = 132$ Pa

不平衡百分率 $= 0$

立管 II 第二层散热器环路 作用压力 $\Delta P_{II2} = 1\ 285$ Pa

| 24 | 4 800 | 165 | 3 | 15 | 0.24 | 83.8 | 251.4 | 5 | 28.32 | 141.6 | 393 | |
| 25 | 1 000 | 34 | 2 | 15 | 0.05 | 2.99 | 6.0 | 27 | 1.23 | 33.2 | 39.2 | |

$\Sigma(\Delta P_y + \Delta P_j)_{24,25} = 432$ Pa

不平衡百分率 $x_{II2} = \dfrac{[\Delta P_{II2} - \Delta P_{II1} + \Sigma(\Delta P_y + \Delta P_j)_{20,21}] - \Sigma(\Delta P_y + \Delta P_j)_{24,25}}{\Delta P_{II2} - \Delta P_{II1} + \Sigma(\Delta P_y + \Delta P_j)_{20,21}} = 21.5\% > 15\%$

立管 II 第三层散热器环路 作用压力 $\Delta P_{II3} = 1\ 753$ Pa

| 26 | 2 800 | 96 | 3 | 15 | 0.14 | 30.4 | 91.2 | 5 | 9.64 | 48.2 | 139.4 | |
| 27 | 1 400 | 48 | 2 | 15 | 0.07 | 8.6 | 17.2 | 27 | 2.41 | 65.1 | 82.3 | |

$\Sigma(\Delta P_y + \Delta P_j)_{26,27} = 222$ Pa

不平衡百分率 $x_{II3} = \dfrac{[\Delta P_{II3} - \Delta P_{II1} + \Sigma(\Delta P_y + \Delta P_j)_{20,21}] - \Sigma(\Delta P_y + \Delta P_j)_{24,26,27}}{\Delta P_{II3} - \Delta P_{II1} + \Sigma(\Delta P_y + \Delta P_j)_{20\sim22}}$

$= \dfrac{(1\ 753 - 818 + 107) - 615}{1\ 042} \times 100\% = 41\% > 15$

表 4-2 例题 4-1 的局部阻力系数计算表

管段号	局部阻力	个数	Σζ	管段号	局部阻力	个数	Σζ
1	散热器 DN20、90°弯头 截止阀 乙字弯 分流三通 合流四通	1 2 1 2 1 1	2.0 2×2.0 10 2×1.5 3.0 3.0	17	直流四通 DN15 扩弯	1 1	2.0 3.0
	Σζ=25.0				Σζ=5.0		
2	DN32 弯头 直流三通 闸阀 乙字弯	1 1 1 1	1.5 1.0 0.5 1.0	18	DN15 弯头 DN15 乙字弯 分流四通 合流三通 截止阀 散热器	2 2 1 1 1 1	2×2.0 2×1.5 3.0 3.0 16 20
	Σζ=4				Σζ=31.0		
3 4 5	直流三通	1	1.0	19	旁流三通 DN32 闸阀 DN32 乙字弯	1 1 1	1.5 0.5 1.0
	Σζ=1				Σζ=3.0		
6	DN70、90°弯头 直流三通 闸阀	2 1 1	2×0.5 1.0 0.5	20	DN15 乙字弯 合流四通	2 1 1 1 1	2×1.5 16.0 2.0 3.0 3.0
	Σζ=2.5				Σζ=27.0		
7	DN70、90°弯头 闸阀 锅炉	5 2 1	5×0.5 2×0.5 2.5	21	直流四通	1	2.0
	Σζ=6			21	DN25 或 DN25 扩弯	1	2.0
8	DN70、90°弯头 闸阀 分流三通	3 1 1	3×0.5 0.5 1.5	23	旁流三通 DN32 乙字弯 闸阀	1 1 1	1.5 0.5 1.0
	Σζ=3.5				Σζ=3.0		
9 10 11	直流三通	1	1.0	24	DN15 扩弯 直流四通	1 1	3.0 2.0
	Σζ=1.0				Σζ=5.0		
12	DN32 弯头 直流三通 闸阀 乙字弯	1 1 1 1	1.5 1.0 0.5 1.0	25	DN15 乙字弯 截止阀 散热器 分合流四通	2 1 1 2	2×1.5 16.0 2.0 2×3.0
	Σζ=4				Σζ=27.0		

续表

管段号	局部阻力	个数	Σζ	管段号	局部阻力	个数	Σζ
13 14	直流四通 DN25 或 DN32 扩弯	1 1	2.0 2.0	26	DN15 扩弯 直流四通	1 1	3.0 2.0
	Σζ=5.0				Σζ=5.0		
15	直流四通 DN15 扩弯	1 1	2.0 3.0	27	DN15 乙字弯 DN15 截止阀 散热器 分流四通 合流三通	2 1 1 1 1	2×1.5 16.0 2.0 3.0 3.0
	Σζ=5.0						
16	DN15 弯头 DN15 乙字弯 分合流四通 截止阀 散热器	2 2 2 1 1	2×2.0 2×1.5 2×3.0 16 20				
	Σζ=31.0				Σζ=27.0		

任务 4　机械循环单管热水供暖系统管路的水力计算方法和例题

4.1　机械循环单管热水供暖系统管路水力计算方法

在机械循环热水供暖系统中，循环压力主要是由水泵提供的，同时，也存在着自然循环作用压力。管道内水冷却产生的自然循环作用压力占机械循环总循环压力的比例很小，可忽略不计。

对机械循环双管热水供暖系统，水在各层散热器冷却所形成的自然循环作用压力不相等，在进行各立管散热器并联环路的水力计算时，应计算在内，不可忽略。

对机械循环单管热水供暖系统，如建筑物各部分层数相同时，每根立管所产生的自然循环作用压力近似相等，可忽略不计；如建筑物各部分层数不同时，高度和各层热负荷分配比例不同的立管之间所产生的自然循环作用压力不相等，在计算各立管之间并联环路的压降不平衡率时，应将其自然循环作用压力的差额计算在内。自然循环作用压力可按设计工况下的最大值的 2/3 计算(约相应于供暖平均水温下的作用压力值)。

进行水力计算时，机械循环室内热水供暖系统多根据入口处的资用循环压力，按最不利循环环路的平均比摩阻来选用该环路各管段的管径。当入口处资用压力较高时，管道流速和系统实际总压力损失可相应提高。但在实际工程设计中，最不利循环环路的各管段水流速过高，各并联环路的压力损失难以平衡，所以常采用控制 R_{pj} 值的方法，按 R_{pj}=60~120 Pa/m 选取管径。剩余的资用循环压力由入口处的调压装置节流。

4.2　机械循环单管热水供暖系统管路水力计算例题

【例题 4-2】　确定图 4-5 机械循环单管热水供暖系统管路的管径。热媒参数：供水温度

$t_g=95$ ℃，$t_h=70$ ℃。系统与外网连接。在引入口处外网的供回水压差为 30 kPa。图 4-5 表示出系统两个支路中的一个支路。散热器内的数字表示散热器的热负荷。楼层高为 3 m。

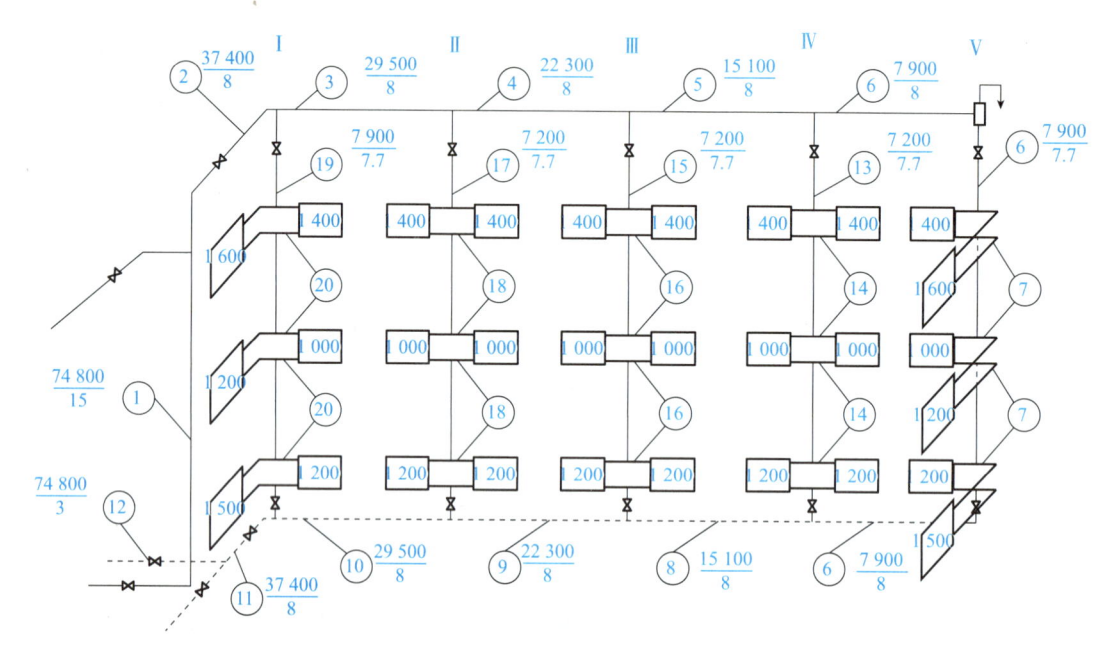

图 4-5 例题 4-2 的管路计算图

【解】 计算方法和解题步骤如下：

(1) 在轴测图上，先对管段和立管进行编号，并注明各管段的热负荷和管长，如图 4-5 所示。

(2) 确定最不利循环环路。本系统为异程式单管系统，一般取最远立管的环路作为最不利循环环路。如图 4-5 所示，最不利循环环路是从入口到立管 V。这个环路包括管段①到管段⑫。

(3) 计算最不利循环环路各管段的管径。本例题采用推荐的平均比摩阻 R_{pj} 大致为 60～120 Pa/m 来确定最不利循环环路各管段的管径。

水力计算方法与例题 4-1 相同。首先根据式(4-17)确定各管段的流量。根据 G 和选用的 R_{pj} 值，查附表 4-8，将查出的各管段 d、R、v 值列入表 4-3 的水力计算表中。最后计算出最不利循环环路的总压力损失 $\sum(\Delta P_y+\Delta P_j)_{1\sim 12}=8\ 633(Pa)$。入口处剩余的资用循环压力用调节阀节流。

(4) 确定立管 IV 的管径。立管 IV 与最末端供回水干管和立管 V，即管段⑥、⑦为并联环路。根据并联环路节点压力平衡原理，立管 IV 的资用压力 ΔP_{IV}，可由下式确定：

$$\Delta P_{IV}=\sum(\Delta P_y+\Delta P_j)_{6,7}-(\Delta P_V-\Delta P_{IV})\text{Pa}$$

式中 ΔP_V——水在立管 V 的散热器中冷却时所产生的自然循环作用压力(Pa)；

ΔP_{IV}——水在立管 IV 的散热器中冷却时所产生的自然循环作用压力(Pa)；

由于两根立管各层热负荷的分配比例大致相等，$\Delta P_V=\Delta P_{IV}$，因而 $\Delta P_{IV}=\sum(\Delta P_y+\Delta P_j)_{6,7}$。

立管 IV 的平均比摩阻为

$$R_{pj}=\frac{0.5\Delta P_{\mathrm{IV}}}{\Sigma l}=\frac{0.5\times 2\ 719}{16.7}=81.4(\mathrm{Pa/m})$$

根据 R_{pj} 和 G 值,选择立管Ⅳ的立管、支管的管径,取 $DN15$。计算出立管Ⅳ的总压力损失为 2 941 Pa。与立管Ⅴ的并联环路相比,其不平衡百分率 $x_{\mathrm{IV}}=-8.2\%$。在允许值 $\pm15\%$ 范围之内。

(5)确定其他立管、支管的管径。按上述同样的方法可分别确立立管Ⅲ、Ⅱ、Ⅰ的立管、支管管径,将结果列于表 4-3 中。

表 4-3 机械循环单管顺流式热水供暖系统管路水力计算表

管段号	Q/W	$G/(\mathrm{kg}\cdot\mathrm{h}^{-1})$	L/m	d/mm	$v/(\mathrm{m}\cdot\mathrm{s}^{-1})$	$R/(\mathrm{Pa}\cdot\mathrm{m}^{-1})$	$\Delta P_y=Rl/\mathrm{Pa}$	$\Sigma\zeta$	$\Delta P_d/\mathrm{Pa}$	$\Delta P_j=\Delta P_d\cdot\Sigma\zeta/\mathrm{Pa}$	$\Delta P=\Delta P_y+\Delta P_j/\mathrm{Pa}$	备注
1	2	3	4	5	6	7	8	9	10	11	12	13
立管Ⅴ													
1	74 800	2 573	15	40	0.55	116.41	1 746.2	1.5	148.72	223.1	1 969.3	
2	37 400	1 287	8	32	0.36	61.95	495.6	4.5	63.71	286.7	782.3	
3	29 500	1 015	8	32	0.28	39.32	314.6	1.0	38.54	38.5	353.1	
4	22 300	767	8	32	0.21	23.09	184.7	1.0	21.68	21.7	206.4	
5	15 100	519	8	25	0.26	46.19	369.5	1.0	33.23	33.2	402.7	
6	7 900	272	23.7	20	0.22	46.31	1 097.5	9.0	23.79	214.1	1 311.6	
7	—	136	9	15	0.20	58.08	522.7	45	19.66	884.7	1 407.4	
8	15 100	519	8	25	0.26	46.19	369.5	1	33.23	33.2	402.7	
9	22 300	767	8	32	0.21	23.09	184.7	1	21.68	21.7	206.4	
10	29 500	1015	8	32	0.28	39.32	314.7	1	38.54	38.5	353.1	
11	37 400	1 287	8	32	0.36	61.95	495.p6	5	63.71	318.6	814.2	
12	74 800	2 573	3	40	0.55	116.41	319.2	0.5	148.72	74.4	423.6	
$\Sigma l=114.7$ m　　　$\Sigma(\Delta P_y+\Delta P_j)_{1\sim 12}=8\ 633$ Pa													
入口处剩余的资用循环压力用阀门节流													
立管Ⅳ　　资用压力 $P_{\mathrm{IV}}=\Sigma(\Delta P_y+\Delta P_j)_{6,7}=2\ 719$ Pa													
13	7 200	248	7.7	15	0.36	182.07	1 401.9	9	63.71	573.4	1 975.3	
14	—	124	9	15	0.18	48.84	439.6	33	16.93	525.7	965.3	
$\Sigma(\Delta P_y+\Delta P_j)_{13,14}=2\ 941$ Pa													
不平衡百分率 $x_{\mathrm{IV}}=[\Delta P_{\mathrm{IV}}-\Sigma(\Delta P_y+\Delta P_j)_{13,14}]/\Delta P_{\mathrm{IV}}=(2\ 719-2\ 941)/2\ 719\times 100\%=-8.2\%$(在$\pm 15\%$内)													
立管Ⅲ　　资用压力 $P_{\mathrm{III}}=\Sigma(\Delta P_y+\Delta P_j)_{5\sim 8}=3\ 524$ Pa													
15	7 200	248	7.7	15	0.36	182.07	1 401.9	9	63.71	573.4	1 975.3	
16	—	124	9	15	0.18	48.84	439.6	33	15.93	525.7	965.3	
$\Sigma(\Delta P_y+\Delta P_j)_{15,16}=2\ 941$ Pa													
不平衡百分率 $x_{\mathrm{III}}=[\Delta P_{\mathrm{III}}-\Sigma(\Delta P_y+\Delta P_j)_{15,16}]/\Delta P_{\mathrm{III}}=(3\ 524-2\ 941)/3\ 524\times 100\%=16.5\%>15\%$													
(用立管阀门调节)													
立管Ⅱ　　资用压力 $P_{\mathrm{II}}=\Sigma(\Delta P_y+\Delta P_j)_{4\sim 9}=3\ 937$ Pa													

续表

管段号	Q/W	G/(kg·h^{-1})	L/m	d/mm	v/(m·s^{-1})	R/(Pa·m^{-1})	$\Delta P_y=Rl$/Pa	$\Sigma\zeta$	ΔP_d/Pa	$\Delta P_j=\Delta P_d \cdot \Sigma\zeta$/Pa	$\Delta P=\Delta P_y+\Delta P_j$/Pa	备注
1	2	3	4	5	6	7	8	9	10	11	12	13
17	7 200	248	7.7	15	0.36	182.07	1 401.9	9	63.71	573.4	1 975.3	
18	—	124	9	15	0.18	48.84	439.6	33	15.93	525.7	965.3	
	$\Sigma(\Delta P_y+\Delta P_j)_{17,18}=2\,941$ Pa 不平衡百分率 $x_{\text{II}}=[\Delta P_{\text{II}}-\Sigma(\Delta P_y+\Delta P_j)_{17,18}]/\Delta P_{\text{II}}=(3\,937-2\,941)/3\,937\times100\%=25.3\%>15\%$ (用立管阀门节流)											
	立管 I　　资用压力 $P_{\text{I}}=\Sigma(\Delta P_y+\Delta P_j)_{3\sim10}=4\,643$ Pa											
19	7 900	272	7.7	15	0.39	217.19	1 672.4	9	74.78	673.0	2 345.4	
20	—	136	9	15	0.20	58.08	522.7	33	19.66	648.8	1 171.5	
	$\Sigma(\Delta P_y+\Delta P_j)_{19,20}=3\,517$ Pa 不平衡百分率 $x_{\text{I}}=[\Delta P_{\text{I}}-\Sigma(\Delta P_y+\Delta P_j)_{19,20}]/\Delta P_{\text{I}}=(4\,643-3\,517)/4\,643\times100\%=24.3\%>15\%$ (用立管阀门调节)											

通过机械循环单管热水供暖系统水力计算(例题 4-2)结果，可以看出：

1) 例题 4-1 与例题 4-2 的系统热负荷、立管数、热媒参数和供热半径都相同，机械循环系统的作用压力比自然循环系统大得多，系统的管径就小很多。

2) 由于机械循环单管热水供暖系统供回水干管的 R 值选用较大，系统中各立管之间的并联环路压力平衡较难。例题 4-2 中，立管 I、II、III 的不平衡百分率都超过±15%的允许值。在系统初调节和运行时，只能依靠立管上的阀门进行调节，否则在例题 4-2 的异程式系统必然会出现近热远冷的水平失调。如系统的作用半径较大，同时又采用异程式布置管道，则水平失调现象更难以避免。

为避免采用例题 4-2 的水力计算方法而出现立管之间环路压力不易平衡的问题，在工程设计中，可采用下面的一些设计方法，来防止或减轻系统的水平失调现象。

1) 供、回水干管采用同程式布置；
2) 仍采用机械循环异程式热水供暖系统，但采用不等温降法进行水力计算；
3) 仍采用机械循环异程式热水供暖系统，采用首先计算最近立管环路的方法。

任务 5　机械循环同程式热水供暖系统管路的水力计算方法和例题

机械循环同程式热水供暖系统的特点是通过各个并联环路的总长度都相等。在供暖半径较大(一般超过 50 m 以上)的室内热水供暖系统中，机械循环同程式热水供暖系统得到较普遍的应用。现通过下面例题，阐明同程式系统水力计算方法和步骤。

【例题 4-3】 将例题 4-2 的机械循环异程式热水供暖系统改为同程式热水供暖系统。已知条件与例题 4-2 相同。管路系统如图 4-6 所示。

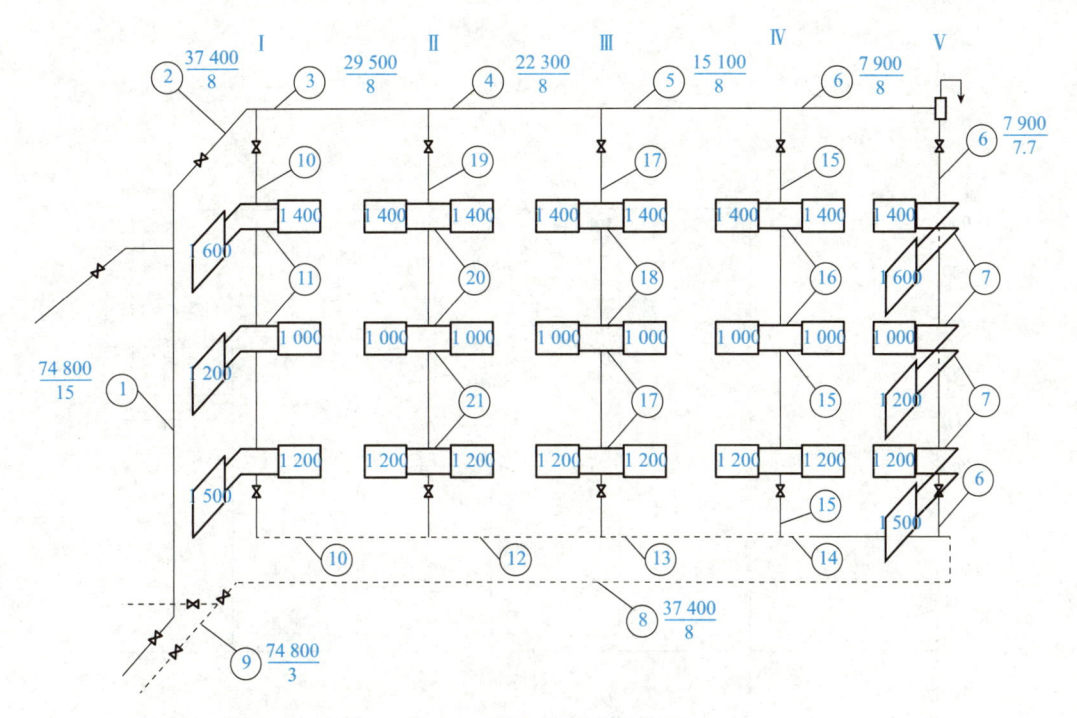

图 4-6 同程式管路系统图

【解】 计算方法和解题步骤如下：

(1)首先计算通过最远立管Ⅴ的环路。确定出供水干管各个管段、立管Ⅴ和回水总干管的管径及其压力损失。计算方法与例题 4-2 相同，见水力计算表 4-4。

(2)使用同样的方法计算通过最近立管Ⅰ的环路，从而确定出立管Ⅰ、回水干管各管段的管径及其压力损失。

(3)求并联环路立管Ⅰ和立管Ⅴ的压力损失不平衡率，使其不平衡率在±5%以内。

(4)根据水力计算结果，利用图示方法(图 4-7)，表示出系统的总压力损失及各立管的供、回水节点间的资用压力值。

根据本例题的水力计算表和图 4-7 可知，立管Ⅳ的资用压力应等于入口处供水管起点，通过最近立管环路到回水干管管段⑬末端的压力损失，减去供水管起点到供水干管管段⑤末端的压力损失的差值，也即等于 6 461－4 359＝2 102(Pa)(见表 4-4 第 13 栏中的数值)。其他立管的资用压力确定方法相同，数值见表 4-4。

注意：如水力计算结果和图示表明个别立管供、回水节点间的资用压力过小或过大，则会使下一步选用该立管的管径过粗或过细，设计很不合理。此时，应调整第一、二步骤的水力计算，适当改变个别供、回水干管的管段直径，使易于选择各立管的管径并满足并联环路不平衡率的要求。

——— 按通过立管Ⅴ环路的水力计算结果绘制出的相对压降线；
-------- 按通过立管Ⅰ环路的水力计算结果绘制出的相对压降线；
—·—·— 各立管的资用压力。

(5)确定其他立管的管径。根据各立管的资用压力和立管各管段的流量选用合适的立管管径。计算方法与例题 4-2 的方法相同。

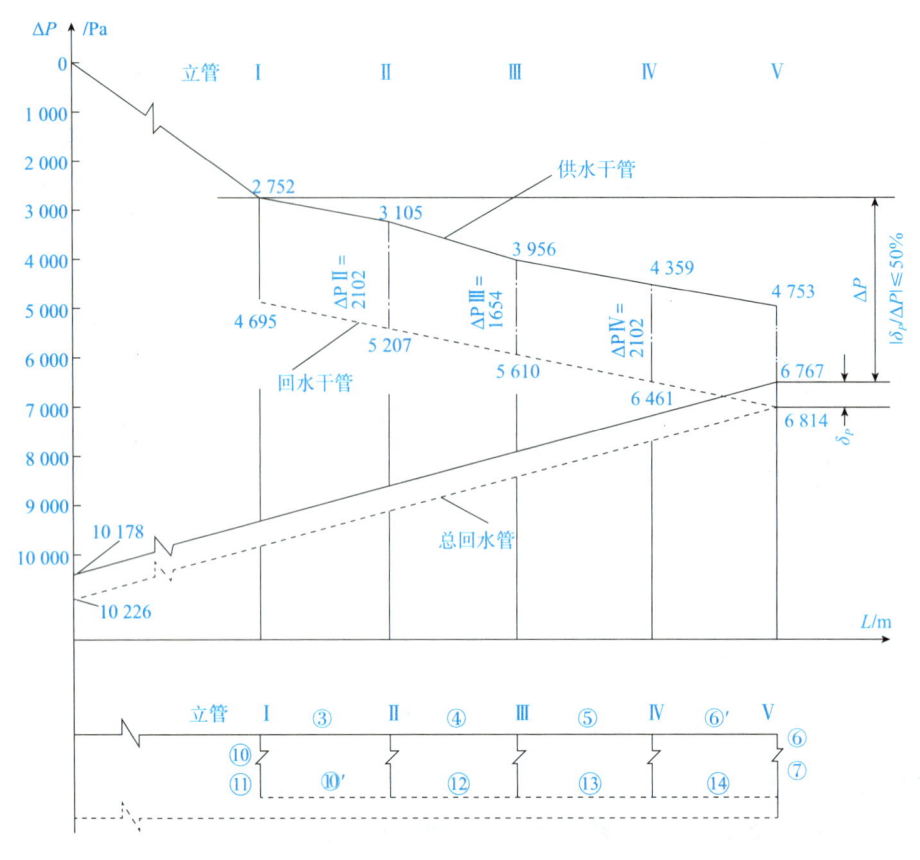

图 4-7 同程式系统的管路压力平衡分析图

表 4-4 机械循环同程式单管热水供暖系统管路水力计算表

管段号	Q/W	$G/(kg \cdot h^{-1})$	L/m	d/mm	$v/(m \cdot s^{-1})$	$R/(Pa \cdot m^{-1})$	$\Delta P_y = Rl/Pa$	$\Sigma\zeta$	$\Delta P_d /Pa$	$\Delta P_j = \Delta P_d \times \Sigma\zeta/Pa$	$\Delta P = \Delta P_y + \Delta p_j/Pa$	供水管起点到计算管段末端的压力损失/Pa
1	2	3	4	5	6	7	8	9	10	11	12	13
立管 V												
1	74 800	2 573	15	40	0.55	116.41	1 746.2	1.5	148.72	223.1	1 969.3	1 969
2	37 400	1 287	8	32	0.36	61.95	495.6	4.5	63.71	286.7	782.3	2 752
3	29 500	1 015	8	32	0.28	39.32	314.6	1.0	38.54	38.5	353.1	3 105
4	22 300	767	8	25	0.38	97.51	780.1	1.0	70.99	71.0	851.1	3 956
5	15 100	519	8	25	0.26	46.19	369.5	1.0	33.23	33.2	402.7	4359
6	7 900	272	8	20	0.22	46.31	370.5	1.0	23.79	23.8	394.3	4 753
6'	7 900	272	9.5	20	0.22	46.31	439.9	7.0	23.79	166.5	606.4	5 359
7	—	136	9	15	0.20	58.08	522.7	45	19.66	884.7	1 407.4	6 767
8	37 400	1 287	40	32	0.36	61.95	2 478.0	8	63.71	509.7	2 987.7	9 754
9	74 800	2 573	3	40	0.55	116.41	349.2	0.5	148.72	74.4	423.6	10 178

· 76 ·

续表

管段号	Q/W	G/(kg·h^{-1})	L/m	d/mm	v/(m·s^{-1})	R/(Pa·m^{-1})	$\Delta P_y=Rl$/Pa	$\Sigma\zeta$	ΔP_d/Pa	$\Delta P_j=\Delta P_d \times \Sigma\zeta$/Pa	$\Delta P=\Delta P_y+\Delta p_j$/Pa	供水管起点到计算管段末端的压力损失/Pa
	$\Sigma(\Delta P_y+\Delta P_j)_{1\sim 9}=10\ 178$ Pa										
	通过立管Ⅰ的环路										
10	7 900	272	9	20	0.22	46.31	416.8	5.0	23.79	119.0	535.8	3 287
11	—	136	9	15	0.20	58.08	522.7	45	19.66	884.7	1 407.4	4 695
10′	7 900	272	8.5	20	0.22	46.31	393.6	5.0	23.79	119.0	512.6	5 207
12	15 100	519	8	25	0.36	46.19	369.5	1.0	33.23	33.2	402.7	5610
13	22 300	767	8	25	0.38	97.51	780.1	1.0	71.0	71.0	851.1	6461
14	29 500	1 015	8	32	0.28	39.32	314.6	1.0	38.5	38.5	353.1	6814

管段③～⑦与管段⑩～⑭并联 $\Sigma(\Delta P_y+\Delta P_j)_{10\sim 14}=4\ 063$ Pa

$\Delta P_{3\sim 7}=3\ 931$ Pa $\Sigma(\Delta P_y+\Delta P_j)_{1,2,8\sim 14}=10\ 226$ Pa

不平衡百分率 $x=\dfrac{\Delta P_{3\sim 7}-\Delta P_{10\sim 14}}{\Delta P_{3\sim 7}}=-3.4\%$

系统总损失为 10 226 Pa，剩余的资用压力在引入口处用阀门节流

	立管Ⅳ　　资用压力 $\Delta P_Ⅳ=6\ 461-4\ 359=2\ 102$(Pa)										
15	7 200	248	6	20	0.20	38.92	233.5	3.5	19.66	68.8	302.3	
16	—	124	9	15	0.18	48.84	439.6	33	15.93	525.7	965.3	
15′	7 200	248	3.5	15	0.36	182.07	637.2	4.5	63.71	286.7	923.9	

$\Sigma(\Delta P_y+\Delta P_j)_{15,15',16}=2\ 191$ Pa

不平衡百分率 $x=\dfrac{\Delta P_Ⅳ-\Sigma(\Delta P_y+\Delta P_j)_{15,15',16}}{\Delta P_Ⅳ}=-4.2\%$

	立管Ⅲ　　资用压力 $\Delta P_Ⅲ=5\ 610-3\ 956=1\ 654$(Pa)										
17	7 200	248	9	20	0.20	38.92	350.3	3.5	19.66	68.8	419.1	
17′	—	124	9	15	0.18	48.84	439.6	33	15.93	525.7	965.3	
18	7 200	248	0.5	20	0.20	38.92	19.5	4.5	19.66	88.5	108.0	

$\Sigma(\Delta P_y+\Delta P_j)_{17,17',18}=1\ 492$ Pa

不平衡百分率 $x=\dfrac{\Delta P_Ⅲ-\Sigma(\Delta P_y+\Delta P_j)_{17,17',18}}{\Delta P_Ⅲ}=9.8\%$

	立管Ⅱ　　资用压力 $\Delta P_Ⅱ=5\ 207-3\ 105=2\ 102$(Pa)										
19	7 200	248	6	20	0.20	38.92	233.5	3.5	19.66	68.8	302.3	
20	—	124	9	15	0.18	48.84	439.6	33	15.93	525.7	965.3	
21	7 200	248	3.5	15	0.36	182.07	637.2	4.5	63.71	286.7	923.9	

$\Sigma(\Delta P_y+\Delta P_j)_{19,20,21}=2\ 191$ Pa

不平衡百分率 $x=\dfrac{\Delta P_Ⅱ-\Sigma(\Delta P_y+\Delta P_j)_{19,20,21}}{\Delta P_Ⅱ}=-4.2\%$

(6)求各立管的不平衡率。根据立管的资用压力和立管的计算压力损失，求各立管的不平衡率。不平衡率应在±10%以内。

一个良好的同程式系统的水力计算，应使各立管的资用压力不要变化太大，以便于选择各立管的合理管径。为此，在水力计算中，管路系统前半部分供水干管的比摩阻 R 值宜选用稍小于回水干管的 R 值；而管路系统后半部分供水干管的比摩阻 R 值宜选用稍大于回水干管的 R 值。

通过同程式系统水力计算例题可见，虽然同程式系统的管道金属耗量多于异程式系统，但它可以通过调整供、回水干管的各管段的压力损失来满足立管间不平衡率的要求。

思考题与实训练习题

1. 思考题
(1)串联管路和并联管路的特点分别有哪些？
(2)什么是当量阻力法？什么是当量长度法？
(3)热水供暖系统水力计算的任务是什么？
(4)什么是最不利环路？什么是平均比摩阻？

2. 实训练习题
给定供暖系统参数，试对图 1-29～图 1-31 进行水力计算。

课后思考与总结

项目 5　辐射供暖

学习目标

知识目标
1. 了解辐射供暖的特点。
2. 熟悉低温热水地板辐射供暖系统的组成。
3. 熟悉低温热水地板辐射供暖系统的设计方法。

能力目标
1. 能够进行热水辐射供暖系统的水力计算。
2. 能够进行辐射供暖系统设计。
3. 能够利用网络资源收集本课程相关知识及设备附件产品样本、暖通施工图实例等资料。
4. 能够运用学习过程中的经验知识，处理工作过程中遇到的实际问题并解决困难。
5. 具备自学能力和继续学习的能力。

素质目标
1. 具有团队协作意识、服务意识及协调沟通交流能力。
2. 能认真完成所接受的工作任务，脚踏实地，任劳任怨。
3. 诚实守信、以人为本、关心他人。
4. 培养诚实守信，有理想、有道德、有文化、有纪律的社会主义接班人。
5. 培养职业素养。

思政小课堂

古时候有个人叫曾子，曾子的妻子到集市去，她的儿子一边跟着她一边哭泣。曾子的妻子对儿子说："你先回家，等我回家后为你杀一头猪。"妻子到集市后回来了，曾子就要抓住一头猪把它杀了，妻子制止他说："（我）只不过是与小孩子开玩笑罢了。"曾子说："小孩子是不能和他开玩笑的。小孩子是不懂事的，是要依赖父母学习的，并听从父母的教诲。现在你欺骗他，是在教他欺骗。母亲欺骗儿子，儿子就不会相信自己的母亲，这不是教育孩子该用的办法。"于是（曾子）马上杀了猪煮肉吃。

作为建筑施工人员，同样要诚实守信，按照规范进行设备辐射供暖系统的设计和选型。

任务1 辐射供暖的概念

1.1 辐射供暖的定义及特点

辐射供暖是散热设备主要依靠辐射传热方式向房间供热的供暖方式。该系统利用建筑物内部顶棚、墙面、地面或其他表面进行供暖。辐射散热量占总散热量的50％以上。

辐射供暖是一种卫生条件和舒适标准都比较高的供暖形式。与对流供暖相比，辐射供暖具有以下特点：

(1)在对流供暖系统中，人体的冷热感觉主要取决于室内空气温度的高低。而采用辐射供暖时，人或物体受到辐射照度和环境温度的综合作用，人体感受的实感温度可比室内实际环境温度高2～3 ℃。即在具有相同舒适感的前提下，辐射供暖的室内空气温度可比对流供暖时低2～3 ℃。

(2)在辐射供暖系统中，人体和物体直接接受辐射热，减少了人体向外界的辐射散热量，人体会更舒适。

(3)辐射供暖时沿房间高度方向上温度分布均匀，温度梯度小，房间的无效损失减小，而且室温降低可以减少能源消耗。

(4)辐射供暖不需要在室内布置散热器，少占室内的有效空间，便于布置家具。

(5)辐射供暖房间减少了对流散热量，室内空气流动速度相应降低，避免了室内灰尘飞扬，有利于改善卫生条件。

(6)辐射供暖比对流供暖的初投资要高。

1.2 辐射供暖的分类

辐射供暖的形式较多，按照不同的分类标准，见表5-1。

表5-1 辐射供暖系统的分类表

分类根据	名称	特征
板面温度	低温辐射	板面温度低于80 ℃
	中温辐射	板面温度为80～200 ℃
	高温辐射	板面温度高于500 ℃
辐射板构造	埋管式	以直径15～32 mm的管道埋置于建筑构造内构成辐射表面
	风道式	利用建筑构件的空腔使热空气在其间循环流动构成辐射表面
	组合式	利用金属板焊以金属管组成辐射板
辐射板位置	顶棚式	以顶棚作为辐射板，将加热原件镶嵌在顶棚内
	墙壁式	以墙壁作为辐射板，将加热原件镶嵌在墙壁内
	地板式	以地板作为辐射板，将加热原件镶嵌在地板内
热媒种类	低温热水式	热媒水温度低于100 ℃
	高温热水式	热媒水温度等于或高于100 ℃

续表

分类根据	名称	特征
热媒种类	蒸汽式	以蒸汽作为热媒
	热风式	以加热后的空气作为热媒
	电热式	以电热元件加热特定表面或直接发热
	燃气式	通过可燃气体在特制的辐射器中燃烧发射红外线

任务 2　低温热水地板辐射供暖系统

低温热水地板辐射供暖是辐射供暖形式中应用最广泛、设计安装技术较成熟的形式，具有舒适、卫生、不占面积、热稳定性好、高效节能、可分户计量、使用寿命长、运行费用低等优点。

2.1　低温热水地板辐射供暖系统的热源形式

低温热水地板辐射供暖是指冬季以水温不超过 60 ℃、系统工作压力不大于 0.8 MPa 的低温热水为热媒，通过分水器与埋设在建筑物内楼板构造层的加热管进行不间断的热水循环，热量由辐射地板向房间散热，达到供暖目的。

低温热水地板辐射供暖系统热源可设分户独立热源（如燃油燃气锅炉、分户壁挂炉等），如图 5-1 所示，也可采用集中热源，如图 5-2 所示，或者其他供回水、余热水、地热水等。

微课：地板辐射采暖分户热计量

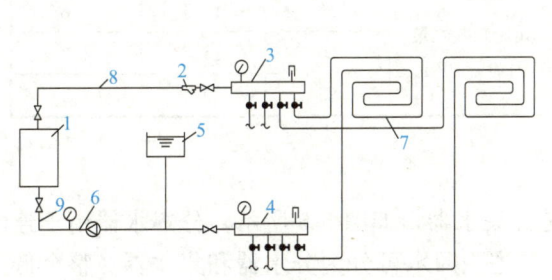

图 5-1　分户独立热源低温热水地板辐射供暖系统
1—分户独立热源；2—过滤器；3—分水器；
4—集水器；5—补水箱；6—循环水泵；
7—加热盘管；8—供水管；9—回水管

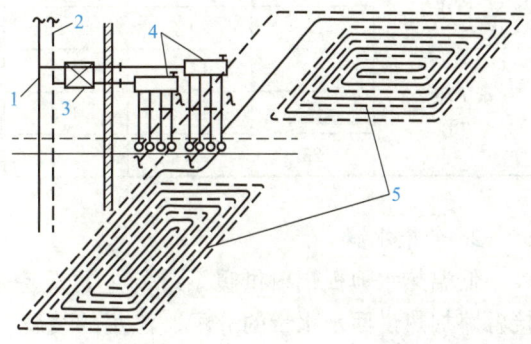

图 5-2　集中热源低温热水地板辐射供暖系统
1—集中热源供水立管；2—集中热源回水立管；
3—热量表；4—分集水器；5—加热管

2.2　低温热水地板辐射供暖系统设备组成

1. 加热管

加热管在整个地板辐射供暖系统中起到传递热量的作用，敷设于地面填充层内。常用地板供暖系统的加热管的形式有平行排管式(图 5-3)、蛇形排管式(图 5-4)、蛇形盘管式(图 5-5)三种。

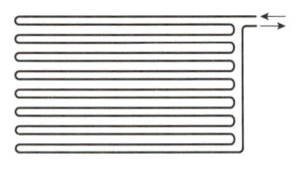

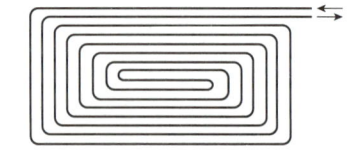

图 5-3　平行排管式　　　　　图 5-4　蛇形排管式　　　　　图 5-5　蛇形盘管式

平行排管式易于布置，板面温度变化较大，适用于各种结构的地面；蛇形排管式板面平均温度较均匀，但在较小板面面积上温度波动范围大，有一半数目的弯头曲率半径小；蛇形盘管式板面温度也并不均匀，但只有两个小曲率半径弯头，施工方便。

加热管应根据耐热年限、热媒温度和工作压力、系统水质、材料供应条件、施工技术和投资费用等因素来选择管材。

目前，国内用于低温热水地板辐射供暖系统的加热管管材主要有交联复合管(PAP、XPAP)、聚丁烯管(PB)、交联聚乙烯管(PE-X)、无规则共聚丙烯管(PP-R)。另外，铜管也是一种适用于低温热水地板辐射供暖系统的加热管材，具有导热系数高、阻氧性能好、易于弯曲且符合绿色环保要求等特点。

在选用加热管管材时，质量必须符合现行国家标准中的各项规定。塑料管或铝塑复合管的公称直径、壁厚与偏差见表 5-2。

表 5-2　塑料管或铝塑复合管的公称直径、壁厚与偏差　　　　　　　　　　mm

管材	公称外径	内径	最小壁厚	管材	公称外径	内径	最小壁厚
交联铝塑复合管 PAP	16	12.7	1.65	交联聚乙烯管 PE-X	16	13.4	1.3
	20	16.2	1.90		20	17	1.5
	25	20.5	2.25		25	21.2	1.9
聚丁烯管 PB	16	13.4	1.3	无规则共聚聚丙烯管 PP-R	16	12.4	1.8
	20	17.4	1.3		20	16.2	1.9
	25	22.4	1.3		25	20.4	2.3

2. 分集水器

低温热水地板辐射供暖系统的主要设备是分集水器，如图 5-6 所示。分集水器用于连接各路加热供回水水量的分配、汇集的装置。按进、回水可分为分水器和集水器。整个低温热水地板辐射供暖系统的热水依靠分水器将其均匀地分配到每支管路中，在加热管中放热后汇集到集水器，回到热源，如此不断循环保证整个供暖系统的安全、正常运行。在低温热水地板辐射供暖系统中，分集水器材质一般为紫铜或黄铜。

低温热水地板辐射供暖系统中的分集水器管理多分支路管道，每个分集水器的分支环路不宜多于 8 路，每个分支环路供、回水管上均应设置可关闭阀门。分水器和集水器上均设置排气阀、温控阀等。供水前端设置 Y 形过滤器。分水器水管各个支管上均应设置阀门，以调节水量的大小，实现分室控制室温，如图 5-7 所示。

图 5-6　分集水器

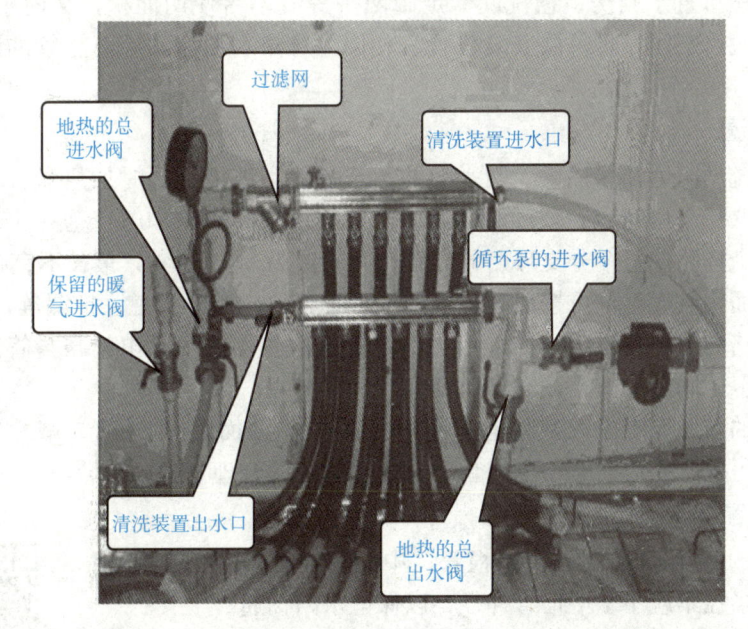

图 5-7　分集水器连接图

分集水器内径不应小于总供回水管内径，且分集水器最大断面流速不宜大于 0.8 m/s。分集水器可设置在厨房、盥洗间、走廊两头，也可设置在内墙墙面内的槽中。分集水器宜在开始铺设加热管之前安装，且分水器安装在上、集水器安装在下，中心距宜为 200 mm，集水器中心距离地面不应小于 300 mm。

3. 辅助材料

在低温热水地板辐射供暖系统中，加热管是铺设在辅助材料上，用卡钉锚固在其上。这里的辅助材料主要是指保温材料，在系统中能起到保温作用，同时，也起到保护加热管的效果。

保温材料应具备良好的保温隔热性能、较高的抵抗受压变形能力、良好的阻燃性和环保性，以及良好的施工性能。

4. 回填层

整个地板辐射供暖系统管材铺设完毕后，在其上面回填一层豆石混凝土，用来保护加热管，最主要是加热管加热后，通过加热上面的回填层，使热量由下向上均匀散热。回填层的厚度根据热媒温度和地表覆盖层材料的性能来确定，但不宜小于 50 mm。

5. 温控装置

温控装置用来控制室温，既可以分层控制温度，也可以进行分室控制温度，方便又节能。

2.3 散热地面管道的布置

1. 分集水器设置

低温热水地板辐射供暖系统的管路一般采用分集水器与管路系统连接，分集水器组装在一个分集水箱内，每套分集水器负责 3～8 副盘管供回水。这种形式便于每副盘管的安装、调节和控制，保证加热管埋地部分无管件。每个支路供、回水管可以设置远传式恒温阀以调节室温。分集水器的总供回水管上应设置关断阀。

分集水器宜布置于厨房、盥洗间、走廊两头等既不占使用面积，又便于操作的部位，并留有一定的检修空间，且每层安装位置宜相同。分集水器与共用总立管的距离不得小于 350 mm。

2. 环路设置

为了减少流动阻力和保证供、回水温差不至过大，地板供暖时加热盘管均采用并联布置，原则上采取一个房间为一个环路，大房间一般以房间面积 20 m^2 为一个环路，视具体情况可布置多个环路。每个分支环路的盘管长度一般为 60～80 m，最长不宜超过 120 m。

卫生间的面积较大时，可按地暖设置加热盘管，但应避开管道、地漏等，并做好防水。也可用自成环路的散热器供暖，如采用类似光管式散热器的干手巾架与盘管连接，烘干毛巾的同时也向卫生间散热。

加热盘管的布置应考虑大型固定家具(如床、柜、台面等)的位置，减少覆盖物对散热效果的影响。另外，还应注意与电线管、自来水管等的合理处理。

3. 盘管设置

埋地盘管的每个环路宜采用整根管，中间不宜有接头，防止渗漏，管道转弯半径不应小于 7 倍管外径，以保证水路畅通。

由于地板供暖所用塑料管的线膨胀系数较金属管大，在设计过程中要考虑补偿措施。一般当供暖面积超过 40 m^2 时应设置伸缩缝；当地面短边长度超过 60 m 时，沿长边方向每隔 7 m 设置一道伸缩缝，沿墙四周 100 mm 均设置伸缩缝，其宽度为 5～8 mm，在缝中应填充弹性膨胀膏；为防止密集管路胀裂地面，应在管间距小于 100 mm 的管路外包塑料波纹管。

微课：单元式低温热水地板辐射供暖系统安装

任务 3　低温热水地板辐射供暖系统设计

3.1 热负荷计算

地板辐射供暖房间热负荷计算有两种方法：一是按折减 2 ℃后的室温作为计算依据；二是按原方法(计算温度不折减)进行计算，最后乘以 0.9～0.95 的热量折减系数。

按折减温度法计算地板供暖房间的热负荷：
$$Q_A = \eta_2(Q_W + \eta_1 Q_H) \quad (5-1)$$

式中 Q_A——地板供暖房间热负荷(W)；
　　Q_W——按现行设计规范计算的围护结构的耗热量(W)；
　　Q_H——室内换气耗热量(W)；
　　η_1——换气耗热量修正系数；
　　η_2——附加系数：连续供暖不采用分户计量 $\eta_2=1.0$；间歇供暖不采用分户计量 $\eta_2=1.1\sim1.2$；分户计量且带强制性收费措施 $\eta_2=1.2\sim1.4$。

说明：
(1)室内设计温度比按规范计算时低2℃。
(2)根据国外资料介绍及国内辐射供暖的实际测试证明，墙壁及屋顶的保温程度、房间高度、宽度等对辐射供暖的供热量影响不大，但供热量却明显地与换气次数有关。因此，辐射供暖按对流供暖计算耗热量时，须对换气耗热量加以修正，见表5-3。

表 5-3　换热耗热量修正系数

Q_H/Q_W	0.25	0.50	0.75	1.0	1.25	1.5	1.75	2.0
η_1	0.86	0.82	0.77	0.73	0.70	0.67	0.64	0.61

(3)分户计量地板供暖系统最好通过确定户间传热负荷，尽量避免采用附加系数法。
(4)对于高大空间公共建筑不考虑高度附加。

3.2　热力计算

1. 地板散热量

(1)公式法。地板供暖的散热由辐射散热和对流散热两部分组成。辐射散热量和对流散热量可根据室内温度和辐射板(地板)表面温度求出。其计算公式如下：

1)辐射散热量 q_f：
$$q_f = 4.98\left[\left(\frac{t_b+273}{100}\right)^4 - \left(\frac{t_n+273}{100}\right)^4\right] \quad (5-2)$$

2)对流散热量：
①对于顶棚辐射供暖：
$$q_d = 0.14(t_b - t_n)^{1.25} \quad (5-3)$$

②对于地板辐射供暖：
$$q_d = 2.17(t_b - t_n)^{1.31} \quad (5-4)$$

③对于墙壁辐射供暖：
$$q_d = 1.78(t_b - t_n)^{1.32} \quad (5-5)$$

式中 q_f——辐射散热量(W/m²)；
　　q_d——对流散热量(W/m²)；
　　t_b——地板表面平均温度(℃)；
　　t_n——室内温度(℃)。

(2)查表法。根据不同的地面装饰层，制成不同管道间距、不同水温下的地板散热量表，可直接查取，见附表 5-1～附表 5-4。

2. 辐射板表面的平均温度

低温热水地板辐射供暖辐射板的表面温度 t_b 与加热管的管径 d、管间距 s、管子埋设厚度 h、混凝土的导热系数 λ、热媒温度 t_p 和房间温度 t_n 等有关，即

$$t_b = f(d、s、h、\lambda、t_p、t_n)$$

辐射板表面的平均温度是计算辐射供暖的基本依据。辐射板表面最高允许平均温度应根据卫生要求、人的热舒适性条件和房间的用途来确定。

《辐射供暖供冷技术规程》(JGJ 142—2012)中规定，低温热水地板辐射供暖辐射板表面平均温度应符合表 5-4 的要求。

表 5-4　辐射板表面平均温度　　　　　　　　　　　　　　　　　　　℃

设置位置	宜采用的温度	温度上限值
人员经常停留的地面	25～27	28
人员短期停留的地面	28～30	32
无人停留的地面	35～40	42
房间高度 2.5～3.0 m 的顶棚	28～30	—
房间高度 3.1～4.0 m 的顶棚	33～36	—
距离地面 1 m 以下的墙面	35	—
距离地面 1 m 以上 3.5 m 以下的墙面	45	—

3. 加热管间距

加热管间距宜为 100～300 mm，沿围护结构外墙间距为 120～150 mm，中间地带为 300 mm 左右。加热管间距影响辐射板表面温度，减小盘管间距可以提高表面温度，并使表面温度均匀。

4. 加热管内热水平均温度

加热管内热水平均温度按下式计算：

$$t_p = t_b + \frac{Q}{K} \tag{5-6}$$

$$K = \frac{2\lambda}{s+h} \tag{5-7}$$

式中　Q——辐射板散热量(W)；

　　　K——辐射板传热系数[W/m² · K]；

　　　t_p——加热管内热水平均温度(℃)；

　　　t_b——辐射板表面温度(℃)；

　　　λ——加热管上部覆盖材料的导热系数[W/(m · K)]；

　　　s——加热管间距(m)；

　　　h——加热管上部覆盖层材料的厚度(m)。

加热管覆盖材料应采用导热系数大的材料，以尽量减少热损失。覆盖层厚度不宜太小，厚度越大，则辐射板表面温度越均匀。

3.3 低温热水地板辐射供暖系统加热管安装

低温热水地板辐射供暖系统加热管安装如图 5-8、图 5-9 所示。为了保证低温地板辐射供暖系统的安装质量及运行后严密不漏和畅通无阻。安装时必须按照以下程序进行：材料的选择和准备→清理地面→铺设保温板→铺设交联管→试压冲洗。

1. 盘管敷设

(1)施工材料的准备和选择。

1)选择合格的交联聚乙烯(XLPE)管，禁止采用其他塑料管代替交联塑料管，埋地盘管不应有接头，防止渗漏，盘管弯曲部分不能有硬折弯现象，避免减少管道过流断面，增加流动阻力。选择合格的管材及管件、铝箔片、自熄型聚苯乙烯保温板及专用塑料卡钉，专用接口连接件。

2)选好专用膨胀带、专用伸缩节、专用交联聚乙烯管固定卡件。

3)准备好砂子、水泥、油毡布、保温材料、豆石、防龟裂添加剂等施工用料。

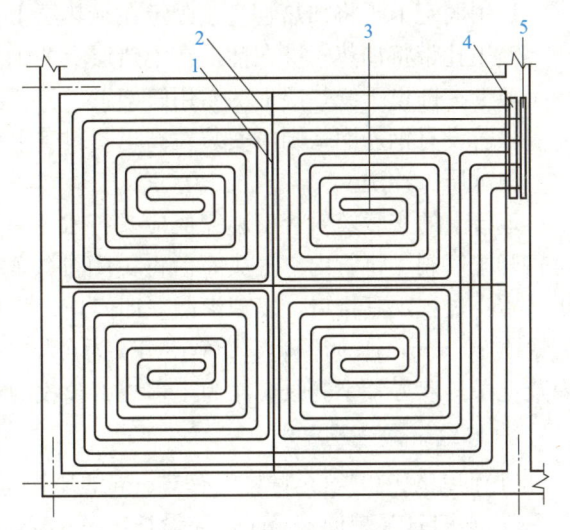

图 5-8 加热管平面布置图
1—膨胀带；2—伸缩节；3—胶联管(ϕ20、ϕ15)；
4—分水器；5—集水器

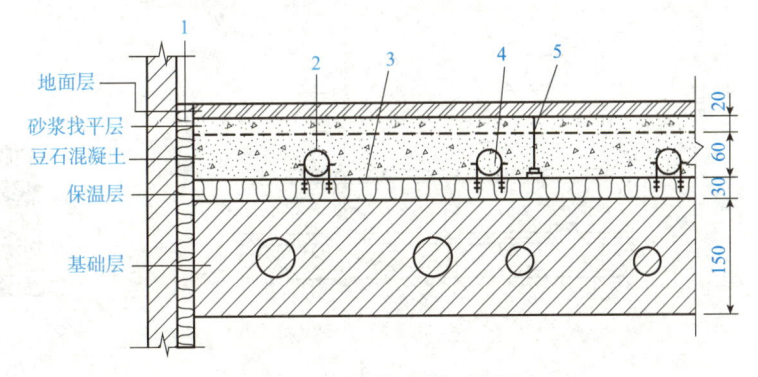

图 5-9 地板辐射供暖剖面
1—弹性保温材料；2—塑料固定卡(间距直管段 500 mm；弯管段 250 mm)；
3—铝箔；4—塑料管；5—膨胀带

(2)清理地面。在铺设贴有铝箔的自熄型聚苯乙烯保温板之前，将地面清扫干净，不得有凹凸不平的地方，不得有砂石碎块、钢筋头等。

(3)铺设保温板。保温板采用贴有铝箔的自熄型聚苯乙烯保温板，必须铺设在水泥砂浆找平层上，地面不得有高低不平的现象。保温板铺设时，铝箔面朝上，铺设平整。凡是钢筋、电线管或其他管道穿过楼板保温层时，只允许垂直穿过，不准斜插，其插管接缝用胶带封贴严实、牢靠。

(4)铺设塑料管特制交联聚乙烯(XLPE)软管。按设计图纸的要求，进行放线并排管。同一通路的加热管应保持水平，加热管的弯曲半径不宜小于 8 倍的管外径，填充层内的加热管不应有接头，采用专用工具断口时，管口应平整，交联塑料管铺设的顺序是从远到近逐个环圈铺设，凡是交联塑料管穿地面膨胀缝处，一律用膨胀条将其分割成若干块地面隔开，交联塑料管在此处均须加伸缩节，伸缩节为交联塑料管专用伸缩节，其接口用热熔连接，施工中须由土建施工人员事先划分好，相互配合和协调。加热管的固定可以分别采用以下的固定方法：

1）用固定卡子将加热管直接固定在绝热层上；
2）用扎带将加热管绑在铺设在绝热层上的钢丝网上；
3）卡在铺设于绝热层上的专用管架上；
4）若设有钢筋网，则应安装在高出塑料管上皮 10～20 mm 处；
5）试压、冲洗。

地板上的交联塑料管安装完成应进行水压试压。首先连接好临时管路及水压泵，灌水后打开排气阀，将管内空气放净后再关闭排气阀，先检查接口，无异样情况方可缓慢地加压，增压过程观察接口，发现渗漏立即停止，将接口处理后再增压。增压至 0.6 MPa 表压后稳压 10 min，压力下降≤0.003 MPa 为合格。由施工单位、建设单位双方检查合格后作隐蔽记录，双方签字验收，作为工程竣工验收的重要资料。

2. 伸缩缝做法及要求

(1)伸缩缝中的填充材料应有 5 mm 的压缩量；
(2)塑料管穿越伸缩缝时，应设长度不小于 400 mm 柔性塑料套管，如 PVC 波纹管。
伸缩缝边界保温带构造详图及伸缩缝实图如图 5-10 所示。

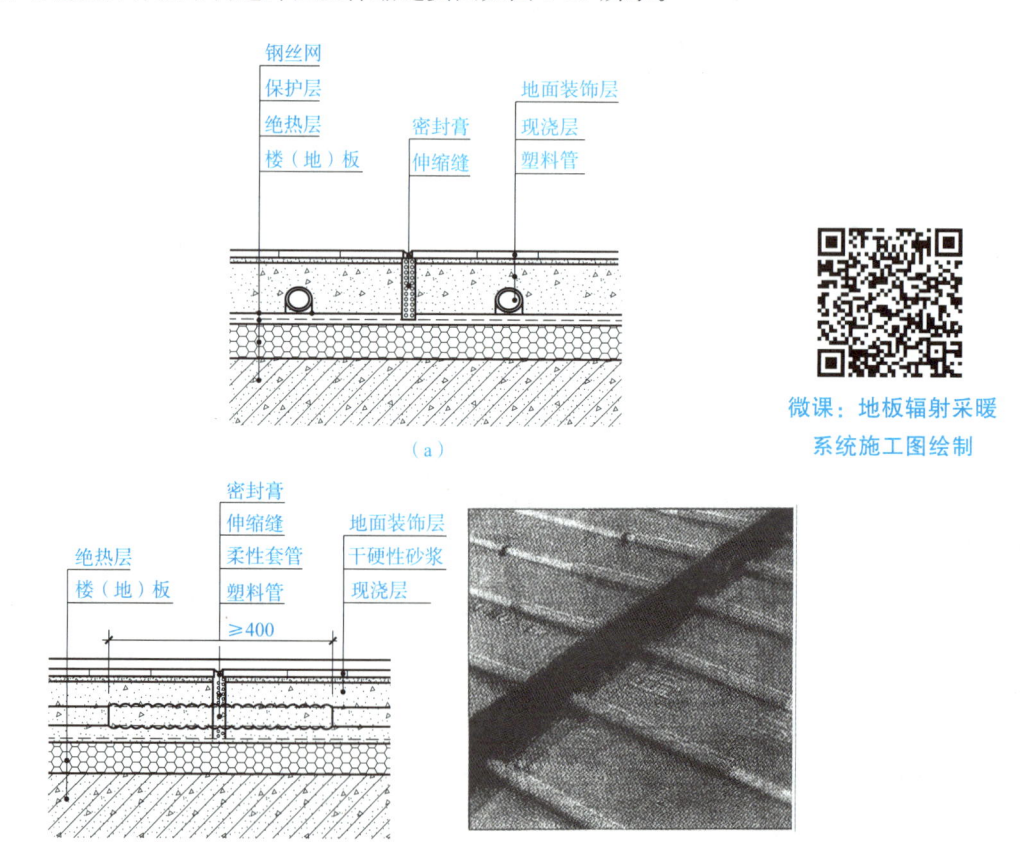

微课：地板辐射采暖系统施工图绘制

图 5-10 伸缩缝边界保温带构造详图及伸缩缝实图

3. 分集水器的安装

分集水器分别安装在低温热水地板辐射供暖系统的供回水支管上。分水器是将一股水分成几股水；集水器是将几股水合成一股水。

分集水器安装要求如下：

(1)分集水器的安装时，分水器安装在上、集水器安装在下，中心距为 200 mm，集水器中心距离地面应不小于 300 mm，并将其固定，如图 5-11、图 5-12 所示。

(2)加热管始末端出地面至连接配件的管段，应设置在硬质套管内，然后与分集水器进行连接。

(3)将分集水器与进户装置系统管道连接完。在安装仪表、阀门、过滤器等时，要注意方向，不得装反。

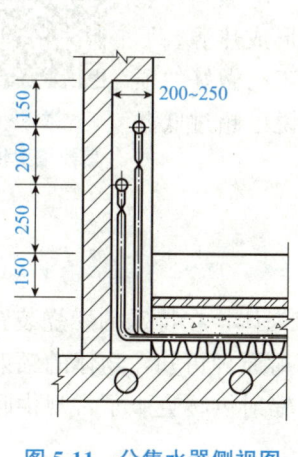

图 5-11 分集水器侧视图

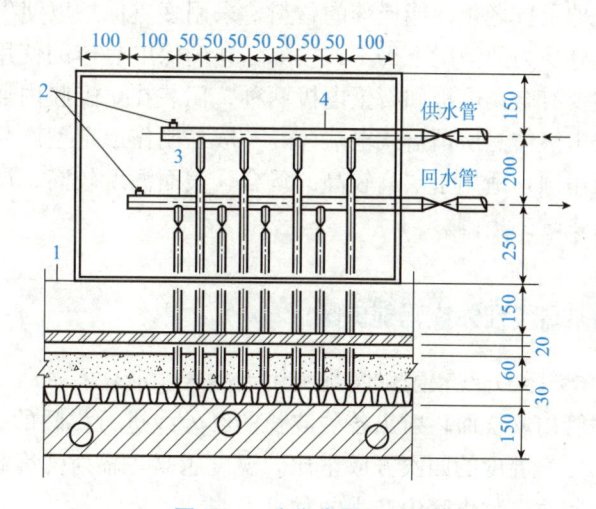

图 5-12 分集水器正视图
1—踢腿线；2—放气阀；3—集水器；4—分水器

任务 4 其他辐射供暖

4.1 电热辐射供暖

电热辐射供暖具有水媒辐射采暖所具有的优点：辐射热减少了人体对围护结构的辐射失热，舒适性强；由于以辐射传热为主，对流传热为辅，故空气流速低，不易起尘，室内纵向温度梯度较小、温度场均匀；设计温度比传统供暖可降低 1~2 ℃，室内相对湿度要高，不使人感到干燥；节省室内空间。与水媒辐射供暖相比，电热辐射供暖在调节和能耗计量方面更方便。另外，铺设在地面和吊顶内的电热供暖系统，由于其蓄热性强，可以在一定程度上使用低谷电力蓄热，但由于其填充层或吊顶外层比水媒系统要薄得多，热惯性小，所以其蓄热能力小而温升比水媒系统快。

电热辐射供暖的缺点主要在于耗电量大，所以，在电力比较紧缺和电价较高的地区，要作技术经济对比。另外，电热体的防水、防漏电等安全性能应严格保证，有关部门对于产品要有严格的检查监督措施，严防不合格的产品流入市场。

低温电热辐射供暖的发热元件主要有两种形式：一种是电热膜；另一种电热缆。当用于地板供暖时，电热体像热水管一样可以铺设在地面下。所不同的是由于电热体的直径或厚度比水管小得多，填充层的厚度可大大减小。由于地面温度的限制，地埋的发热体工作温度一般都不超过 40 ℃。电热体用作热吊顶（或称热天棚）时，可以是埋装在建筑材料里的，也可以制作成辐射板吊装于楼顶板上。顶板安装的低温辐射电热体一般只能在有限的高度内发挥作用，安装高度越高，需要表面温度越高。另外，需要根据吊顶面积的可用情况来进行电热辐射面的布置。辐射面积小时，加大单位面积功率；反之亦然。目前，国内市场上发热电缆可分为双导电缆和单导电缆。其中，双导电缆在施工和使用方面更为方便。这类电缆的保护层在材料方面也有很大区别，高档电缆多使用了聚四氟乙烯等耐热、绝缘、抗拉伸及抗老化性能俱佳的材料，采用多重保护以使发热体在恶劣环境中和意外受力的情况下仍不致损坏，并确保电热体的使用寿命。电热膜发热体主要有金属电极和石墨电极两种，压装在聚酯膜内通电后形成热源。另一类电热体是所谓盒式电热体，一般是制作成定型产品安装于已做好的顶板或吊顶，适用于层高较高的场合、表面温度较高，严格地说已超过低温辐射供暖的范围。

微课：
其他辐射供暖

4.2 燃气红外线辐射供暖

燃气红外线辐射供暖是利用天然气、液化石油气等可燃气体，在特殊的燃烧装置——辐射管内燃烧而辐射出各种波长的红外线进行供暖的。由辐射原理可知，物体的辐射强度与热力学温度的四次方成正比。温度越高，辐射强度越高。辐射供暖克服了常规供暖在高大空间建筑物供暖中产生的垂直失调。

根据辐射强度的不同可分为高强度、中强度和低强度。高强度设备通常用在空间高度特别大的建筑物（20 m 以上），辐射体表面温度一般在 900 ℃ 以上；中强度设备辐射体表面温度一般在 550 ℃ 左右，适用于中等高度的建筑物（3 m 以上，20 m 以下），它的应用范围最广；低强度设备辐射体表面温度一般在 500 ℃ 以下。

高强度辐射设备一般为陶瓷辐射板式，中强度设备一般都是辐射管式的。高强度陶瓷辐射板式供暖器如图 5-13 所示。中强度燃气辐射管供暖器如图 5-14 所示。辐射管中烟气的平均温度范围为 180～650 ℃。

图 5-13 高强度陶瓷辐射板式供暖器　　图 5-14 中强度燃气辐射管供暖器

燃气红外线辐射供暖在西方国家早被普遍采用，它省去了将高温烟气热能转变为低温热媒

(热水或蒸汽)热能的一个能量转换环节,排烟温度低、热效率大大提高。由于管内烟气温度高,辐射能力强,使它具有构造简单、外形小巧、发热量大、热效率高、安装方便、造价低、操作简单、无噪声、环保、洁净等优点。它特别适用于体育场馆、游泳池、礼堂、剧院、食堂、餐厅、工厂车间、仓库、超市、货运站、飞机修理库、车库、洗车房、温室大棚、养殖场等。

思考题与实训练习题

1. 辐射供暖的优点有哪些?
2. 辐射供暖如何进行分类?
3. 低温热水地板辐射供暖系统各个组成设备有哪些?
4. 低温热水地板辐射供暖管道布置过程中需要注意哪些问题?
5. 低温热水辐射供暖地面埋管安装程序是什么?
6. 低温热水辐射供暖地面埋管安装过程中的地面做法是什么?
7. 低温热水地板辐射供暖系统设计中的热负荷计算通常有哪几种方法?
8. 低温热水地板辐射供暖系统设计中的热力计算包括哪几个部分?
9. 除低温热水地板辐射供暖外,还有哪些辐射供暖系统?

课后思考与总结

项目 6　蒸汽供暖系统

学习目标

知识目标

1. 了解蒸汽供暖系统的工作原理。
2. 熟悉蒸汽供暖系统的分类、基本形式和附属设备。

能力目标

1. 能够进行蒸汽供暖系统的管路布置。
2. 能够识读蒸汽供暖系统施工图。
3. 能够进行蒸汽供暖系统设计。
4. 能够利用网络资源收集本课程相关知识及设备附件产品样本、暖通施工图实例等资料。
5. 能够运用学习过程中的经验知识,处理工作过程中遇到的实际问题并解决困难。
6. 具备自学能力和继续学习的能力。

素质目标

1. 具有团队协作意识、服务意识及协调沟通交流能力。
2. 能认真完成所接受的工作任务,脚踏实地,任劳任怨。
3. 诚实守信、以人为本、关心他人。
4. 厚植爱国情怀,激发学生做有理想、有道德、有文化、有纪律的社会主义接班人。
5. 培养精益求精的大国工匠精神,激发科技报国的家国情怀和使命担当。

思政小课堂

向中国建筑鼻祖鲁班学习,学习他敬业、精益、专注、创新的精神。鲁班,姬姓,公输氏,名般,春秋时期鲁国人。"般"和"班"同音,古时通用,故人们常称他为鲁班。他出身于世代工匠的家庭,从小就跟随家里人参加过许多土木建筑工程劳动,逐渐掌握了生产劳动的技能,积累了丰富的实践经验。他通过严谨的、精益求精的工作精神发明了很多与土木建筑相关的工具,受到大家的推崇。作为建筑行业专业人员,在工作中要以鲁班为榜样,不但要遵纪守法,还要发扬吃苦耐劳、勇于实践、锲而不舍、敬业创新的精神,为祖国的建设做贡献,做优秀的社会主义接班人。

任务 1　蒸汽供暖系统的特点及类型

以水蒸气作为热媒的供暖系统称为蒸汽供暖系统。

1.1　蒸汽供热系统的原理

图 6-1 所示为蒸汽供暖系统原理图。水从蒸汽锅炉 1 中被加热成具有一定压力和温度的蒸汽，蒸汽依靠自身压力作用通过管道流入散热器 2 内，在散热器中散热后，蒸汽变成凝结水，经疏水器 3 后依靠重力沿凝结水管道返回凝结水箱 4 内，再由凝结水泵 5 送回锅炉重新加热为蒸汽。

在蒸汽供暖系统中，蒸汽在散热设备内定压凝结成同温度的凝结水，发生了相态的变化。通常认为进入散热设备的蒸汽是饱和蒸汽，流出散热设备的凝结水温度为凝结压力下的饱和温度，进汽的过热度和凝结水的过冷度均很小，可忽略不计，因此，可认为在散热器内蒸汽凝结放出的热量等于蒸汽的汽化潜热。

散热设备的热负荷为 Q 时，散热设备所需的蒸汽量可按下式计算：

$$G = \frac{AQ}{\gamma} = \frac{3\,600Q}{1\,000\gamma} = 3.6\frac{Q}{\gamma} \qquad (6-1)$$

式中　Q——散热设备的热负荷(W)；

　　　G——所需的蒸汽量(kg/h)；

　　　γ——蒸汽在凝结压力下的汽化潜热(kJ/kg)；

　　　A——单位换算系数，$1\,W = 1\,J/s = 3\,600/1\,000\,kJ/h = 3.6\,kJ/h$。

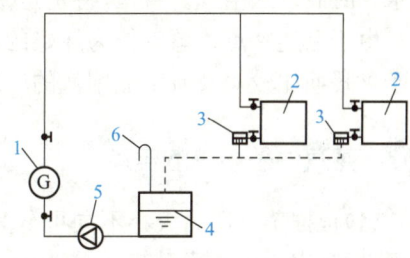

图 6-1　蒸汽供暖系统原理图
1—蒸汽锅炉；2—散热器；3—疏水器；
4—凝结水箱；5—凝结水泵；6—空气管

微课：蒸汽管网的水力计算

1.2　蒸汽作为热媒的特点

与热水相比，蒸汽作为热媒具有以下特点：

(1)用蒸汽作为热媒，可同时满足对压力和温度有不同要求的多种用户的用热要求。既可满足室内供暖的需要，又可作为其他供热用户的热媒。

(2)蒸汽在散热设备内定压放出汽化潜热，热媒平均温度为相应压力下的饱和温度。热水在散热设备内靠温降放出显热，散热设备的热媒平均温度一般为其进、出口水温平均值。因此，蒸汽供暖系统每千克热媒的放热量比热水供暖系统的放热量大，散热设备的传热温差也大。在相同热负荷条件下，蒸汽供暖系统比热水供暖系统所需的热媒质量流量和散热设备面积都要小，因而，使蒸汽系统节省管道和散热设备的初投资。

(3)蒸汽和凝结水在管路内流动时，状态参数(密度和流量)变化大，甚至伴随相变。从散热设备流出的饱和凝结水通过疏水器和凝结水管路，压力下降的速率快于温降，使部分凝结水重新汽化，形成"二次蒸汽"。这些特点使蒸汽供暖系统的设计计算和运行管理复杂，易出现"跑、冒、滴、漏"问题，处理不当时会降低蒸汽供暖系统的经济性。

· 93 ·

(4)蒸汽具有比体积大、密度小的特点，适用于高层建筑高区的采暖热媒，不会使建筑物产生很大的静水压力。

(5)蒸汽热惰性小，供汽时热得快，停汽时冷得也快，适宜用在需要间歇供热的用户。

(6)蒸汽流动的动力来自自身压力。蒸汽压力与温度有关，而且压力变化时温度变化不大。因此，蒸汽供暖不能采用改变热媒温度的质调节，只能采用间歇调节，因而，使蒸汽供暖系统用户室内温度波动大，间歇工作时有噪声，易于产生水击现象。

(7)用蒸汽作热媒时，散热器和管道的表面温度高于 100 ℃。以水为热媒时，大部分时间散热器表面平均温度低于 80 ℃。用蒸汽作为热媒时散热器表面有机灰尘将会影响室内空气质量，同时易烫伤人，无效热损失大。

(8)蒸汽管道系统间歇工作。蒸汽管内时而流动蒸汽，时而充斥空气；凝结水管时而充满水，时而进入空气。管道(特别是凝结水管)易受到氧化腐蚀，使用寿命短。

由于上述特点，蒸汽作为热媒的供暖系统目前一般用于工业建筑及其辅助建筑，也可用于供暖期比较短及有工业用汽的厂区办公楼。

1.3 蒸汽供暖系统的类型

(1)根据蒸汽压力大小不同可分为高压蒸汽供暖系统(表压大于 0.07 MPa)、低压蒸汽供暖系统(表压小于或等于 0.07 MPa)和低真空蒸汽供暖系统(绝对压力小于 0.1 MPa)。根据供汽汽源的压力、对散热器表面最高温度的限度和用热设备的承压能力来选择使用高压蒸汽供暖系统或低压蒸汽供暖系统。工业建筑及其辅助建筑可用高压蒸汽供暖系统。低真空蒸汽供暖系统因需要抽真空设备，同时运行管理复杂，国内外用得都很少。

(2)根据蒸汽干管的位置可分为上供式、中供式和下供式。其蒸汽干管分别位于各层散热器的上部、中部和下部。为了保证蒸汽、凝结水同向流动，防止水击和噪声，上供式系统用得较多。

(3)根据凝结水回收动力可分为重力回水和机械回水。

(4)根据立管的布置特点，蒸汽供暖系统可分为单管式和双管式。单管式系统易产生水击和汽水冲击噪声，目前国内大多采用双管式系统。

任务 2 蒸汽供暖系统的形式

2.1 低压蒸汽供暖系统的形式

1. 双管上供下回式低压蒸汽供暖系统

图 6-2 所示为双管上供下回式低压蒸汽供暖系统。从锅炉①出来的低压蒸汽经分汽缸分配到供气管道中，蒸汽在管道中依靠自身压力，克服沿途流动、阻力依次经过室外蒸汽管②、室内蒸汽主立管，蒸汽干管④、立管和散热器支管进入散热器，在散热器⑤内放出汽化潜热变成凝结水，凝结水自散热器流出后，经凝结水支管、立管⑥、干管⑦进入室外凝结水管⑧网流回凝结水箱⑨，在凝结水泵⑩的作用下进入锅炉，重新被加热变成蒸汽进入供暖系统。

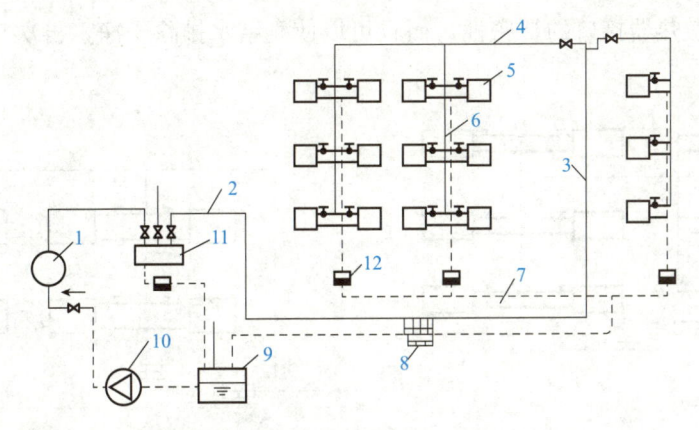

图 6-2 双管上供下回式低压蒸汽供暖系统
1—锅炉；2—室外蒸汽管；3—蒸汽立管；4—蒸汽干管；5—散热器；6—凝结水立管；7—凝结水干管；
8—室外凝结水管；9—凝结水箱；10—凝结水泵；11—分汽缸；12—疏水器

2. 双管下供下回式低压蒸汽供暖系统

图 6-3 所示为双管下供下回式低压蒸汽供暖系统。室内蒸汽干管和凝结水干管均匀布置在地下室或地沟内，顶层无蒸汽管道。采用这种系统在保持室内美观的同时可缓解上热下冷的现象。但在该系统供汽立管中，蒸汽和凝水逆向流动，运行时容易产生噪声，特别是系统开始运行时，因凝结水较多容易发生水击现象。

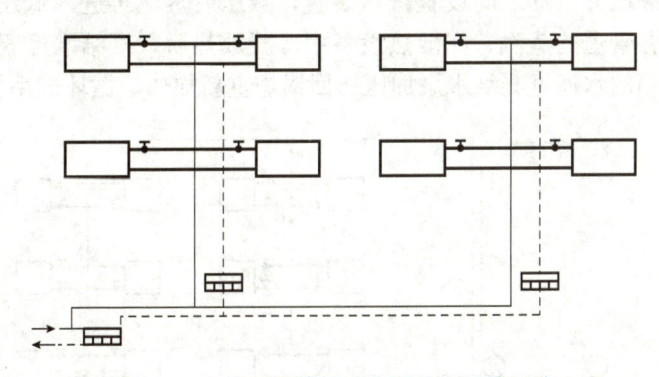

图 6-3 双管下供下回式低压蒸汽供暖系统

3. 双管中供式低压蒸汽供暖系统

图 6-4 所示为双管中供式低压蒸汽供暖系统。如果多层建筑顶层或顶棚下不宜设置蒸汽干管，可采用中供式系统。中供式系统供汽干管末端不必设置疏水器，总立管的长度比上供式短，蒸汽干管沿途散失的热量也可以得到有效的利用。

4. 单管上供下回式低压蒸汽供暖系统

图 6-5 所示为单管上供下回式低压蒸汽供暖系统。该系统采用单根立管，节省管材，在供汽立管中蒸汽与凝结水同向流动，不易发生水击现象。但该系统底层散热器容易被凝结水充满，散热器内的空气不易排出。

由于散热器内低压蒸汽的密度比空气小，通常在每组散热器的下部 1/3 高度处设置自动排气阀，其作用除运行时使散热器内空气在蒸汽压力作用下及时排出外，还可以在系统停止供汽散热器内形成负压时，通过自动排气阀迅速向散热器内补充空气，防止散热器内形成真空而破坏散热器接口的严密性,而且可以使凝结水排除干净,再次启动时不易产生水击现象。

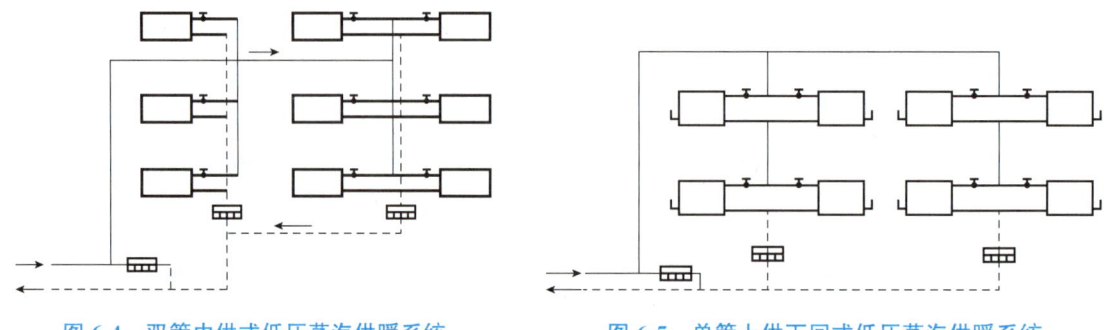

图 6-4 双管中供式低压蒸汽供暖系统

图 6-5 单管上供下回式低压蒸汽供暖系统

2.2 高压蒸汽供暖系统的形式

1. 双管上供下回式高压蒸汽供暖系统

图 6-6 所示为双管上供下回式高压蒸汽供暖系统。高压蒸汽通过室外蒸汽管网输送至用户入口的高压分汽缸,根据每个用户的试用情况和压力要求,从高压分汽缸上引出的蒸汽管路分别送至不同的用户。当蒸汽入口压力或生产工艺用热的使用压力高于供暖系统的工作压力时,应在高压分汽缸之间设置减压装置,减压后蒸汽再进入低压分汽缸送至不同的用户。送入室内各管道的蒸汽,在散热设备中冷凝放热后,凝结水经凝结水管道汇集到凝结水箱。凝结水箱的水通过凝结水泵加压送回锅炉重新加热,循环试用。

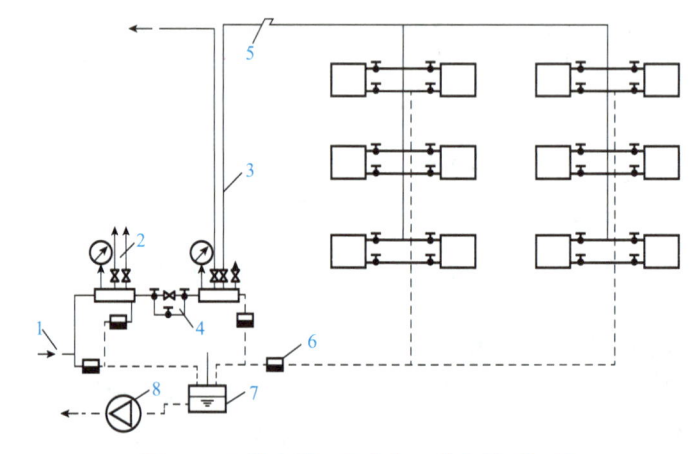

图 6-6 双管上供下回式高压蒸汽供暖系统
1—室外蒸汽管网;2—室内高压蒸汽供热管;3—室内高压蒸汽供暖管;4—减压装置;
5—补偿器;6—疏水器;7—凝结水箱;8—凝结水泵

与低压蒸汽供暖系统不同,高压蒸汽供暖系统在每个环路凝结水干管末端集中设置疏水器,在散热器的进、出口支管上均安装阀门,以便调节供汽量和检修散热器时管段的管路。

2. 双管上供上回式高压蒸汽供暖系统

图 6-7 所示为双管上供上回式高压蒸汽供暖系统。当房间地面不宜布置凝结水管道时,可采用该系统。凝结水依靠疏水器之后的余压作用上升到凝结水干管,再返回室外管网。

在每组散热器的凝结水出口处，除安装疏水器外，还应安装止回阀，防止停止供汽后凝结水充满散热设备。该系统不利于运行管理，系统停汽检修时，各用热设备和立管要逐个排放凝结水。双管上供上回式通常只用在散热量较大的暖风机供暖系统中。

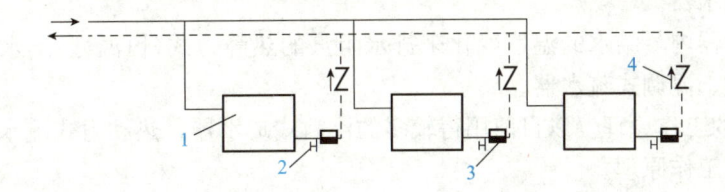

图 6-7　双管上供上回式高压蒸汽供暖系统
1—散热器；2—泄水阀；3—疏水器；4—止回阀

任务 3　蒸汽供暖系统的管路布置及附属设备

3.1　蒸汽供暖系统管道的布置

布置蒸汽供暖系统的主要要求是以最短的管路保证对散热器的供汽，保证排除空气，使凝结水回流，能够吸收管道的热伸长。布置管道时应注意以下几点：

(1)为了便于检修或停汽时泄水，当汽、水同向流动时，蒸汽干管坡度不应小于 0.002，一般采用 0.003；当汽、水逆向流动时，蒸汽干管坡度不应小于 0.005。凝结水管道坡度不应小于 0.002，一般采用 0.003。在管道的最低点设置泄水阀。管道设有坡度不仅是为了便于泄水，也是为了便于排除蒸汽管道中的凝结水或空气。

(2)布置蒸汽供热系统时，应尽量使系统作用半径小，流量分配均匀。系统规模较大，作用半径较大时，宜采用同程式布置，以避免远近不同立管环路因压降不同造成压降大的环路凝水回流不畅。

(3)合理设置疏水器。为了及时排出蒸汽系统的凝水，除应保证管道必要的坡度外，还应在适当位置设置输水装置，一般低压蒸汽供暖系统在每组散热设备的出口或每根立管的下部设置疏水器；高压蒸汽供暖系统一般在环路末端设置疏水器。

(4)为避免蒸汽管道中的沿途凝水进入蒸汽立管造成水击现象，供汽立管应从蒸汽干管的上方或侧上方接出，干管沿途产生的凝结水，可通过干管末端设置的凝水立管和疏水装置排除。

(5)水平干式凝水干管通过过门地沟时，需要将凝水管内的空气与凝水分离，应在门上设置空气绕行管。

(6)蒸汽供暖系统必须解决好管道的热胀冷缩问题，一般在较长的水平管道和垂直管道上应装设补偿器。

3.2　蒸汽供暖系统附属设备

1. 疏水器

(1)疏水器的种类。根据作用原理不同，疏水器可分为以下几种：

1)利用疏水器内凝结水液位变化动作的机械型疏水器,如浮筒式、倒吊桶式、钟形浮子式疏水器。

2)依靠蒸汽和凝结水流动时热动力特性不同来工作的热动力型疏水器,如圆盘式、脉冲式、孔板式疏水器。

3)依靠疏水器内凝结水的温度变化来排水阻汽的热静力式(恒温型)疏水器,如波纹管式、液体膨胀式、温调式疏水器。

(2)疏水器的工作原理。以目前用得较多的浮筒式疏水器、热动力式疏水器和恒温式疏水器为例说明其工作原理。

1)浮筒式疏水器。浮筒式疏水器的构造如图6-8所示。凝结水流入疏水器外壳2内,当壳内水位升高时,浮筒1浮起,顶针3将阀孔4关闭,水继续进入外壳,并继而从外壳进入浮筒中。当浮筒内充水到重力大于浮力时,浮筒下沉,阀孔打开,凝结水借蒸汽压力排入凝结水管。当凝结水排出一定数量后,浮筒的总质量减轻,浮筒再度浮起又将阀孔关闭。凝结水继续进入筒内,如此反复循环动作。放气阀5用于排除系统启动时的空气,阀芯提高时外壳内的空气通过放气阀门排放到凝结水管外。

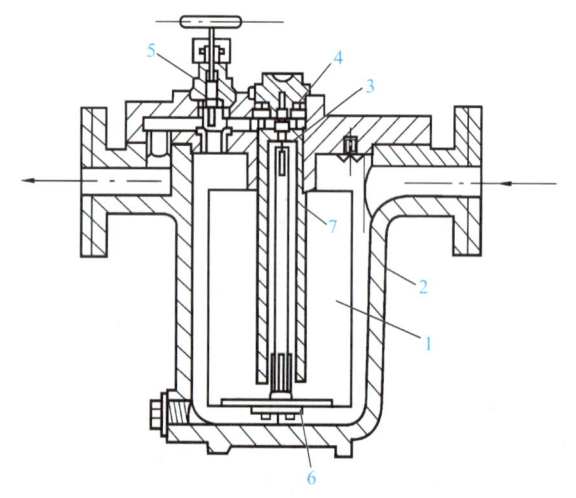

图6-8 浮筒式疏水器的构造
1—浮筒;2—外壳;3—顶针;4—阀孔;
5—放气阀;6—重块;7—水封套筒排气孔

浮筒式疏水器一般水平安装在用热设备下方。其优点是在正常工作情况下,漏气量很小,能排放出具有饱和温度的凝结水。疏水器前凝结水的表压力 P_1 在500 kPa或更小时便能启动疏水器。排水孔阻力较小,因而有较高的背压。其主要缺点是体积大,排放凝结水量小,活动部件多,筒内易沉渣结垢,阀孔易磨损,可能因阀杆被卡住而失灵,维修量较大。

2)热动力式疏水器。热动力式疏水器的构造原理如图6-9所示。当过冷的凝结水流入孔 A 时,靠圆盘形阀片2上下的压差顶开阀片,水经环形槽 B,通过阀片下的出水孔 C 排出。由于凝结水的比体积几乎不变,凝结水流动通畅,阀片常开,连续排水。

当凝结水带有蒸汽时,蒸汽从孔 A 经阀片下的环形槽 B 流向出口。在通过狭窄出水孔 C 时,压力下降,蒸汽比体积急骤增大,阀片下面的蒸汽流速激增,使阀片下面的静压下降。与此同时,蒸汽在槽 B 与出水孔 C 处受阻,被迫从阀片2和阀盖3之间的缝隙冲入阀片上部的控制室4,将动压转化为静压,在控制室内形成比阀片下更高的压力,迅速将阀片向下关闭而阻汽。阀片关闭一段时间后,由于控制室内蒸汽凝结,压力下降,阀片重新开启疏水并有少量蒸汽通过。

热动力式疏水器的优点是体积小,质量小,结构简单,安装维修方便,排水能力大,但易出现周期漏气现象,在凝水量小或疏水器前后压差过小时会发生连续漏气;当周围环境温度高时,控制室内的蒸汽凝结缓慢,阀片不易打开,会使排水量减少。其一般安装在散热器出口。

3)恒温式疏水器。恒温式疏水器属于热静力式疏水器,用于低压蒸汽系统,如图6-10所示。阀孔4的启闭由一个能热胀冷缩的薄金属波纹盒2控制,盒内装有少量受热易蒸发的液体(如酒精)。当蒸汽流入时,波纹盒被迅速加热,液体蒸发产生压力,波纹盒伸长。盒底部的锥形阀3堵住阀孔4,防止蒸汽逸漏。直到疏水器内的蒸汽凝结成饱和水并稍有过冷后,波纹盒收缩,打开阀孔,排出凝结水。当含有蒸汽的凝结水流过时,阀孔关闭;当空气或冷的凝结水流过时,阀孔常开,顺利排出空气或凝结水。恒温式疏水器正常工作时,流出的凝结水为过冷状态,不再出现二次汽化。

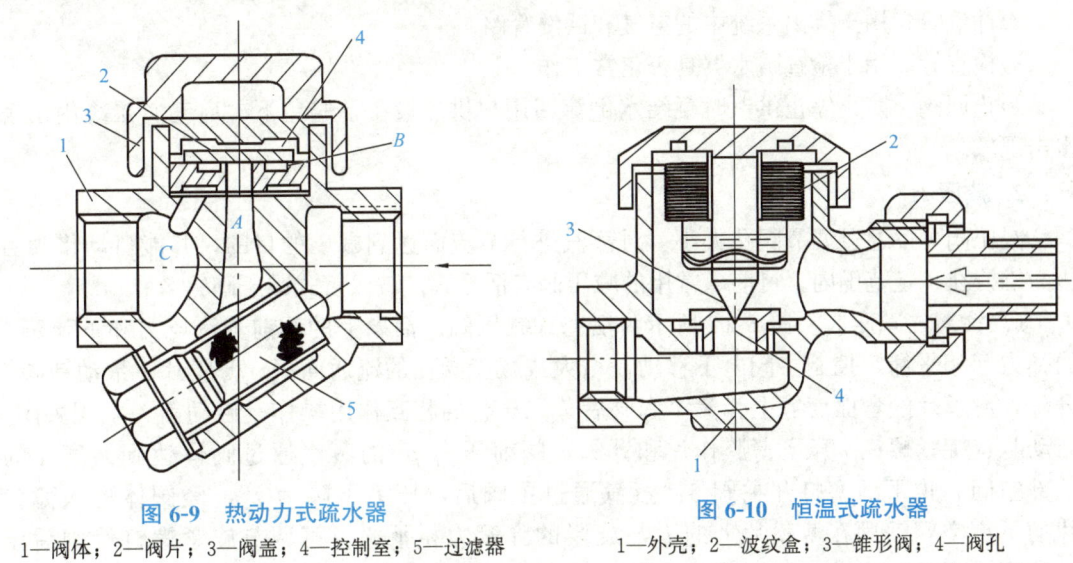

图 6-9 热动力式疏水器
1—阀体;2—阀片;3—阀盖;4—控制室;5—过滤器

图 6-10 恒温式疏水器
1—外壳;2—波纹盒;3—锥形阀;4—阀孔

(3)疏水器安装。如图6-11所示为几种常用的疏水器安装方式。

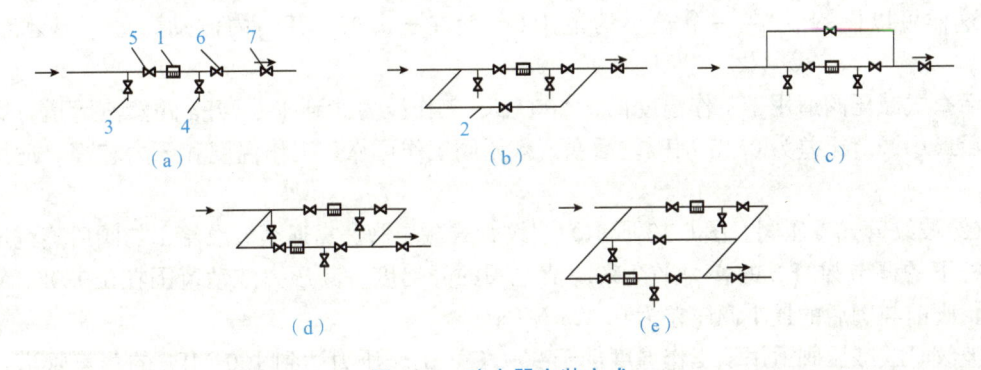

图 6-11 疏水器安装方式
1—疏水器;2—旁通管;3—冲洗管;4—检查管;5、6—截止阀;7—止回阀

疏水器安装时,应先按设计要求或标准图组装,疏水器应与水平凝结水干管相垂直,不得倾斜,以利于排放凝结水,而且应注意安装的方向性。将疏水器用法兰连接或螺纹连接的方法同管道连接,按要求安装旁通管、冲洗管和其他部件。

疏水器的安装要求如下:

1)疏水器应安装在便于操作和检修的位置,安装应平整,支架应牢固。连接管路应有坡度,其排水管与凝结水干管(回水)相连接时,连接口应在凝结水干管的上方。

2)管道和设备需要设置疏水器时,必须做排污短管(座),排污短管(座)应有不小于

150 mm 的存水高度，在存水高度线上部开口连接疏水器，排污短管（座）下端应设置法兰盖。

3）应设置必要的法兰和活接头等，以便于检修拆卸。

疏水器中配管的作用如下：

1）旁通管。系统初运行时，通过旁通管加速排放大量凝结水。正常运行时，应关闭旁通管，以免蒸汽串入凝结水管路，影响其他用热设备的使用和室外管网的压力。对于不允许中断供汽的生产供热系统，需要装设旁通管。

2）冲洗管。用于排出系统中的空气和冲洗管路。

3）检查管。用于检查疏水器是否正常工作。

4）止回阀。防止停止供汽时凝结水倒流回用户供热设备，避免下次启动时系统内出现水击现象。

2. 减压阀

减压阀可以通过调节阀孔大小，对蒸汽进行节流而达到减压的目的，并能自动将阀后压力维持在一定范围内。目前，常用的减压阀有活塞式、波纹管式减压阀等。

(1) 活塞式减压阀。图 6-12 所示为活塞式减压阀。活塞上的阀前蒸汽压力和下弹簧 6 的弹力互相平衡，控制主阀上下移动，增大或减少阀孔的流通面积。薄膜片 2 带动针阀 3 升降，薄膜片的弯曲度靠上弹簧 1 和阀后蒸汽压力的相互作用操作。启动前，主阀关闭，启动时，旋紧螺钉 7 压下薄膜作片和针阀，阀前压力 p_1 的蒸汽通过阀体达到活塞 4 的上部空间，推下活塞打开主阀 5。蒸汽通过主阀后，压力下降为 p_2，经阀体进入薄膜片的下部空间，用在薄膜片上的力与旋紧的弹簧力相平衡。可调节旋紧螺钉使阀后压力达到设定值。当某种原因使阀后压力 p_2 升高时，薄膜片由于下面的作用力变大而上弯，针阀关小，活塞的推力下降，主阀上升，阀孔通路变小，p_2 下降；反之，动作相反。这样可以保持 p_2 在一个较小的范围（一般在 ±0.05 MPa）内波动，处于基本稳定状态。

活塞式减压阀适用于工作温度低于 300 ℃、工作压力达到 1.6 MPa 的蒸汽管道，阀前与阀后最小调节压差为 0.15 MPa。活塞式减压阀工作可靠，工作温度和压力较高，适用范围广。

(2) 波纹管式减压阀。图 6-13 所示为波纹管式减压阀。靠通至波纹箱 1 的阀后蒸汽压力和阀杆下的调节弹簧 2 的弹力平衡来调节主阀的开启度。其压力波动范围在 ±0.025 MPa 以内，阀前与阀后的最小调压差为 0.025 MPa。

波纹管式减压阀适用于工作温度低于 200 ℃，工作压力达到 1.0 MPa 的蒸汽管道，其调节范围大、压力波动范围小，适用于需要减为低压的蒸汽供暖系统。

(3) 减压阀的安装。减压阀的安装是以阀组的形式表现的，阀组由减压阀、控制阀、压力表、安全阀、冲洗管和旁通管等组成。减压阀安装的要求如下：

1）减压阀具有方向性，安装时不要将方向装反，并应使它垂直安装在水平管道上。旁通管的直径一般应比减压阀的直径小 1~2 号。

2）为防止减压阀阀后压力超过允许的限度，阀后应安装安全阀。

3）蒸汽供暖系统的减压阀前应安装疏水器。图 6-14 所示为减压阀的安装形式。减压阀安装尺寸见表 6-1。

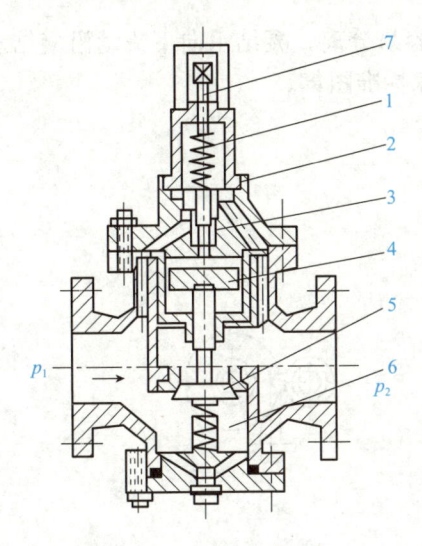

图 6-12 活塞式减压阀

1—上弹簧；2—薄膜片；3—针阀；
4—活塞；5—主阀；6—下弹簧；7—旋紧螺钉

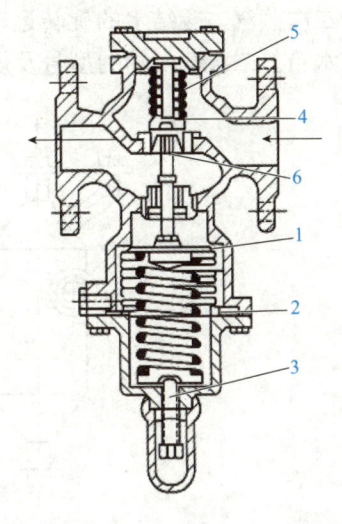

图 6-13 波纹管式减压阀

1—波纹箱；2—调节弹簧；3—调节螺钉；
4—阀瓣；5—辅助弹簧；6—阀杆

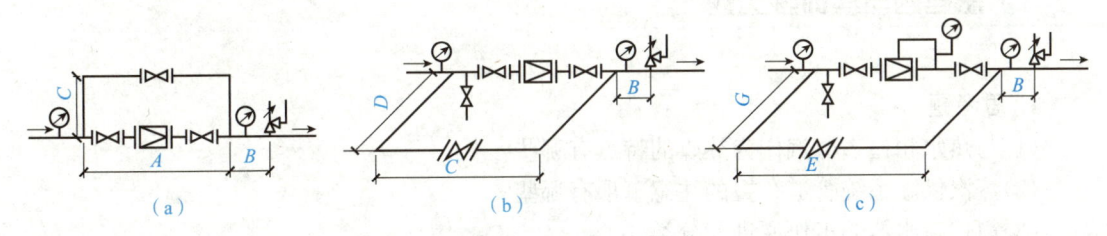

图 6-14 减压阀的安装形式

(a)活塞式旁通管垂直安装；(b)活塞式旁通管水平安装；(c)薄膜式、波纹管式旁通管水平安装

表 6-1 减压阀安装尺寸　　　　　　　　　　　　　　　　　mm

减压阀直径	A	B	C	D	E	F	G
25	1 100	400	350	200	1 350	250	200
32	1160	400	350	200	1350	250	200
40	1 300	500	400	250	1 500	300	250
50	1 400	500	450	250	1 600	300	250
65	1 400	500	500	300	1 650	350	300
80	1 500	550	650	350	1 750	350	350
100	1 600	550	750	400	1 850	400	400
125	1 800	600	800	450			
150	2 000	650	850	500			

3. 二次蒸发箱

二次蒸发箱的作用是将各用汽设备排放出的凝结水，在较低压力下扩容，分离出一部分二次蒸汽，并将其输送到热用户加以利用。二次蒸发箱实际上是一个扩容器。图 6-15 所示为二次蒸发箱构造图。高压含汽凝结水沿切线方向进入箱内，在较低压力下扩容，分离

· 101 ·

出部分二次蒸汽，凝结水的旋转运动使汽、水更容易分离，凝结水向下流动沿凝结水管送回凝结水箱。二次蒸发箱的型号及规格可查阅国家标准图集。

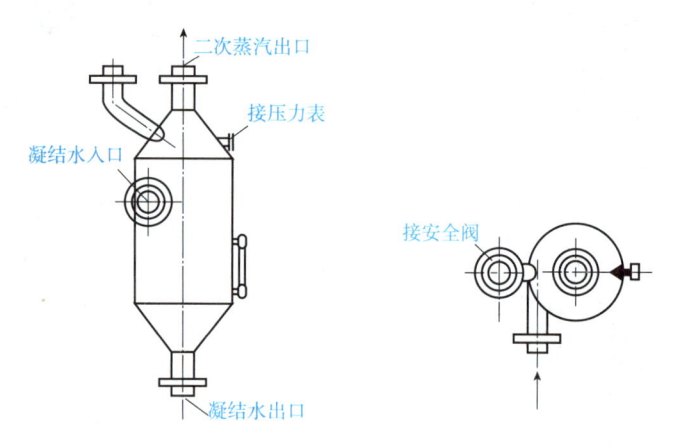

图 6-15　二次蒸发箱构造图

思考题与实训练习题

1. 思考题

(1) 与热水相比，蒸汽作为热媒的特点有哪些？
(2) 蒸汽供暖系统管道布置的注意事项有哪些？
(3) 简述疏水器的工作原理和分类。
(4) 疏水器的安装要求有哪些？
(5) 减压阀的安装要求有哪些？

2. 实训练习题

教师给出一套蒸汽供暖图纸，学生识读该系统的施工图，分析该系统的特点。

课后思考与总结

第 2 部分　集中供热系统

项目 7　集中供热系统概述

学习目标

知识目标

1. 了解区域热水、蒸汽锅炉房供热系统的组成及工作原理。
2. 了解常见热媒的种类及特点。
3. 了解蒸汽管网与热用户的连接形式。
4. 掌握热水管网与热用户的连接形式。

能力目标

1. 能够进行集中供热方案的确定。
2. 能够识读集中供热系统施工图。
3. 能够利用网络资源收集本课程相关知识及设备附件产品样本、暖通施工图实例等资料。
4. 能够运用学习过程中的经验知识，处理工作过程中遇到的实际问题并解决困难。
5. 能够利用设计手册、标准图集等参考资料，借鉴工程实例进行供热工程施工图设计。
6. 具备自学能力和继续学习的能力。

素质目标

1. 具有团队协作意识、服务意识及协调沟通交流能力。
2. 能认真完成所接受的工作任务，脚踏实地，任劳任怨。
3. 诚实守信、以人为本、关心他人。
4. 厚植爱国情怀，激发学生的爱国主义。
5. 培养职业素养，树立正确的世界观、人生观、价值观。

思政小课堂

中国有很多名胜古迹，长城、北京故宫、桂林山水、苏州园林、杭州西湖、兵马俑等数不胜数，例如，北京故宫是世界上现存规模最大、保存最为完整的木质结构古建筑之一，1961 年被列为第一批全国重点文物保护单位；1987 年被列为世界文化遗产。它是中国明清两代的皇家宫殿，旧称紫禁城，位于北京中轴线的中心。它以三大殿为中心，占地面积约为 72 万平方米，建筑面积约为 15 万平方米，有大小宫殿七十多座，房屋九千余间。

城墙的四角，各有一座风姿绰约的角楼，民间有九梁十八柱七十二条脊之说，形容其结构的复杂。故宫不仅建筑有特色，对于供热专业来说，故宫是我国最早的"地暖"模型，故宫的取暖方式主要是在地砖下铺设烟道和出烟窗，冬天的时候，用加热的烟通过管道加热地砖，达到取暖的目的。作为建筑类专业的学生，要爱护国家历史文化名城和文物，它们是中华民族极其宝贵的物质财富和精神财富，对人们学习、借鉴历史及陶冶情操都具有极其深远的现实意义和历史意义。

集中供热是指一个或几个热源通过热网向一个区域（居住小区或厂区）或城市的各热用户供热的方式。集中供热系统由热源、热网和热用户三部分组成。集中供热系统可按下列方式进行分类：

(1)按热媒不同，可分为热水供热系统和蒸汽供热系统。

(2)按热源不同，可分为区域锅炉房供热系统和热电厂供热系统。另外，也有以核供热站、地热、工业余热等作为热源的供热系统。

(3)按供热管道的不同，可分为单管制、双管制和多管制的供热系统。

任务1 集中供热系统方案确定

1.1 热媒种类的确定

集中供热系统的热媒主要包括热水和蒸汽，应根据建筑物的用途、供热情况及当地气象条件等，经技术经济比较后选择确定。

(1)以热水作为热媒与蒸汽比较，具有以下优点：

1)热水供热系统的热能利用率高。由于在热水供热系统中没有凝结水和蒸汽泄漏，以及二次蒸汽的热损失，因而热能利用率比蒸汽供热系统高，实践证明，可节约燃料20%～40%。

2)以水作为热媒的供暖系统，可以改变供水温度来进行供热调节（质调节），既能减少热网热损失，又能较好地满足卫生要求。

微课：集中供热系统方案确定

3)热水供热系统的蓄热能力高，由于系统中水量多，水的比热大，因此，在水力工况和热力工况短时间失调时，也不会引起供暖状况的很大波动。

4)热水供热系统可以远距离输送，供热半径大。

(2)以蒸汽作为热媒与热水比较，具有以下优点：

1)以蒸汽作为热媒的适用面广，能全面满足各种不同热用户的要求，特别是生产工艺用热，大都要求以蒸汽作为热媒。

2)在蒸汽供热系统中，蒸汽作为热媒，汽化潜热很大，输送相同的热量，所需流量较小，所需管网的管径较小，节约初投资；同时，蒸汽凝结成水的水容量较小，输送凝结水所耗用的电能少得多。

3)蒸汽作为热媒由于密度小，在一些地形起伏很大的地区或高层建筑中，不会产生很大的静水压力，用户连接方式简单，运行也比较方便。

4)蒸汽在散热器或换热设备中,由于温度和传热系数都很高,可以减少散热设备面积,降低设备投资。

在供热系统方案中,热媒参数的确定也是一个重要问题。应结合具体条件,考虑热媒、热用户两个方面的特点,进行技术经济比较确定。

(1)以民用供暖热用户为主时,多采用热水作为热媒,热水又可分为低温热水,即供水不超过 100 ℃,通常供、回水设计温度为 95 ℃/70 ℃、80 ℃/60 ℃;高温热水,即给水温度高于 100 ℃,通过供、回水设计温度为 150 ℃/70 ℃、130 ℃/70 ℃、110 ℃/70 ℃。前者多用于供热半径较小的住宅小区集中供暖热用户;后者多用于供热范围较大的供暖热用户的一级管网,以及通风空调、生活热水供应热用户。

(2)工业区的集中供热系统,考虑到既有生产工艺热负荷,又有供暖、通风等热负荷,所以,多以蒸汽为热媒来满足生产工艺用热要求。一般来说,对以生产用热量为主,供暖用热量不大,且供暖时间又不长的工业厂区,宜采用蒸汽热媒向全厂区供热;对其室内供暖系统,可考虑采用换热设备间接水供暖或直接利用蒸汽供暖。而对厂区供暖用热量较大,供暖时间较长的情况,宜在热源处设置换热设备或采用单独的热水供暖系统。

我国地域辽阔,各地气候条件有很大不同,即使在北方各地区,供暖季节时间差别也大,供热区域不同,具体条件有别。因此,对于集中供热系统的热源形式、热媒的选择及其参数的确定,还有热网和用户系统形式等问题,都应在合理利用能源政策和环保政策的前提下,具体问题具体分析,因地制宜地进行技术经济比较后确定。

1.2 热源形式的确定

集中供热系统热源形式的确定,应根据当地的发展规划及能源利用政策,环境保护政策等诸多因素来确定。这是集中供热方案确定中的首要问题,必须慎重地、科学地把握好这一环节。

热源形式有区域锅炉房集中供热、热电厂集中供热,另外,也可以利用核能、地热、电能、工业余热作为集中供热系统的热源。以区域锅炉房为热源的供热系统,包括区域热水锅炉房供热系统、区域蒸汽锅炉房供热系统和区域蒸汽—热水锅炉房供热系统。在区域蒸汽—热水锅炉房供热系统中,锅炉房内分别装设蒸汽锅炉和热水锅炉或换热器,构成蒸汽供热、热水供热两个独立的系统。以热电厂为热源的供热系统,根据选用汽轮机组不同,又可分为抽汽式、背压式及凝汽式低真空热电厂供热系统。具体选择哪种热源形式,应根据实际需要、现实条件、发展前景等多方面因素,经多方论证,进行技术经济比较后确定。

任务2 集中供热的基本形式

2.1 区域锅炉房供热系统

以区域锅炉房(内装置热水锅炉或蒸汽锅炉)为热源的供热系统,称为区域锅炉房供热系统,包括区域热水锅炉房供热系统和区域蒸汽锅炉房供热系统。

1. 区域热水锅炉房供热系统

区域热水锅炉房供热系统的组成如图 7-1 所示。其热源的主要设备有热水锅炉 1、循环水泵2、补给水泵5及补水处理装置6。供热管网是由一条供水管和一条回水管组成的。热用户包括供暖系统、生活用热水供应系统等，系统中的水在锅炉中被加热到所需要的温度，以循环水泵作为动力使热水沿供水管流入各用户，在各用户的热点又沿回水管返回锅炉。这样，在系统中循环流动的水不断地在锅炉内被加热，又不断地在用户内被冷却，放出热量，以满足热用户的需要。系统在运行过程中的漏水量或被用户消耗的水量，由补给水泵把补水处理装置处理后的水从回水管补充到系统内，补充水量的多少可通过压力调节阀控制。除污器设置在循环水泵吸入口侧，其作用是清除水中的污物、杂质，避免进入水泵与锅炉内。

微课：集中供热系统基本形式

图 7-1　区域热水锅炉房供热系统的组成

1—热水锅炉；2—循环水泵；3—除污器；4—压力调节阀；5—补给水泵；
6—补水处理装置；7—供暖散热器；8—生活热水加热器　9—水龙头

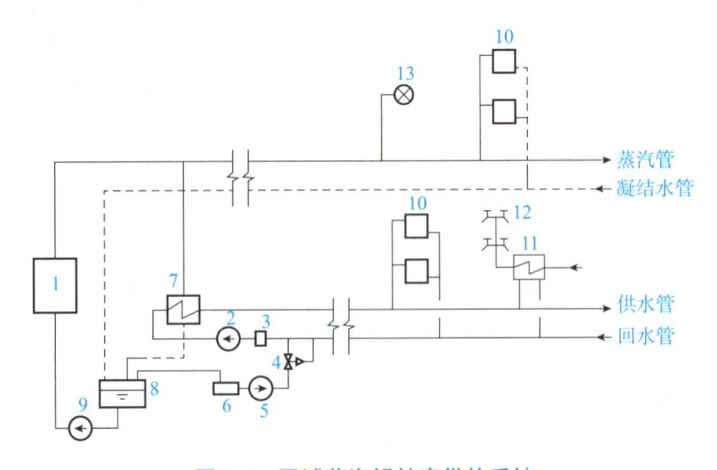

2. 区域蒸汽锅炉房供热系统

区域蒸汽锅炉房供热系统如图 7-2 所示。其热源为蒸汽锅炉1，它产生的蒸汽通过蒸汽管道输送至供暖、通风、热水供应、生产等各热用户。各室内用热系统的凝结水经过疏水器和凝结水箱8，再由锅炉给水泵将凝水送进锅炉重新加热。根据用热要求，也可以在锅炉房内设置水加热器。用蒸汽集中加热热网循环水，向各用户供热，这是一种既能供应蒸汽，又能供应热水的区域锅炉房供热系统。

图 7-2　区域蒸汽锅炉房供热系统

1—蒸汽锅炉；2—循环水泵；3—除污器；4—压力调节阀；5—补给水泵；6—补水处理装置；7—热网水加热器；
8—凝结水箱；9—锅炉给水泵；10—供暖散热器；11—生活热水加热器；12—水龙头；13—用汽设备

106

目前，对于以居住小区供暖热用户为主的供热系统，多采用区域热水锅炉房供热系统；对于既有工业生产用户，又有供暖、通风、生活用热等用户的供热系统，宜采用区域蒸汽锅炉房供热系统。

2.2 热电厂供热系统

以热电厂作为热源的供热系统称为热电厂供热系统。热电厂的主要设备是汽轮机，它驱动发电机产生电能，同时利用做功抽（排）汽供热。

在热电厂供热系统中，根据汽轮机的不同可分为抽汽式热电厂供热系统、背压式热电厂供热系统和凝汽式低真空热电厂供热系统。

1. 抽汽式热电厂供热系统

抽汽式热电厂供热系统如图 7-3 所示。蒸汽锅炉 1 产生的高温高压蒸汽进入汽轮机 2 膨胀做功，带动发电机 3 发出电能。该汽轮机组带有中间可调节抽汽口，故称为抽汽式，可从绝对压力为 0.8~1.3 MPa 的抽汽口抽出蒸汽，向工业用户直接供应蒸汽；从绝对压力为 0.12~0.25 MPa 的抽汽口抽出蒸汽以加热热网循环水，通过主加热器 5 可使水温达到 95~118 ℃；如通过高峰加热器 6 进一步加热，可使水温达到 130~150 ℃ 或需要更高的温度以满足供暖、通风与热水供应等用户的需要。在汽轮机最后一级内做完功的乏汽排入冷凝器后形成的凝结水及水加热器内产生的凝结水，工业用户返回的凝结水，经凝结水回收装置，作为锅炉给水送入锅炉。

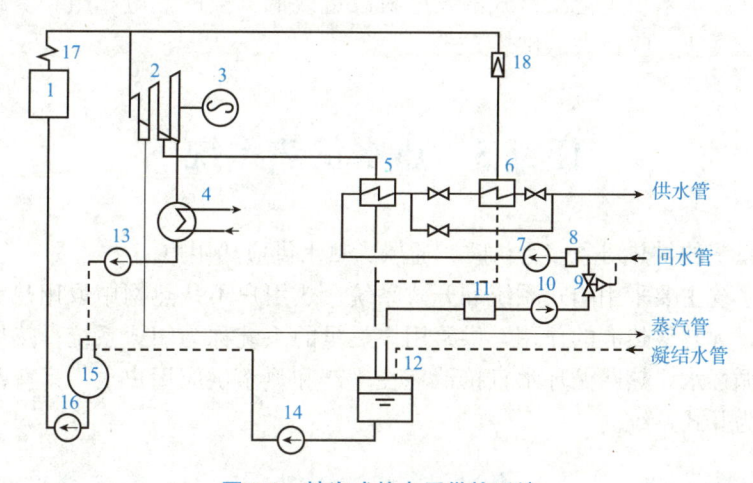

图 7-3 抽汽式热电厂供热系统

1—蒸汽锅炉；2—汽轮机；3—发电机；4—冷凝器；5—主加热器；6—高峰加热器；7—循环水泵；8—除污器；9—压力调节阀；10—补给水泵；11—补水处理装置；12—凝结水箱；13、14—凝结水泵；15—除氧器；16—锅炉给水泵；17—过热器；18—减压加湿装置

2. 背压式热电厂供热系统

背压式热电厂供热系统如图 7-4 所示。从汽轮机 2 最后一级排出的乏汽压力在 0.1 MPa（绝对）以上时，称为背压式，一般排汽压力为 0.3~0.6 MPa 或 0.8~1.3 MPa，即可将该压力下的蒸汽直接供给工业用户，同时，还可以通过冷凝器 4 加热热网循环水。

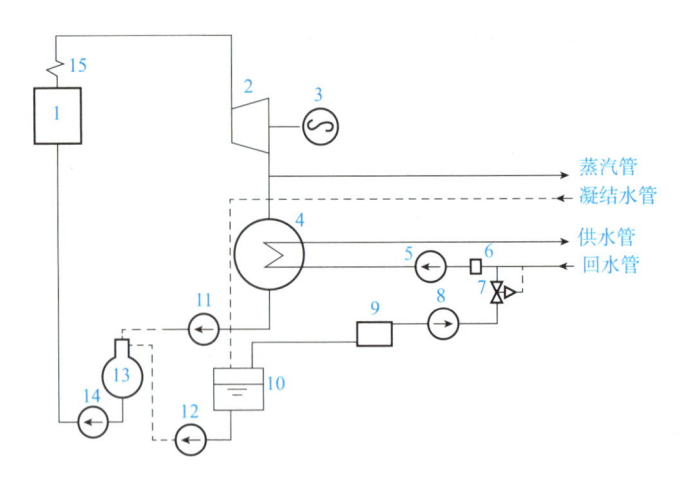

图 7-4 背压式热电厂供热系统

1—蒸汽锅炉；2—汽轮机；3—发电机；4—冷凝器；5—循环水泵；6—除污器；7—压力调节阀；8—补给水泵；9—水处理装置；10—凝结水箱；11、12—凝结水泵；13—除氧器；14—锅炉给水泵；15—过热器

3. 凝汽式低真空热电厂供热系统

当汽轮机排出的乏汽压力低于 0.1 MPa(绝对)时，称为凝汽式，纯凝汽式乏汽压力为 6 MPa，温度只有 36 ℃，不能用于供热。若适当提高蒸汽乏汽压力达到 50 MPa 时，其温度在 80 ℃以上，可用于加热热网循环水，从而满足供暖用户的需要，其原理图与图 7-4 相同。这种形式在我国多用于把凝汽式的发电机改造或低真空的热电相组。实践证明，这是一种投资少、速度快、收益大的供热方式。

任务 3　热水供热系统

热水供热系统的供热对象多为供暖、通风、热水供应热用户。

热水供热系统主要采用闭式系统和开式系统。热用户不从热网中取用热水，热网循环水仅作为热媒，起转移热能的作用，供给用户热量的系统称为闭式系统；热用户全部或部分地取用热网循环水，热网循环水直接消耗在生产和热水供应用户上，只有部分热媒返回热源的系统称为开式系统。

3.1　闭式热水供热系统

闭式热水供热系统，在热用户系统的用热设备内放出热量后，沿热网回水管返回热源。闭式系统从理论上讲流量不变，但实际上热媒在系统中循环流动时，总会有少量循环水向外泄漏，使系统流量减少。在正常情况下，一般系统的泄漏水量不应超过系统总水量的 1%，泄漏的水靠热源处的补水装置补充。

闭式双管热水供热系统(图 7-5)是应用最广泛的一种供热系统。

1. 供暖系统与供热管网的连接方式

热用户与供热管网的连接方式可分为直接连接和间接连接。热用户直接连接在热水管网上，热用户与热水网路的水力工况直接发生联系，两者热媒温度相同的连接方式称为直接连接；外网水进入表面式水-水换热器加热用户系统的水，热用户与外网各自是独立的系统，两者温度不同，水力工况互不影响的连接方式称为间接连接。

（1）无混合装置的直接连接，如图 7-5(a)所示。

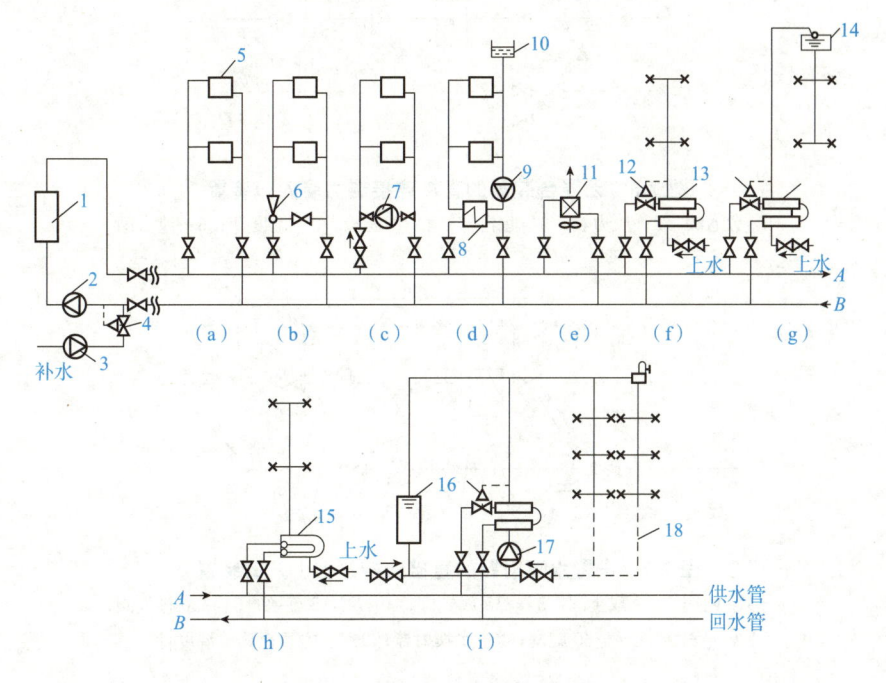

图 7-5　闭式双管热水供热系统

(a)无混合装置的直接连接；(b)设置水喷射器的直接连接；(c)设置混合水泵的直接连接；(d)供暖热用户的间接连接；
(e)通风热用户与管网的连接；(f)无储水箱的连接方式；(g)设置上部储水箱的连接方式；
(h)设置容积式换热器的连接方式；(i)设置下部储水箱的连接方式

1—热源加热装置；2—管网循环水泵；3—补给水泵；4—补水压力调节器；5—散热设备；6—水喷射器；
7—混合水泵；8—表面式水换热器；9—供暖用户系统循环水泵；10—膨胀水箱；11—空气加热器；
12—温度调节器；13—水-水式换热器；14—储水箱；15—容积式换热器；16—下部储水箱；
17—热水供应系统的循环水泵；18—热水供应系统的循环管路

当热用户与外网水力工况和温度工况一致时，采用无混合的直接连接方式，这种连接方式简单、造价低。其热力入口处应加设必要的测量、控制仪表及附件，其热力引入口装置如图 7-6 所示。图中旁通管的作用是用户系统检修或停止使用或预热管网时，管网供回水可通过旁通管循环流动。不仅使网路水力工况稳定，还可以避免用户至外网间地沟内的管道冻结。用户供水管在调压板前设有除污器以清除管内杂质和污物。供、回水管上均设置阀门，回水管设置泄水阀供检修时排放水。系统供、回水管上均设置压力表和温度计，以监测压力与水温情况。

（2）设置水喷射器的直接连接，如图 7-5(b)所示。

外网高温水进入喷射器，由喷嘴高速喷出后，喷嘴处形成很高的流速，出口处形成低于用户回水管的压力，回水管的低温水被抽入水喷射器，与外网高温水混合，使用户入口处的供水温度低于外网温度，符合用户系统的要求。

水喷射器无活动部件，构造简单，运行可靠，网路系统的水力稳定性好。但由于水喷

· 109 ·

射器抽引回水时需要消耗热量，通常要求管网供、回水管之间要有足够的资用压差，才能保证水喷射器正常工作。其热力引入口装置如图 7-7 所示，安装尺寸见表 7-1。

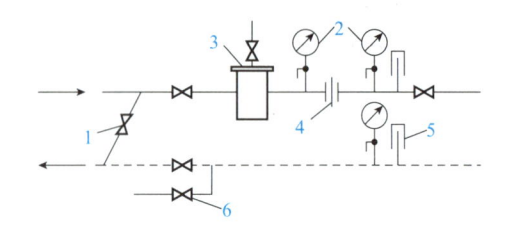

图 7-6　无混合装置的直接连接热力引入口装置
1—旁通阀；2—压力表；3—除污器；4—调压板；5—温度计；6—泄水阀

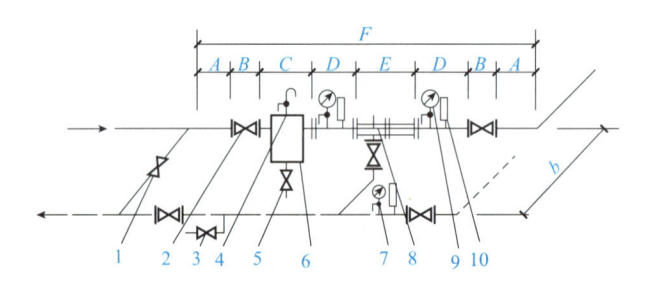

图 7-7　设置水喷射器的直接连接热力引入口装置
1—ϕ15 闸阀；2—截止阀；3—ϕ15 放气阀；4—DN15 旋塞；5—ϕ20 排气阀；
6—除污器；7—ϕ6 旋塞；8—水喷射器；9—压力表；10—温度计

表 7-1　带孔喷射器供暖系统热力入口装置尺寸　　　　　　　　　　mm

DN	A	B	C	D	E	F	b
40	200	200	399	250	425	2 124	200
50	250	230	399	250	425	2 284	200
70	300	290	459	300	625	2 864	400
80	300	310	513	350	625	3 004	400
100	350	350	551	400	720	3 471	400

(3) 设置混合水泵的直接连接，如图 7-5(c) 所示。

当建筑物用户引入口处外网的供回水压差较小，不能满足水喷射器正常工作所需压差，或设置集中泵站将高温水转化为低温水向建筑物供暖时，可采用设置混合水泵的直接连接方式。

混合水泵可设置在建筑物入口处或集中热力站处，外网高温水与水泵加压后的用户回水混合，降低温度后送入用户供暖系统，混合水的温度和流量，可通过调节混合水泵后面的阀门或外网供、回水管进出口处阀门的开启，进行调节。为防止混合水泵扬程高于热网供、回水管的压差，将热网回水抽入热网供水管，则在热网供水管的入口处装设止回阀。还要注意为防止突然停电、停泵时发生水击现象，应在混合水泵压水管与汲水管之间连接一根旁通管，上面装设止回阀，当突然停泵时回水管压力升高，供水管压力降低，一部分回水通过旁通管流入供水管，可起到泄压作用。其热水引入口装置如图 7-8 所示。

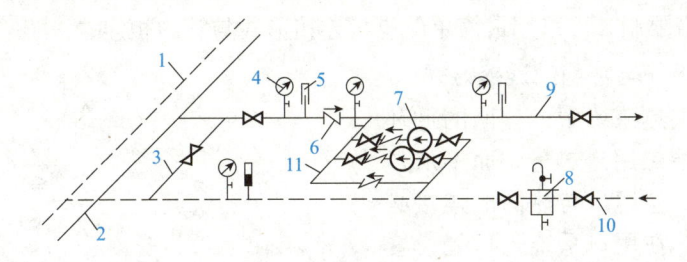

图 7-8　设置混合水泵的热水引入口装置

1—回水干管；2—供水干管；3—循环管；4—压力表；5—温度计；6—止回阀；7—混合水泵；
8—除污器；9—用户供水管；10—用户回水管；11—旁通管

(4)设置增压水泵的直接连接。如图 7-9(a)所示为用户供水管设置增压水泵；图 7-9(b)所示为用户回水管设置增压水泵；图 7-9(c)所示为用户供水管设置增压泵和三通自动调节阀的直接连接。

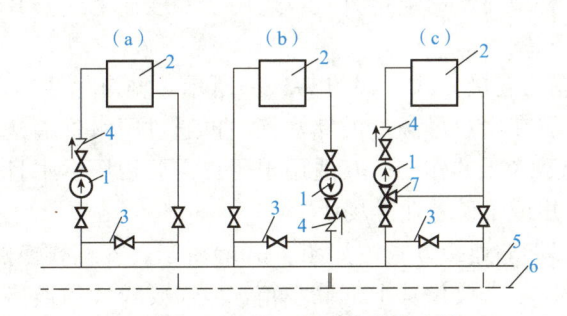

图 7-9　设置增压水泵的直接连接

(a)用户供水管设置增压水泵；(b)用户回水管设置增压水泵；(c)用户供水管设置增压泵和三通自动调节阀
1—水泵；2—散热设备；3—循环管；4—止回阀；5—供水干管；6—回水干管

用户供水管设增压水泵的直接连接可将热网供水压力提高到需要值后送入供暖系统。这种连接方式适用于入口处供水管提供的压力不能满足用户系统需要的场合，即供水压力低于用户系统静压或不能保证用户系统的高温水不汽化时。

用户回水管设增压水泵的连接方式适用于用户系统回水压力低于入口处热网回水压力的场合。一般当热网超负荷运行时处于网路末端的一些用户可能出现这种情况，或地势很低的用户为避免用户超压，供水管需节流降压，也会出现用户的回水压力低于管网回水管压力的情况。

(5)供暖热用户的间接连接，如图 7-5(d)所示。供热管网的高温水通过设置在用户引入口或热力站的表面式水-水换热器，将热量传递给供暖用户的循环水，冷却后的回水返回热网回水管。用户循环水依靠用户水泵驱动循环流动，用户循环系统内部设置膨胀水箱、集气罐及补给水装置，形成独立系统。

间接连接方式系统造价较高，而且运行管理费用比较高，适用于局部用户系统必须与热网水力工况隔绝的情况，如供热管网在用户入口处的压力超过了散热器的承压能力；或个别高层建筑供暖系统要求压力较高，又不能普遍提高整个热水网路的压力的情况。另外，供热管网为高温热水，而用户系统是低温热水供暖的用户时，也多采用这种连接方式。其热力入口装置如图 7-10 所示。

(6)通风热用户与管网的连接，如图 7-5(e)所示。通风系统的散热设备承压能力较强，

111

对热媒参数无严格限制，可采用最简单的直接连接形式与管网相连。

2. 热水供应系统与热网的连接方式

在闭式热水供热系统中，热网的循环水仅作为热媒供给热用户热量，而不从热网中取用，热水供应用户与热网的连接必须采用间接连接，在用户系统入口处设置水-水式加热器，分为以下几种情况：

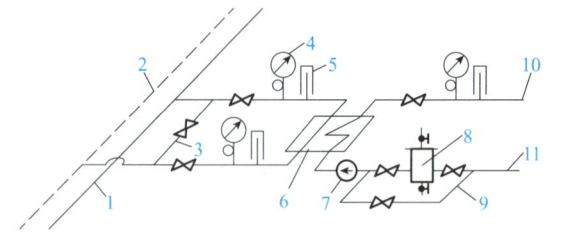

图 7-10 设置水-水式水加热器的热力入口装置
1—供水干管；2—回水干管；3—循环管；
4—压力表；5—温度计；6—水-水式水加热器；
7—循环水泵；8—除污器；9—旁通管；
10—用户供水管；11—用户回水管

（1）无储水箱的连接方式，如图 7-5(f) 所示。供热管网通过水-水式加热器将城市生活给水加热，冷却后的回水返回热网回水管。该系统用户供水管上应设置温度调节器，控制系统供水温度不随用水量的改变而剧烈变化。这是一种最简便的连接方式，适用于一般住宅或公共建筑连接用热水且用水量较稳定的热水供应系统。

（2）设置上部储水箱的连接方式，如图 7-5(g) 所示。城市生活给水被表面式水-水式加热器加热后，先送入设置在用户最高处的储水箱，再通过配水管输送到各配水点。上部储水箱起着储存热水和稳定水压的作用。其适用于用户需要稳压供水且用水时间较集中，用水量较大的浴室、洗衣房或工矿企业等场所。

（3）设置容积式换热器的连接方式，如图 7-5(h) 所示。容积式换热器不仅可以加热水，还可以储存一定的水量。不需要设置上部储水箱，但需要较大的换热面积。其适用于工业企业和小型热水供应系统。

（4）设置下部储水箱的连接方式，如图 7-5(i) 所示。该连接方式设有下部储水箱、热水循环管和循环水泵。当用户用水量较小时，水-水式水加热器的部分热水直接流入用户，另外的部分流入储水箱储存；当用户用水量较大，水加热器供水量不足时，储水箱内的水被城市生活给水挤出供给用户系统。装设循环水泵和循环管的目的是使热水在系统中不断流动，保证任何时间打开水龙头，流出的均是热水。

这种方式虽然复杂、造价高，但工作可靠性高，适用于对热水供应要求较高的宾馆和高级住宅。

3. 闭式双级串联和混联连接的热水系统

为了充分利用系统供暖回水的热量，减少热水供应热负荷所需的网路循环水量，可采用供暖系统与热水供应系统串联或混合连接的方式，如图 7-11 所示。

（1）闭式双级串联式系统，如图 7-11(a) 所示。热水供应系统的上水首先由串联在热网路回水管上的水加热器（Ⅰ级热水供应水加热器1）加热，加热后的水温仍低于要求温度，水温调节器3将阀门打开，进一步利用热网供水管中高温水通过Ⅱ级热水供应水加热器2将水加热到所需温度，经过Ⅱ级热水供应水加热器后的网路供水进入到供暖系统中。供水管上应安装流量调节器4，控制用户系统流量，稳定供暖系统的水力工况。

（2）闭式混联连接系统，如图 7-11(b) 所示。热网供水分别进入热水供应和供暖系统的热交换器中（通常采用板式换热器）。上水同样采用两级加热，通过热水供应，热交换器的终热段6b段，热网回水并不进入供暖系统，而是与热水供应系统的热网回水混合，进入热水供应热交换器的预热段6a将上水预热，上水最后通过热交换器的终热段6b，被加热到热水供应所需要的温度。可根据热水供应的热水温度和供暖系统保证的室温，调节各自热交换器的热网供水上的流量调节阀门的开启度，控制进入各热交换器的网路水流量。

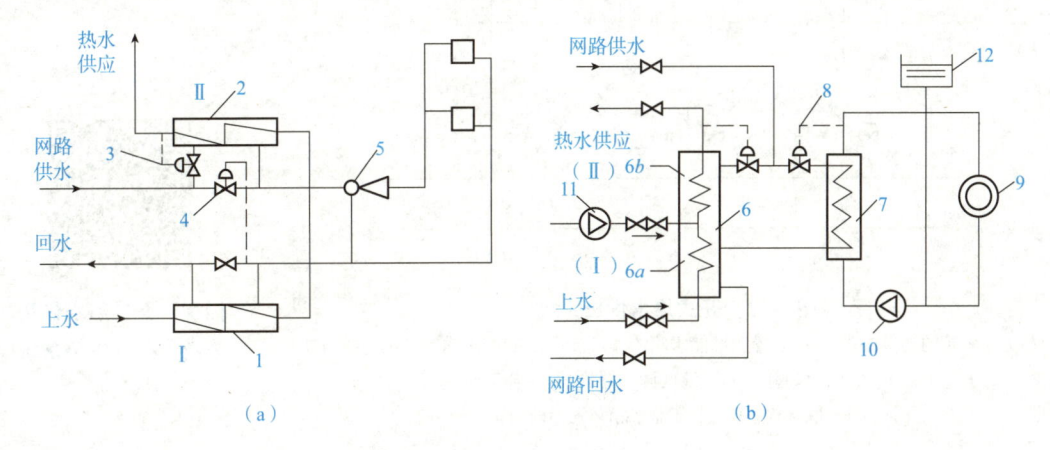

图 7-11 供暖与热水供应串联系统

(a)闭式双级串联式系统；(b)闭式混联连接系统

1—Ⅰ级热水供应水加热器；2—Ⅱ级热水供应水加热器；3—水温调节器；4—流量调节器；5—水喷射器；6—热水供应水加热器；7—供暖系统水加热器；8—流量调节装置；9—供暖热用户；10—供暖系统循环水泵；11—热水供应系统循环泵；12—膨胀水箱；6a—水加热器预热段；6b—水加热器终热段

串联式混联连接的方式，利用供暖系统回水的部分热量预热上水，减少了网路的总设计循环水量，这两种连接方式适用于热水供应热负荷较大的城市热水供应系统。

3.2 开式热水供热系统

开式热水供热系统由于热用户直接耗用外网循环水，即使系统无泄漏，补给水量仍很大。系统补水量应为热水用户的消耗水量和系统泄漏水量之和。

如图 7-12 所示，在开式热水供热系统中，热网的热媒直接消耗于用户，热网与热水供应用户之间不再需要通过加热器连接，入口设备简单，节省了投资费用。但补给水量大，水处理设备与运行管理费用较高。开式热水供热系统可分为以下几种方式：

(1)无储水箱的连接方式，如图 7-12(a)所示。热网水直接经混合三通 4 送入热水用户，混合水温由温度调节器 3 控制。为防止外网供应的热水直接流入热网回水管，回水管上应设置止回阀 7。这种方式网路最简单，适用于外网压力任何时候都大于用户压力的情况。

(2)设置上部储水箱的连接方式，如图 7-12(b)所示。网路供水和回水经混合三通 4 送入热水用户的高位储水箱，热水再沿配水管路输送到各配水点。这种方式常用于浴室、洗衣房或用水量较大的工业厂房中。

(3)与上水混合的连接方式，如图 7-12(c)所示。当热水供应用户用水量很大并且需要的水温较低时，可采用与上水混合的连接方式。混合水温同样可用温度调节器 3 控制。为了便于调节水温，热网供水管的压力应高于城市生活给水管的压力，并在生活污水管上安装止回阀，以防止热网水流入生活给水管。

· 113 ·

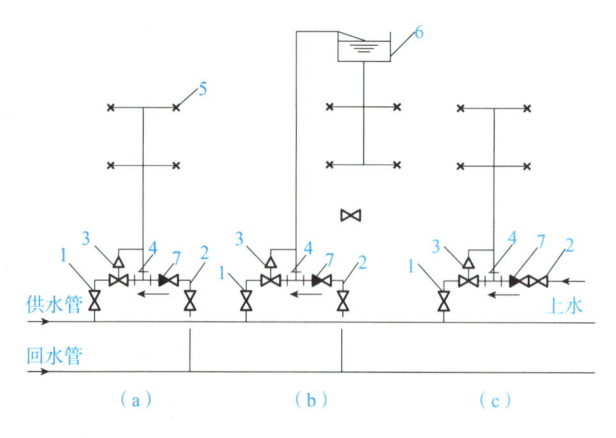

图 7-12　开式热水供应系统

(a)无储水箱的连接方式；(b)设置上部储水箱的连接方式；(c)与上水混合的连接方式

1、2—进水阀门；3—温度调节器；4—混合三通；
5—取水栓；6—上部储水箱；7—止回阀

微课：开式热水供热系统及蒸汽供热系统

任务 4　蒸汽供热系统

蒸汽供热系统能够向供暖、通风空调和热水供应系统提供热能，同时，还能满足各类生产工艺用热的需要。它在工业企业中得到了广泛的应用。

4.1　蒸汽供热管网与热用户的连接方式

蒸汽供热管网一般采用双管制，即一根蒸汽管，一根凝结水管。有时，根据需要还可以采用三管制，即一根管道供应生产工艺用汽和加热生活热水用汽，另一根管道供给供暖、通风用汽，它们的回水共用一根凝结水管道返回热源。

蒸汽供热管网与热用户的连接方式取决于外网蒸汽的参数和用户的使用要求。其也可分为直接连接和间接连接两大类。

图 7-13 所示为蒸汽供热管网与热用户的连接方式。锅炉生产的高压蒸汽进入蒸汽管网，以直接或间接的方式向各用户提供热能，凝水经凝水管网返回热源凝水箱，经凝水泵加压后注入锅炉重新被加热成蒸汽。

(1)生产工艺热用户与蒸汽网路的直接连接，如图 7-13(a)所示。蒸汽经减压阀减压后送入用户系统，放热后生成凝结水，凝结水经疏水器流入用户凝水箱，再由用户凝水泵加压后返回凝水管网。

(2)蒸汽供暖用户系统与蒸汽网路的直接连接，如图 7-13(b)所示。高压蒸汽经减压阀减压后向供暖用户供暖。凝结水通过疏水器进入凝结水箱，再用凝结水泵将凝结水送回热源。

(3)热水供暖用户与蒸汽网路间接连接，如图 7-13(c)所示。高压蒸汽减压后，经蒸汽-水换热器将用户循环水加热，用户采用热水供暖形式。

(4)采用蒸汽喷射器的直接连接，如图 7-13(d)所示。蒸汽经喷射器喷嘴喷出后，产生低于热水供暖系统回水的压力，回水被抽进喷射器混合加热后送入用户供暖系统，用户系统的多余凝结水经水箱溢流管返回凝水管网。

(5) 通风系统与蒸汽网路的直接连接，如图 7-13(e)所示。如若蒸汽压力过高，可用入口处减压阀调节。

(6) 蒸汽直接加热的热水供热系统，如图 7-13(f)所示。

(7) 采用容积式加热器的热水供热系统，如图 7-13(g)所示。

(8) 无储水箱的间接连接热水供热系统，如图 7-13(h)所示。

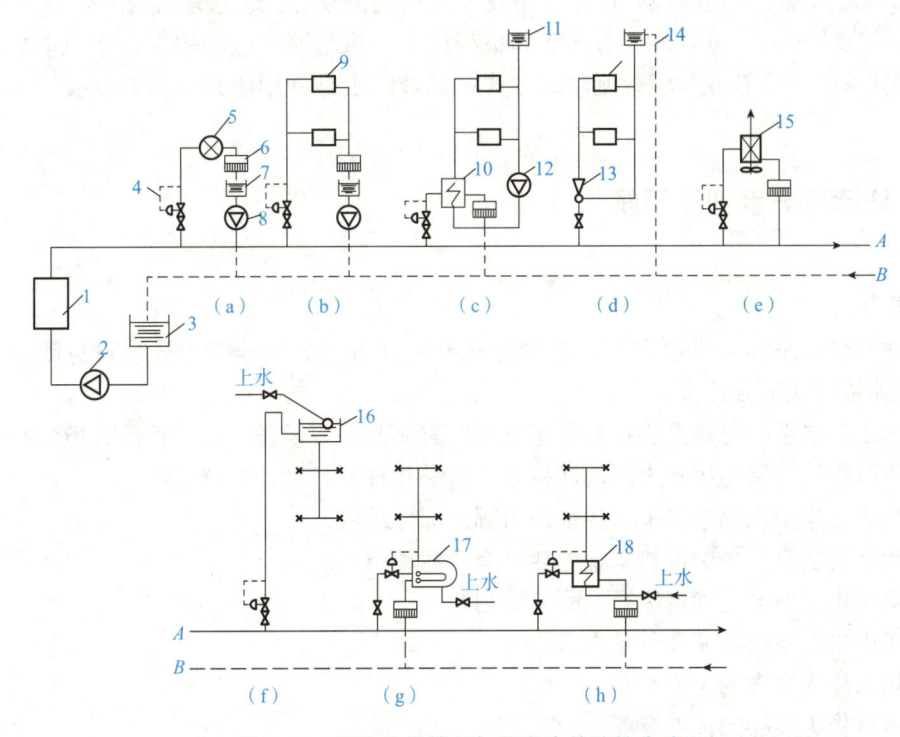

图 7-13 蒸汽供热管网与热用户的连接方式
(a) 生产工艺热用户与蒸汽网路直接连接；(b) 蒸汽供暖用户系统与蒸汽网路直接连接；
(c) 热水供暖用户与蒸汽网路间接连接；
(d) 采用蒸汽喷射器的直接连接；(e) 通风系统与蒸汽网路的直接连接；(f) 蒸汽直接加热的热水供热系统；
(g) 采用容积式加热器的热水供热系统；(h) 无储水箱的间接连接热水供热系统

1—蒸汽锅炉；2—锅炉给水泵；3—凝结水箱；4—减压阀；5—生产工艺用热设备；6—疏水器；
7—用户凝结水箱；8—用户凝结水泵；9—散热器；10—供暖系统用的蒸汽-水换热器；
11—膨胀水箱；12—循环水泵；13—蒸汽喷射器；14—溢流管；15—空气加热装置；
16—上部储水箱；17—容积式换热器；18—热水供应系统的蒸汽-水换热器

4.2 凝结水回收系统

蒸汽在用热设备内放热凝结后，凝结水出用热设备，经疏水器、凝结水管返回热源的管路系统及其设备组成的整个系统，称为凝结水回收系统。

凝结水水温较高（一般为 80～100 ℃），同时，又是良好的锅炉补水，应尽可能回收。凝结水回收率低或回收的凝结水水质不符合要求，会使锅炉补水量增大，增加水处理设备投资和运行费用，增加燃料消耗。因此，正确设计凝结水回收系统，运行中提高凝结水的

· 115 ·

回收率，保证凝结水的质量，是蒸汽供热系统设计与运行关键性技术问题。

凝结水回收系统按是否与大气相通，可分为开式凝结水回收系统和闭式凝结水回收系统。按凝结水的流动方式不同，可分为单项流和两项流两大类。单项流又可分为满管流和非满管流两种。满管流是指凝结水靠水泵动力或位能差充满整个管道截面，呈有压流动的流动方式；非满管流是指凝结水并不充满整个管道断面，依靠管路坡度流动的流动方式。按驱使凝结水流动的动力不同，可分为重力回水和机械回水。重力回水是利用凝结水位能差或管线坡度，驱使凝结水满管或非满管流动的方式；机械回水是利用水泵动力驱使凝结水满管有压流动。

微课：凝结水管网的水力计算

思考题与实训练习题

1. 思考题

(1)热水供暖系统与供热管网的连接方式有哪几种？各种连接方式应设置哪些必要设备？各种连接方式适合什么场合？

(2)热水供热系统与热网连接有哪些方式？有哪些必要设备？适用于什么场合？

(3)蒸汽供热管网与用户之间的连接方式有哪几种？各有什么特点？

(4)什么是集中供热？集中供热系统由哪几部分组成？

(5)什么是热媒？集中供热系统的热媒有哪些种类？

(6)集中供热方案的确定应遵循哪些原则？

(7)集中供热系统有哪几种基本形式？

(8)热水作为热媒的主要特点是什么？

(9)蒸汽作为热媒的优点有哪些？

2. 实训练习题

(1)参观某集中供热系统，识读该系统的施工图。

(2)给定集中供热系统施工图，分析该系统的特点。

课后思考与总结

项目 8　集中供热系统的热负荷

学习目标

知识目标

1. 熟悉集中供热系统热负荷分类。
2. 掌握集中供热系统热负荷的估算方法。

能力目标

1. 能够进行供暖热负荷估算。
2. 能够完成集中供热系统热负荷计算。
3. 能够利用网络资源收集本课程相关知识及设备附件产品样本、暖通施工图实例等资料。
4. 能够运用学习过程中的经验知识，处理工作过程中遇到的实际问题并解决困难。
5. 具备自学能力和继续学习的能力。

素质目标

1. 具有团队协作意识、服务意识及协调沟通交流能力。
2. 能认真完成所接受的工作任务，脚踏实地，任劳任怨。
3. 诚实守信、以人为本、关心他人。
4. 培养学生的职业素养。
5. 培养学生精益求精的大国工匠精神，激发学生的家国情怀和使命担当。

思政小课堂

作为专业的工作人员，应该遵纪守法、公平公正，这正与社会主义核心价值观一致（社会主义核心价值观24个字：富强 民主 文明 和谐 自由 平等 公正 法治 爱国 敬业 诚信 友善）。今后无论是作为甲方工作人员还是乙方工作人员，都应该以社会主义核心价值观为行为准则，做一名文明、公正、守法、爱岗、敬业、诚信的社会主义建设者和接班人。自觉践行社会主义核心价值观，做优秀的新时代"甲方乙方"。

任务1　集中供热系统热负荷的概算

集中供热系统热用户有供暖、通风、热水供应、空气调节、生产工艺等用热系统。这些热系统的热负荷，按其性质可分为两大类。

(1)季节性热负荷包括供暖、通风、空气调节等系统的用热负荷，它们共同的特点是均与室外空气温度、湿度、风向、风速和太阳辐射、强度等气候条件密切相关，其中对它的大小起决定性作用的是室外温度。

(2)常年性热负荷包括生产工艺用热系统和生活用热(主要指热水供应)系统的用热负荷。这些热负荷与气候条件的关系不大，用热比较稳定，在全年中变化较小。但在全天中由于生产班制和生活用热人数多少的变化，用热负荷的变化幅度较大。

对集中供热系统进行规划和初步设计时，如果某些单体建筑物资料不全或尚未进行各类建筑物的具体设计工作，可利用概算指标来估算各类热用户的热负荷。

微课：集中供热系统热负荷概算

1.1 供暖热负荷

供暖热负荷可采用面积热指标法或体积热指标法进行估算。一般民用建筑多采用面积热指标法进行估算，工业建筑多采用体积热指标法进行估算。

1. 面积热指标法

面积热指标法按下式计算：

$$Q_h = q_h A \times 10^{-3} \tag{8-1}$$

式中　Q_h——建筑物的供暖设计热负荷(kW)；

　　　q_h——建筑物的供暖面积热指标(W/m²)，建筑物的面积热指标表示各类建筑物每 1 m² 建筑面积的供暖设计热负荷，可按附表 8-1 取用；

　　　A——供暖建筑物的建筑面积(m²)。

2. 体积热指标法

体积热指标法按下式计算：

$$Q'_h = q_v V_W (t_n - t_{wn}) \times 10^{-3} \tag{8-2}$$

式中　Q'_h——建筑物的供暖设计热负荷(kW)；

　　　V_W——建筑物的外围体积(m³)；

　　　t_n——供暖室内设计温度(℃)；

　　　t_{wn}——供暖室外设计温度(℃)；

　　　q_v——建筑物的供暖体积热指标[W/(m³·K)]。

体积热指标的大小取决于建筑物的结构和用途，还与建筑物的体积、外形及所在地区的气象条件有关，按照体积热指标方法计算热负荷虽然与实际有些误差，但对集中供热系统的初步设计或规划设计来讲也足够准确了。

建筑物热量的传递主要是通过垂直的外围护结构(墙、门、窗等)向外传递，它与建筑物外围护结构的平面尺寸和层高有关，不是直接取决于建筑物的平面面积，用体积热指标更能清楚地说明这一点。

建筑物的供暖体积热指标 q_v 表示各类建筑物在室内外温差为 1 ℃时，每 1 m³ 建筑物外围体积的供暖设计热负荷。从节能角度出发，想要降低建筑物的供暖设计热负荷就应减小供暖体积热指标 q_v。各类建筑物的供暖体积热指标 q_v 可通过对已建成建筑物进行计算或对已有数据进行归纳统计，可查阅有关设计手册获得。

1.2 通风、空调设计热负荷

在供暖系统里，为满足生产厂房、公共建筑及居住建筑的清洁度和湿度要求，将室外送入空调房间的新鲜空气加热所消耗的热量称为通风、空调设计热负荷。可采用百分数估算。

1. 通风设计热负荷

通风热设计负荷按下式计算：

$$Q_v = K_v Q_h \tag{8-3}$$

式中　Q_v——建筑物通风设计热负荷(kW)；

　　　Q_h——建筑物供暖设计热负荷(kW)；

　　　K_v——建筑物通风热负荷系数，可取 0.3～0.5。

2. 空调设计热负荷

(1) 空调冬季设计热负荷。空调冬季设计热负荷按下式计算：

$$Q_a = q_a A \cdot 10^{-3} \tag{8-4}$$

式中　Q_a——空调冬季设计热负荷(kW)；

　　　q_a——空调热指标(W/m²)，可按附表 8-2 取用；

　　　A——空调建筑物的建筑面积(m²)。

(2) 空调夏季设计热负荷。空调夏季设计热负荷按下式计算：

$$Q_c = \frac{q_c A \cdot 10^{-3}}{COP} \tag{8-5}$$

式中　Q_c——空调夏季设计热负荷(kW)；

　　　q_c——空调热指标(W/m²)，可按附表 8-2 取用；

　　　A——空调建筑物的建筑面积(m²)；

　　　COP——吸收式制冷机的制冷系数，可取 0.7～1.2。

1.3 生活热水热负荷

生活热水热负荷主要包括浴室、食堂、开水炉和热水供应等方面的日常生活用热。生活热水热负荷的大小与人们的生活水平、生活习惯和生产的发展状况(设备状况)紧密相关，其计算方法详见《给水排水设计手册》。对于一般居住区，也可按下列公式估算。

1. 居住区供暖期生活热水平均热负荷

$$Q_{w \cdot a} = q_w A \cdot 10^{-3} \tag{8-6}$$

式中　$Q_{w \cdot a}$——居住区供暖期生活热水平均热负荷(kW)；

　　　q_w——生活热水热指标(W/m²)，应根据建筑物类型，采用实际统计资料，居住区可按表 8-1 取用；

　　　A——总建筑面积(m²)。

表 8-1　居住区采暖期生活热水日平均热指标推荐值 q_w　　　　　W/m²

用水设备情况	热指标
住宅无生活热水设备，只对公共建筑供热水时	2～3
全部住宅有淋浴设备，并供给生活热水时	5～15

注：1. 冷水温度较高时采用较小值，冷水温度较低时采用较大值；
　　2. 热指标中已包括约 10% 的管网热损失在内。

2. 生活热水最大热负荷

$$Q_{w\cdot max}=K_h Q_{w\cdot a} \tag{8-7}$$

式中　$Q_{w\cdot max}$——生活热水最大热负荷(kW)；
　　　$Q_{w\cdot a}$——生活热水平均热负荷(kW)；
　　　K_h——小时变化系数，根据用热水计算单位数按《建筑给水排水设计标准》(GB 50015—2019)规定取用。

K_h 即生活热水最大热负荷($Q_{w\cdot max}$)与生活热水平均热负荷($Q_{w\cdot a}$)的比值，建筑物或居住区用水单位数越多，全天中的最大小时用水量越接近于全天的平均小时用水量，小时变化系数 K_h 值越接近 1，一般可取 2～3。

计算热力网设计热负荷时，其中生活热水热负荷按下列规定取用。
(1)干线：应采用生活热水平均热负荷；
(2)支线：当用户有足够容积的储水箱时，应采用生活热水平均热负荷；当用户无足够容积的储水箱时，应采用生活热水最大热负荷，最大热负荷叠加时应考虑同时使用系数。

1.4　生产工艺热负荷

生产工艺热负荷是指用于生产过程中的烘干、加热蒸煮、洗涤等方面的用热，或作为动力用于驱动机械设备运转耗汽等。生产工艺热负荷的大小及需要的热媒种类、参数，取决于生产工艺过程的性质、用热设备的形式及企业的工作制度等，它一般应由生产工艺设计人员提供或根据用热设备的产品样本来确定。

当生产工艺热用户或用热设备较多时，供热管网中各热用户的最大热负荷往往不会同时出现，因而，在计算集中供热系统的热负荷时，应以经各工艺热用户核实的最大热负荷之和乘以同时使用系数(同时使用系数是指实际运行的用热设备的最大热负荷与全部用热设备最大热负荷之和的比值)。同时使用系数一般为 0.7～0.9。考虑各设备的同时使用系数后将使热力网总热负荷适当降低，因而可相应降低集中供热系统的投资费用。

任务 2　集中供热系统年耗热量

集中供热系统年耗热量是指各类热用户年耗热量的总和。各类热用户的年耗热量可分别按下述方法计算。

2.1　供暖年耗热量

供暖年耗热量 $Q_{n\cdot a}$ 按下式计算：

$$Q_{n,a}=24Q'_n\left(\frac{t_n-t_{pj}}{t_n-t_{w,n}}\right)N$$

$$=0.086\ 4Q'_n\left(\frac{t_n-t_{pj}}{t_n-t_{w,n}}\right)N \tag{8-8}$$

式中 Q'_n——供暖设计热负荷(W)；

N——供暖期天数；

$t_{w,n}$——供暖室外计算温度(℃)；

t_n——供暖室内计算温度(℃)；

t_{pj}——供暖期室外平均温度(℃)；

0.086 4——公式化简和单位换算后的数值，($0.086\ 4=24\times3\ 600\times10^{-6}$)。

N，$t_{w,n}$及t_{pj}值按《民建暖通空调规范》值确定。

2.2 通风年耗热量

通风年耗热量$Q_{t,a}$按下式计算：

$$Q_{t,a}=ZQ'_t\left(\frac{t_n-t_{pj}}{t_n-t'_{w,n}}\right)N$$

$$=0.003\ 6Q'_t\left(\frac{t_n-t_{pj}}{t_n-t'_{w,t}}\right)N \tag{8-9}$$

式中 Q'_t——通风设计热负荷(kW)；

Z——供暖期内通风装置每日平均运行小时数(h/d)；

$t'_{w,t}$——冬季通风室外计算温度(℃)；

0.003 6——单位换算系数($1\ kW\cdot h=3\ 600\times10^{-6}GJ$)。

式中其他符号意义同前。

2.3 热水供热年耗热量

热水供热热负荷是全年性热负荷，考虑到冬季与夏季冷水温度不同，热水供热年耗热量$Q_{r,a}$可按下式计算：

$$Q_{r,a}=24\left[Q'_{rp}+Q'_{rp}\left(\frac{t_r-t_{lx}}{t_r-t_l}\right)(350-N)\right]$$

$$=0.086\ 4Q'_{rp}\left[N+\left(\frac{t_r-t_{lx}}{t_r-t_l}\right)(350-N)\right] \tag{8-10}$$

式中 Q'_{rp}——供暖期热水供应的平均热负荷(kW)；

t_{lx}——夏季冷水温度(非供暖期平均水温)(℃)；

t_l——冬季冷水温度(供暖期平均水温)(℃)；

t_r——热水供应设计温度(℃)；

N——供暖期天数；

(350-N)——全年非供暖期的工作天数(扣去15 d检修期)。

2.4 生产工艺年耗热量

生产工艺年耗热量$Q_{s,a}$可按下式计算：

$$Q_{s,a} = \sum Q_i T_i \qquad (8\text{-}11)$$

式中 Q_i——一年 12 个月第 i 个月的日平均耗热量(GJ)；

T_i——一年 12 个月第 0 个月的天数。

思考题与实训练习题

1. 思考题

(1)集中供热系统热负荷分为哪几类?

(2)各类热负荷如何确定?

2. 实训练习题

教师给出一套图纸，学生根据给定数据，计算集中供热系统的热负荷。

课后思考与总结

项目 9　供热管网水力计算

学习目标

知识目标

1. 了解供热管网水力计算的基本原理。
2. 掌握供热管网水力计算的方法及步骤。
3. 掌握小型供热管网的水力计算。

能力目标

1. 能够识读供热系统施工图。
2. 能够利用设计手册、标准图集等参考资料，借鉴工程实例进行供热管网水力计算。
3. 能够利用网络资源收集本课程相关知识及设备附件产品样本、暖通施工图实例等资料。
4. 能够运用学习过程中的经验知识，处理工作过程中遇到的实际问题并解决困难。
5. 具备自学能力和继续学习的能力。

素质目标

1. 具有团队协作意识、服务意识及协调沟通交流能力。
2. 能认真完成所接受的工作任务，脚踏实地，任劳任怨。
3. 诚实守信、以人为本、关心他人。
4. 激发爱国主义、社会主义思想情怀。
5. 培养职业素养。

思政小课堂

在我国古代数学史上，有很多伟大的数学家都有着对数学算法的突破，如刘徽的《九章算术》、祖冲之的圆周率、秦九韶的开方算法，都是数学界伟大的成就。他们当时的数学研究领先了世界很多年。

1. 刘徽的《九章算术》

刘徽是魏晋时期著名的数学家，也是中国古典数学理论的奠基人之一，他在数学史上做出了很大的贡献。他的代表作是《九章算术》，其是中国较宝贵的数学遗产。在《九章算术》解决了200多个数学问题，如联立方程、负数运算、几何图形的面积计算等。这些突破都是当时世界领先的成就。

2. 祖冲之的圆周率

祖冲之是南北朝时期著名的数学家，他一生热爱钻研数学，在数学、天文、历法、机械制造等方面都做出很大的贡献。他在刘徽开辟的圆周率计算方法的基础之上，首次将圆周率计算到了小数点后第七位，对后世数学的研究起到了基础性的作用，这个成就领先了世界将近1 000年。

3. 秦九韶的开方术

秦九韶是我国南宋时期著名的数学家，也是宋元数学四大家之一。他精通数学、诗词、音律，在30多岁的时候就完成了《数书九章》，其中讨论了一次高阶方程的算法、剩余定理、秦九韶算法。这些都是具有世界意义的重要贡献，另外，他还发明了正负开方术，这是数学中比较好用的算法之一。

另外，杨辉、朱世杰都是我国古代非常著名的数学家，他们对古代数学的发展做出了一定的贡献。很多古代的算数方法现在还在沿用，其实水力计算也像算数一样，只是需要加入一些专业的知识，下面带着数学的思维进入本项目的学习。

任务1　供热管网水力计算基本原理

供热管网水力计算的主要任务是根据热媒和允许比摩阻，选择各管段的管径，或者根据管径和允许压降，校核系统需要输送带热体的流量，或者根据流量和管径计算管路压降，为热源设计和选择循环水泵提供必要的数据。

对于热水管网，还可以根据水力计算结果和沿管线建筑物的分布情况、地形变化等绘制管网水压图，进而控制和调整供热管网的水力工况，并为确定管网与用户的连接方式提供依据。

根据流体力学的基本原理可知，水在管道内流动，必然要克服阻力产生能量损失。流体在管道内流动有两种形式的阻力和损失，即沿程阻力与沿程损失、局部阻力与局部损失。

微课：室外供热管网水力计算基本原理

1.1　沿程压力损失的计算

沿程损失是由沿程阻力而引起的能量损失；而沿程阻力是流体在断面和流动方向不变的直管道中流动时产生的摩擦阻力。

单位长度沿程损失可根据达西-维斯巴赫公式计算：

$$R = \frac{\lambda}{d} \cdot \frac{\rho V^2}{2} \tag{9-1}$$

式中　R——单位长度沿程损失(Pa/m)；
　　　d——管子内径(m)；
　　　V——流体的平均流速(m/s)；
　　　ρ——流体的密度(ks/m³)；
　　　λ——沿程阻力系数。

实际工程计算中往往已知流量，则流速可用流量来表示：

$$V = \frac{G}{3\,600 \times \frac{\pi}{4} \times d^2 \rho} \tag{9-2}$$

式中，流量G的单位为国际单位(ks/h)；将式(9-2)代入式(9-1)，经整理后，可得：

$$R = 6.25 \times 10^{-8} \frac{\lambda}{\rho} \cdot \frac{G^2}{d^5} \tag{9-3}$$

由于室外热水供热管网的水流量很大，一般工程上通常以 t/h 为单位，式(9-3)可改写为

$$R = 6.25 \times 10^{-2} \frac{\lambda}{\rho} \cdot \frac{G^2}{d^5} \tag{9-4}$$

由于室外热水供热管网的水的流动速度通常大于 0.5，蒸汽的流动速度通常大于 7 m/s，因此管网内流体的流动状态大多处于紊流的阻力平方区。其摩擦阻力系数 λ 按下式计算：

$$\lambda = 0.11 (K/d)^{0.25} \tag{9-5}$$

式中 K——管道内壁面的绝对粗糙度，K 推荐值：室外热水管网 $K = 0.5$ mm；室内热水管道：$K = 0.2$ mm；蒸汽管道：$K = 0.2$ mm；闭式凝结水管道：$K = 0.5$ mm；开式凝结水管道：$K = 1.0$ mm；生活热水管道：$K = 1.0$ mm。

式中其余符号意义同前。

将式(9-5)代入式(9-4)得：

$$R = 6.88 \times 10^{-3} K^{0.25} \frac{G^2}{\rho d^{5.25}} \tag{9-6}$$

按式(9-6)中各变量之间的函数关系制成不同形式的计算图表供计算使用，可以大大简化计算工作。附表 9-1 为热水管网水力计算表，它们都是在一定的管壁粗糙度和一定的热媒密度下编制而成的，若使用条件与制表条件不同时，应注意对有关数值进行修正。

(1) 管道的实际绝对粗糙度与制表的绝对粗糙度不符，则

$$R_{sh} = (K_{sh}/K_b)^{0.25} \cdot R_b = m R_b \tag{9-7}$$

式中 R_{sh}——相应 K_{sh} 情况下的实际比摩阻值(Pa/m)；

R_b，K_b——制作条件下的管壁绝对粗糙度和表中比摩阻值，$K_b = 0.5$ mm；

K_{sh}——实际条件下的当量绝对粗糙度(mm)；

m——K 值修正系数，其值见表 9-1。

表 9-1 K 值修正系数 m 和 β 值

K/mm	0.1	0.2	0.5	1.0
m	0.669	0.795	1.0	1.189
β	1.495	1.26	1.0	0.84

(2) 如果流体的实际密度与制表的密度不符时，将会导致流速、比摩阻及管径的不同，则

$$V_{sh} = (\rho_b/\rho_{sh}) V_b \tag{9-8}$$

$$R_{sh} = (\rho_b/\rho_{sh}) R_b \tag{9-9}$$

$$d_{sh} = (\rho_b/\rho_{sh})^{0.19} d_b \tag{9-10}$$

式中 ρ_b、V_b、R_b、d_b——制表条件下的密度、流速、比摩阻、管内径；

ρ_{sh}、V_{sh}、R_{sh}、d_{sh}——实际条件下的密度、流速、比摩阻、管内径。

需要注意的是，水的密度值随温度的变化很小，实际温度与编制图表时的温度值偏差不大时，对热水供热管网的水力计算，不必考虑密度不同的修正。但对于蒸汽供热管网和余压凝结水管网，由于流体密度在沿管道输送过程中变化很大，故应按上述公式进行不同密度的修正计算。

1.2 局部压力损失的计算

在室外供热管网的水力计算中,通常采用当量长度法进行计算,即将管段的局部损失折合成相当量的沿程损失。流体力学基本原理告诉人们,局部压力损失 $Z=\sum \xi \frac{\rho V^2}{2}$,假设某一管件的局部阻力恰好相当于某一管段的沿程损失,则可表示为

$$l_d \frac{\lambda}{d} \cdot \frac{\rho V^2}{2} = \sum \xi \times \frac{\rho V^2}{2}$$

由此可得

$$l_d = \frac{d}{\lambda} \sum \xi \qquad (9\text{-}11)$$

将式(9-5)代入式(9-11)得:

$$l_d = \frac{d}{0.11(K/d)^{0.25}} \sum \xi = 9.1 \frac{d^{1.25}}{K^{0.25}} \sum \xi \qquad (9\text{-}12)$$

式中 l_d——管段局部阻力当量长度(m);
$\sum \xi$——管段的总局部阻力系数。
其余符号意义同前。

附表9-2为 $K=0.5$ mm 条件下热水管网一些配件(附件)的当量、长度和局部阻力系数值。若使用条件中 K 值与制表条件不符时,应用下式对当量长度进行修正:

$$l_{d \cdot sh} = (K_b/K_{sh})^{0.25} l_{d \cdot b} = \beta l_{d \cdot b} \qquad (9\text{-}13)$$

式中 $K_b, l_{d \cdot b}$——制表条件下的 K 值及当量长度(m);
K_{sh}——计算管网实际的绝对粗糙度(m);
$l_{d \cdot sh}$——实际粗糙度条件下的当量长度(m);
β——绝对粗糙度的修正系数,见表9-1。

1.3 计算管段总压力损失的计算

通常将流量和管段均不变化的一段管子叫作计算管段,简称管段。每个管段的压力损失应为沿程损失与局部损失之和,即

$$\Delta P_i = Rl + Rl_d = R(l + l_d) = Rl_{zh} \qquad (9\text{-}14)$$

式中 ΔP_i——计算管段总损失(Pa);
l——管段的实际长度(m);
l_{zh}——管段折算长度(m)。
其余符号意义同前。

供热管网的总损失,按阻力叠加方法,就应等于各串联管段总损失之和。即

$$\Delta P = \sum P_i \qquad (9\text{-}15)$$

式中 ΔP——供热管网总损失(Pa)。

任务2 热水供热管网的水力计算

室外热水供热管网的水力计算是在确定了各用户的热负荷、热源位置及热媒参数,并

且绘制出管网平面布置计算图面进行的。绘制管网平面布置图时，需要标注清楚热源与各热用户的热负荷(或流量)等参数，计算管段长度及节点编号、管道附件、补偿器及有关设备位置等。

2.1 热水供热管网水力计算方法及步骤

1. 确定各管段的设计流量

各管段的设计流量可根据管段热负荷和管网供、回水温差来确定：

$$G = 3.6 \frac{Q}{c(t_g - t_h)} \tag{9-16}$$

式中　G——计算管段的设计流量(t/h)；
　　　Q——计算管段的热负荷(kW)；
　　　t_g，t_h——热水管网的设计供回水温度(℃)；
　　　c——水的比热容，取 $c = 4.187$ kJ/(kg·℃)。

2. 确定主干线并选择管径

热水供热管网的水力计算应从主干线开始计算，所谓主干线是指热水管网中允许平均比摩阻最小的管线。一般情况下，若管网中各热用户均为中、小型供暖热用户，则各用户要求的作用压差基本相同，这时从热源到最远用户的管线为主干线。

按《城镇供热管网设计规范》(CJJ 34—2022)规定，主干线的管径宜采用经济比摩阻。经济比摩阻数宜根据工程具体条件计算确定。一般情况下，主干线经济比摩阻可采用 30～70 Pa/m。当管网设计温差较小或供热半径大时，取较小值；反之，取较大值。

依据各管段设计流量和经济比摩阻，即可按附表 9-1 选择管段管径。

3. 计算主干线的压力损失

由上一步骤已知各管段的管径和实际比摩阻，依据各管段的局部阻力形式、数量，查附表 9-2 确定相应的局部阻力当量长度，按式(9-14)计算主干线各管段的压力损失，按式(9-15)计算主干线总损失。

4. 计算各分支干线或支线

主干线水力计算完成后，便可以进行热水管网分支线的水力计算。分支线应按管网各分支线始末两端的资用压力差选择管径，并尽量消耗剩余压力，以使各并联环路之间的压力损失趋于平衡。但应控制管内介质流速不应大于 3.5 m/s。也可以按下式计算：

$$R_{pj} = \frac{\Delta P_z}{\sum L(1 + \alpha_j)} \text{ Pa/m} \tag{9-17}$$

式中　ΔP_z——管线的总资用压降(Pa)；
　　　$\sum L$——管线的总长度(m)；
　　　α_j——局部阻力与沿程阻力的比值。按附表 9-3 选取。

同时比摩阻不应大于 300 Pa/m，对于只连接一个用户的支线，比摩阻可大于 300 Pa/m。

在实际计算中，由于各环路长短往往差别很大，势必会造成距热源较近的用户剩余压差过大的情况，因此，还需要根据剩余压差的大小在用户入口处设置调压板、调节阀门或流量调节器。

对选用 $d/DN < 0.2$ 的孔板，调压板的孔径可近似用下式计算：

$$d = 10^4 \sqrt{\frac{G^2}{H}} \qquad (9\text{-}18)$$

式中　d——调压板的孔径(mm)，为防止堵塞，孔径不小于 3 mm；
　　　G——管段的计算流量(t/h)；
　　　H——调压板需要消耗的剩余压头(mH_2O)。

对选用 $d/DN > 0.2$ 的调压板，宜根据有关节流装置的专门资料，利用计算公式或线算图来选择调压板的孔径。

调压板的孔径较小时，易于堵塞，而且调压板不能随意调节。手动调节阀门，运行效果较好。手动调节阀门阀杆的启升程度，能调节要求消除的剩余压头值，并对流量进行控制。另外，装设自控型的流量调节器，自动消除剩余压头，保证用户的流量。

2.2　水力计算举例

【例题 9-1】　某工厂厂区热水供热系统，其管网平面布置图(各管段的长度、阀门及方形补偿器的布置)如图 9-1 所示。管网的计算供水温度 $t_g = 130$ ℃，计算回水温度 $t_h = 70$ ℃。用户 E、F、D 的设计热负荷 Q 分别为 1 000 kW、700 kW 和 1 400 kW。热用户内部的阻力 $\Delta P = 5 \times 10^4$ Pa。试进行该热水管网的水力计算。

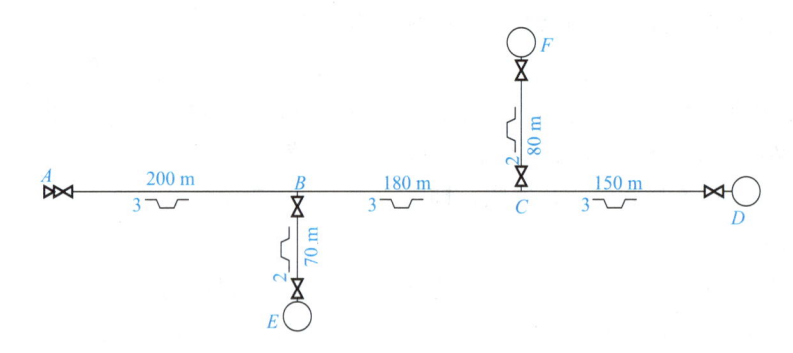

图 9-1　热水管网水力计算附图

【解】　(1)确定各用户的设计流量 G。

$$G_D = 3.6 \frac{Q}{c(t_g - t_h)} = 3.6 \times \frac{1\,400}{4.187 \times (130 - 70)} = 20 (\text{t/h})$$

其他用户和各管段的设计流量的计算方法同上。各管段的设计流量列入表 9-2 中第 2 栏，并将已知各管段的长度列入表 9-2 中第 3 栏。

(2)热水供热管网主干线计算。因各用户内部的压力损失相等，所以从热源到最远用户 D 的管线是主干线。

首先，取主干线的平均比摩阻为 30～70 Pa/m，确定主干线各管段的管径。

管段 AB：计算流量 $G_{AB} = 14 + 10 + 20 = 44 (\text{t/h})$。

根据管段 AB 的计算流量和 R 值的范围，由附表 9-1 可确定管段 AB 的管径和相应的比摩阻 R 值。

$$DN = 150 \text{ mm}; \quad R = 44.8 \text{ Pa/m}$$

管段 AB 中局部阻力的当量长度 l_d，可由热水管网局部阻力当量长度表查出：

闸阀 $1 \times 2.24 = 2.24 (\text{m})$

方形补偿器 3×15.4=46.2(m)
局部阻力当量长度之和 l_d=2.24+46.2=48.44(m)
管段 AB 的折算长度 l_{zh}=200+48.44=248.44(m)
管段 AB 的压力损失 $\Delta P=R_m l_{zh}$=44.8×248.44=11 130(Pa)

用同样的方法,可计算干线的其余管段 BC、CD,确定其管径和压力损失。结果列于表 9-2 中。

管段 BC 和 CD 的局部阻力当量长度 l_d 值如下:

管段 BC　DN=125 mm　　　　　管段 CD　DN=125 mm
直流三通 1×4.4=4.4(m)　　　　直流三通 1×3.3=3.3(m)
异径接头 1×0.44=0.44(m)　　　异径接头 1×0.33=0.33(m)
　　　　　　　　　　　　　　　方形补偿器 3×9.8=29.4(m)
方形补偿器 3×12.5=37.5(m)　　 闸阀 1×1.65=1.65(m)
　　总当量长度 l_d=42.34 m　　　　总当量长度 l_d=34.68 m

(3) 支线计算。
管段 BD 的资用压差为

$$\Delta P_{BE}=\Delta P_{BC}+\Delta P_{CD}=12\ 140+14\ 627=26\ 767(\text{Pa})$$

设局部损失与沿程损失的估算比值 α_j=0.6,则比摩阻大致可控制为

$$R'=\Delta P_{BE}/l_{BE}(1+\alpha_j)=26\ 767/70\times(1+0.6)=239(\text{Pa/m})$$

根据 R' 和 G'_{BE}=14 t/h,由附表 9-1 查得

$$DN_{BE}=70\ \text{mm},\ R_{BE}=278.5\ \text{Pa/m};\ v=1.09\ \text{m/s}$$

管段 BE 中局部阻力的当量长度 l_d,查热水供热管网局部阻力当量长度表。得:
三通分流:1×3.0=3.0(m);方形补偿器 2×6.8=13.6(m);闸阀 2×1.0=2.0(m),总当量长度 l_d=18.6(m);管段 BE 的折算长度 l_{zh}=70+18.6=88.6(m);
管段 BE 的压力损失 $\Delta P_{BE}=R_m l_{zh}$=278.5×88.6=24 675(Pa)。
用同样方法计算支管 CF,计算结果见表 9-2。

表 9-2　热水供热管网水力计算表

管段编号	计算流量 G' /(t·h^{-1})	管段长度 l/m	局部阻力当量长度之和 l_d/m	折算长度 l_{zh}/m	公称直径 d/mm	流速 v/(m·s^{-1})	比摩阻 R_m/(Pa·m^{-1})	管段压力损失 ΔP/Pa
1	2	3	4	5	6	7	8	9
主干线									
AB	44	200	48.44	248.44	150	0.74	44.8	11 130
BC	30	180	42.34	222.34	125	0.73	54.6	12 140
CD	20	150	34.68	184.68	100	0.76	79.2	14 627
支线									
BD	14	70	18.6	88.6	70	1.09	278.5	24 675
CF	10	80	18.6	98.6	70	0.77	142.2	14 021

(4)计算系统总压力损失
$$\sum \Delta P = \Delta P_{AD} + \Delta P_n = 11\,130 + 12\,140 + 14\,627 + 5 \times 10^4 = 87\,897(\text{Pa})$$

思考题与实训练习题

1. 思考题

(1)流体在管道内流动有哪两种阻力形式?

(2)如何计算沿程阻力损失,沿程阻力损失与哪些状态参数有关?

(3)室外热水供热管网管路中水的流动状态一般处于什么区域?管壁的绝对粗糙度为何值?

(4)什么是当量长度?局部阻力当量长度与哪些因素有关?

(5)按当量长度法如何确定供热管网中各管段压力损失?

(6)供热管网在哪些参数发生变化时,要考虑修正计算?

(7)室外供热管网水力计算的任务是什么?

(8)如何计算确定各管段的设计流量?

(9)什么是管网主干线?《城镇供热管网设计规范》(CJJ 34—2022)推荐主干线经济比摩阻为多少?

2. 实训练习题

给定集中供暖系统施工图,试对该系统图进行水力计算。

课后思考与总结

项目 10　热水网路水压图与定压方式

学习目标

知识目标
1. 了解热水网路水压图的组成、作用及绘制方法。
2. 熟悉热水管网的定压方式。
3. 学会利用水压图分析用户与管网的连接方式。
4. 学会循环水泵及补给水泵的选择计算。

能力目标
1. 能够绘制热水网路水压图。
2. 能够合理选择循环水泵和补水泵。
3. 能够运用学习过程中的经验知识,处理工作过程中遇到的实际问题并解决困难。
4. 具备自学能力和继续学习的能力。

素质目标
1. 具有团队协作意识、服务意识及协调沟通交流能力。
2. 能认真完成所接受的工作任务,脚踏实地,任劳任怨。
3. 诚实守信、以人为本、关心他人。
4. 培养有理想、有道德、有文化、有纪律的社会主义接班人。
5. 培养职业素养。
6. 培养精益求精的大国工匠精神。

思政小课堂

　　集中供热是日常生活的重要民生工程,习近平总书记在扶贫中也致力于改善民生建设项目,其中一项就是兴建"荣国府"。习近平主政正定期间力主兴建的"荣国府",是正定的一张亮丽名片。

　　正定是一座历史文化名城,地理位置优越、文化资源丰厚,有"九楼四塔八大寺,二十四座金牌楼"之说。习近平到正定后对文化非常重视,扎扎实实办了几件实事:修建常山公园、修缮大佛寺、组建乘飞机旅游观光的公司……特别是兴建"荣国府",他主张建设永久保留的"荣国府"需要花费 300 多万元。面对巨额投资,时任县委书记的习近平顶住多方面压力,解决了很多困难,终于建成"荣国府"。1986 年建成开放以后,"荣国府"第一年门票收入达 221 万元,县旅游总收入为 1 760 多万元。"荣国府"成为正定的一张新名片。30 多年过去了,习近平当年为正定制定的发展路子,现在还在对正定的发展起着指导作用。

> 作为专业技术人员要向总书记学习，保持工作热情，坚定工作信念，永远把人们对美好生活的向往作为奋斗目标。
> 下面继续为今后成为改善民生的专业人才继续储备专业知识进入本项目的学习。

任务1　热水网路水压图基本概念

室外供热管网由多个用户组成的复杂管路系统，各用户之间既相互联系，又相互影响。管网上各点的压力分布是否合理直接影响系统的正常运行，水压图可以清晰地表示管网和用户各点的压力大小与分布状况，是分析研究管网压力状况的有力工具。

绘制热水网路水压图是以流体力学中的恒定流实际液体总流的能量方程——伯努力方程为理论基础的。如图10-1所示，当流体流过某一管段时，根据伯努力方程可以列出1—1断面和2—2断面之间的能量方程：

$$Z_1 + P_1/(\rho g) + \alpha_1 v_1^2/(2g) = Z_2 + P_2/(\rho g) + \alpha_2 v_2^2/(2g) + \Delta H_{1-2} \tag{10-1}$$

式中　Z_1，Z_2——分别为断面1、2中心线至基准面O—O的垂直距离(m)；

　　　P_1，P_2——分别为断面1、2处的压强(Pa)；

　　　v_1，v_2——分别为断面1、2处的断面平均流速(m/s)；

　　　ρ——水的密度(kg/m)；

　　　g——重力加速度，$g=9.8$ m/s^2；

　　　α_1，α_2——分别为断面1、2处的动能修正系数，取$\alpha_1=\alpha_2=1$；

　　　ΔH_{1-2}——断面1、2间的水头损失(mH$_2$O)。

通过分析能量方程的意义可知，能量方程中的各项都可以用"水头"来表示：Z称为位置水头；$P/(\rho g)$称为压强水头；$v^2/(2g)$称为流速水头；ΔH_{1-2}称为水头损失。它们都具有长度的单位，可以用线段表示水头的大小，用几何图形表示总水头沿流程的变化。位置水头Z、压强水头$P/(\rho g)$和流速水头$v^2/(2g)$三项之和表示断面1、2间任意一点的总水头，而在整个热水网路中，各点水的流速变化不大，则$v_1^2/(2g)$、$v_2^2/(2g)$的值很小，可以忽略不计，那么式(10-1)可简化为

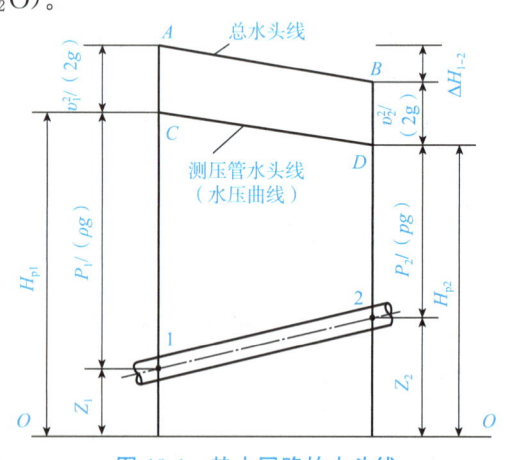

图10-1　热水网路的水头线

$$Z_1 + P_1/(\rho g) = Z_2 + P_2/(\rho g) + \Delta H_{1-2} \tag{10-2}$$

或

$$H_1 = H_2 + \Delta H_{1-2} \tag{10-3}$$

式(10-3)就是绘制水压图的理论基础。式中$H=Z+P/(\rho g)$称为断面测压管水头，各测压管水头所构成的线称为测压管水头线，也称为水压曲线，如图10-1中的CD所示，AB则称为总水头线。H_1为断面1的测压管水头，H_2为断面2的测压管水头，水头损失为两者之差：

$$\Delta H_{1-2} = H_1 - H_2 \tag{10-4}$$

任务 2　热水网路水压图

2.1　热水网路水压图的组成及作用

热水网路的水压图是反映热水网路上各点压力分布的几何图形。它由以下三部分组成：
(1)热水管网的平面布置简图(可用单线展开图表示)，位于水压图的下部；
(2)热水管网沿线地形纵剖面图和用户系统高度，位于水压图的中部；
(3)热水管网水压曲线(包括干线与支线)，位于水压图的上部。

现以图 10-2 为例，说明如下：该管网是一个以区域锅炉房为热源的闭式双管系统，用补给水泵定压，有四个供暖用户系统，当管网循环水泵工作时，水泵出口压力最高，其测压管水头为 H_F，入口压力最低，其测压管水头为 H_0。在水泵驱动下，水在管网中循环流动，因克服阻力，压力逐渐降低，形成了供、回水管网的动水压线，$ABCDE$ 为供水干管动压线，$A'B'C'D'E'$ 为回水干管动水压线；当循环水泵停止工作时，管网中各点测压管水头均相等，供、回水干管水压曲线合二为一，形成了一条水平的静水压线 $j—j$，静水压线与回水干管动水压线的交点 O 称为定压点，其测压管水头为 H_0 或 H_j。BG 与 $B'G'$ 与 $C'H'$，DI 与 $D'I'$ 为用户供、回水支管动水压力线。

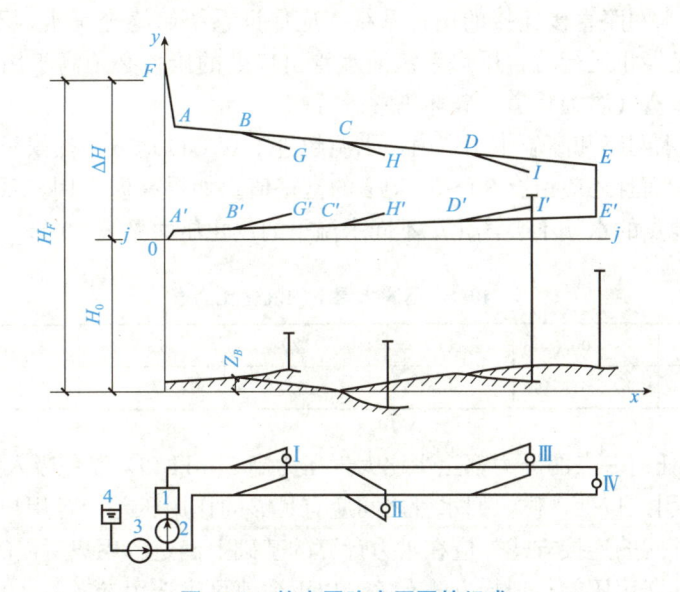

图 10-2　热水网路水压图的组成

1—锅炉；2—循环水泵；3—补给水泵；4—补给水箱；Ⅰ、Ⅱ、Ⅲ、Ⅳ—热用户

通过分析热水网路水压图可知，其具有以下作用：
(1)利用热水网路水压图可以确定管网中任意一点的压头。管网中任一点的压头应等于该点测压管水头与位置高度的差。如 B 与 B' 点，循环水泵运行时：

$$P_B/(\rho g) = H_B - Z_B \tag{10-5}$$

$$P'_B/(\rho g) = H'_B - Z_B \tag{10-6}$$

当循环水泵停止运行时：
$$P_B/(\rho g)=P'_B/(\rho g)=H_j-Z_B \tag{10-7}$$

(2)确定各管段的压头损失和比压降。管网中任一管段的压头损失，应为该管段起点与终点测压管水头之差。例如，管段 AB 的压头损失应为
$$\Delta H_{A-B}=H_A-H_B \tag{10-8}$$

如管段 AB 的长度为 l_{AB}，则平均比压降为
$$R_{AB}=\Delta H_{AB}/l_{AB} \tag{10-9}$$

(3)利用热水网路水压图可知循环水泵的扬程。

(4)利用热水网路水压图可知供热管网中任一用户的资用压力。

2.2 绘制热水网路水压图的技术要求

绘制热水网路水压图时，室外热水网路的压力状况应满足以下基本要求。

(1)与室外热水网路直接连接的用户系统内的压力不允许超过该用户系统的承压能力。如果用户系统使用常用的柱型铸铁散热器，其承压能力一般为 0.4 MPa，在系统的管道、阀件和散热器中，底层散热器承受的压力最大，因此，作用在该用户系统底层散热器上的压力，无论在管网运行还是停止运行时，都不允许超过底层散热器的承压能力，一般为 0.4 MPa。

微课：水压图的组成及绘制

(2)与室外热水网路直接连接的用户系统，应保证系统始终充满水，不出现倒空现象。无论同路运行还是停止运行时，用户系统回水管出口处的压力必须高于用户系统的充水高度，以免倒空吸入空气腐蚀管道，破坏正常运行。

(3)室外高温水网路和高温水用户内，水温超过 100 ℃ 的地方，热媒压力必须高于该温度下的汽化压力，而且还应留有 30～50 kPa 的富裕值。如果高温水用户系统内最高点的水不汽化，那么其他点的水就不会汽化。不同水温下的汽化压力见表 10-1。

表 10-1 不同水温下的汽化压力表

水温/℃	100	110	120	130	140	150
汽化压力/mH$_2$O	0	4.6	10.3	17.6	26.9	38.6

(4)室外管网任何一点的压力都至少比大气压力高 5 mH$_2$O，以免吸入空气。

(5)在用户的引入口处，供、回水管之间应有足够的作用压差。各用户引入口的资用压差取决于用户与外网的连接方式，应在水力计算的基础上确定各用户所需的资用压力。

用户引入口的资用压差与连接方式有关，以下数值可供选用参考：

1)与网路直接连接的供暖系统，为 10～20 kPa(1～2 mH$_2$O)；

2)与网路直接连接的暖风机供暖系统或大型的散热器供暖系统，为 20～50 kPa(2～5 mH$_2$O)；

3)与网路采用水喷射器直接连接的供暖系统，为 80～120 kPa(8～12 mH$_2$O)；

4)与网路直接连接的热计量供暖系统约为 50 kPa(5 mH$_2$O)；

5)与网路采用水-水换热器间接连接的用户系统，为 30～80 kPa(3～8 mH$_2$O)；

6)设置混合水泵的热力站，网路供、回水管的预留资用压差值应等于热力站后二级网

路及用户系统的设计压力损失值之和。

2.3 绘制热水网路水压图的方法与步骤

现以一个连接着四个用户的高温水供热管网为例,说明绘制热水网路水压图的方法和步骤。

【例题 10-1】 如图 10-3 所示,某室外高温水供热管网,供水温度 $t=130$ ℃,回水温度 $t=70$ ℃,用户Ⅰ、Ⅱ为高温水供暖用户,用户Ⅲ、Ⅳ为低温水供暖用户,各用户均采用柱型铸铁散热器,各管段的管径和压力损失见表 10-2,试绘制该供热管网的水压图。

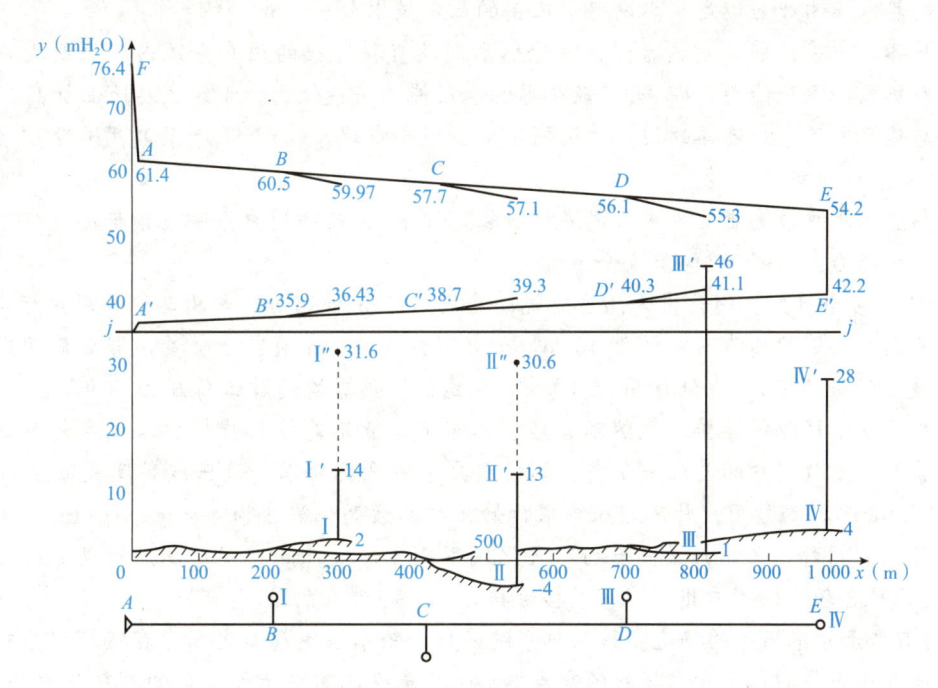

图 10-3 热水网路水压图

表 10-2 各管段管径及压力损失

管段	流量/(t·h^{-1})	管径/mm	长度/m	压力损失/mH$_2$O
B	80	200	216	0.937
C	58	150	221	2.755
D	43	150	238	1.634
E	18	100	204	1.831
B-Ⅰ	22	125	113	0.531
C-Ⅱ	15	100	82	0.584
D-Ⅲ	25	125	137	0.834

【解】 (1)绘制热水网路的平面布置简图(可用单线展开图表示)。

(2)以网路循环水泵中心线的高度(或其他方便的高度)为基准面,沿基准面在纵坐标上按一定的比例尺做出标高刻度,如图上的 o—y 轴;沿基准面在横坐标上按一定的比例尺做出距离的刻度,如图上的 o—x 轴。

(3)在横坐标上,找到网路上各点或各用户距热源出口沿管线计算距离的点;在相应点沿纵坐标方向绘制出网路相对于基准面的标高，构成管线的地形纵剖面图，如图中带阴影的部分；还应注明建筑物的高度，如图中Ⅰ—Ⅱ′、Ⅱ—Ⅱ′、Ⅲ—Ⅲ′、Ⅳ—Ⅳ′；对于高温水，用户还应在建筑物高度顶部标出汽化压力折合的水柱高度，如虚线Ⅰ′—Ⅰ″、Ⅱ′—Ⅱ″。

(4) 绘制静水压曲线。静水压曲线是网路循环水泵停止工作时，网路上各点测压管水头的连线。因为网路上各用户是相互连通的，静止时网路上各点的测压管水头均相等，静水压曲线就应该是一条水平直线。

绘制静水压曲线应满足热水网路水压图的基本技术要求：

1) 如各用户采用铸铁散热器，与室外热水网路直接连接的用户系统内压力最大不应超过底层散热器的承压能力，即 H_j = 散热器的承压能力 − 最低用户系统底层地面标高。

2) 与热水网路直接连接的用户系统内不应出现倒空现象，即 H_j = 最高用户系统屋顶标高 + 2~5 mH$_2$O(安全余量)。

3) 高温水用户最高点处不应出现汽化现象，即 H_j = 最高用户系统屋顶标高 + 供水温度对应的汽化压力 + 2~5 mH$_2$O(安全余量)。

从图 10-3 中可知，用户Ⅲ为高层建筑，其顶部标高为 46 m，超出其他各用户标高。欲保证其不倒空，则静压线不能低于 46 m，如果考虑 2~5 m 的安全余量，那么静压则高达 48~51 m。结果所有用户(包括用户Ⅲ本身)，底层散热器均超过工作压力 400 kPa。为此，所有用户必须采用隔绝连接，显然不合理、不经济，故不能按用户Ⅲ要求确定静压线，而应按能满足大多数用户的要求来确定。如按用户Ⅰ不汽化要求，静压线高度最低应为 14+17.6=31.6(m)，如按用户Ⅱ不超压要求，静压线的最高位置应为 40−4=36(m)。如果取 35 m，除用户Ⅲ外，各用户最高点均不汽化或不倒空，最低点也不超压。可见，静压线定为 35 m 比较合理。而用户Ⅲ可采用间接连接方式，与外网隔绝。

(5) 回水干管水压线的确定。该供热系统采用补给水泵定压，定压点在循环水泵吸水口处，它是静压线与回水干管水压线的交点 O。也就是说，回水干管末端的测压管水头已定，即 35 m。这样，根据各管段的压力损失就可顺次计算出 B'、C'、D' 及 E' 各点的测压管水头值，回水干管起端的测压管水头为 35+0.937+2.755+1.634+1.831=42.2(m)。在图中标出各点测压管水头值，将各点连接起来就构成了回水干管的动水压线，该线已高出静压线，故也满足第 1、2、3 条基本要求，同时还满足了第 4 条要求。

(6) 供水干管水压线的确定。供水干管水压线应满足任何一点不汽化，并应保证用户有足够资用压力的要求。用户Ⅳ为低温水用户，考虑能用混水器的直接连接，资用压头应为 8~12 mH$_2$O，取 12 m。则用户Ⅳ的入口即供水干管末端 E 测压管水头应为 42.2+12=54.2(m)。然后，依次计算出各中间点 D、C、B 及供水干管起端 A 测压管水头值，连接各点即可构成供水干管的动水压线。结果供水干管起端 A 测压管水头为 54.2+1.831+1.634+2.755+0.937=61.4(m)。

(7) 循环水泵出口总水头及扬程。如锅炉房内部设备管道阻力 15 mH$_2$O，则循环水泵出口 F 点测压管水头即总水头为 61.4+15=76.4(m)。

循环水泵的扬程为 $\triangle H$=76.4−35=41.4(mH$_2$O)。

(8) 支管水压线的确定。为绘制支管水压线，须知支管与热网干管连接点及用户入口处的测压管水头。例如，用户Ⅰ供水支管与干管连接点水头为 60.5 m，则入口测压管水头为 60.5−0.53=59.97(m)。

用户Ⅰ回水支管与干管连接点水头为 35.9 m，则出口测压管水头为 35.9+0.53=36.42(m)。

根据支管与干管连接点水头值和用户入口的水头值，即可画出供水支管与回水支管水压线。各用户支管水压线及其测压管水头如图 10-3 所示。

至此静水压力线，供回水干管、支管的动水压力线已全部绘制完毕。j—j 为静水压力，ABCDE 为供水干管动水压力线，$A'B'C'D'E'$ 为回水干管动水压力线，BⅠ 与 B'Ⅰ$'$、CⅡ 与 C'Ⅱ$'$、DⅢ 与 D'Ⅲ$'$ 为各支管动水压力线。由于动态和静态水压线的位置是按绘制热水网路水压图的各项基本要求确定的，因此，整个管网的压力分布是合理的，完全可以满足用户要求。只要在运行过程中，控制好循环水泵的出口和定压点的压力，就可保证管网在水压图所确定的压力工况下安全、可靠地运行。

2.4 利用热水网路水压图分析用户与管网的连接方式

用户Ⅰ：该用户为规模较大的高温热水供暖系统。根据热水网路水压图可知，静压线高度可以保证用户Ⅰ不汽化也不超压，而且入口处回水管的测压管水头也不超压。入口处供回水管的压差为 59.97-36.43=23.54(m)，可以采用简单的直接连接。但用户所需资用压头为 5 mH$_2$O，则要求供水测压管水头为 36.43+5=41.42(m)。剩余压头为 59.97-41.43=18.54(m)，应在供水管上设置调压板或调节阀，消除剩余压头，如图 10-4(a)所示。

用户Ⅱ：该用户也是高温热水供暖系统。静压线高度可保证系统最高点不汽化或不超压，但该用户所处地势低，入口处回水管的压力为 39.3-(-4)=43.3(m)，即 433 kPa，已超过一般铸铁散热器的工作压力(400 kPa)，故不能采用简单的直接连接方式。应采用供水管节流降压，回水管上设水泵的连接方式，如图 10-4(b)所示。为此需要按以下步骤进行：第一，先定一个安全的回水压力，回水管测压水头最高应不超过 40-4=36(m)，如定为 33(m)；第二，如用户所需资用压力为 5 mH$_2$O，则供水测压管水头应为 33+5=38(m)，供水管节流压降后应为 57.1-38=19.1 m；第三，入口处回水管测压管水头为 39.3 m，故需设水泵加压才能将用户回水压入外网回水管。水泵扬程应为 39.3-33=6.3(mH$_2$O)。这是一种特殊情况，事实上很不经济，应尽量避免。因为热网供回水提供资用压差不仅未被利用，反而要节流消耗掉，又要在回水管上装水泵。

用户Ⅲ：该用户为高层建筑低温热水供暖系统。由于静压线和回水动压线均低于系统充水高度，不能保证用户系统始终充满水或不倒空。因而应采用设置表面式水加热器的间接连接方式，将用户系统与室外管网隔绝，如图 10-4(c)所示。由图 10-3 可知，回水管测压管水头为 41.1 m，用户资用压头为 5 m，则要求供水管测压管水头为方便用户 46.1 m，供水管节流压降后为 55.3-46.1=9.2(m)。但应注意，该用户静水压力为 450 kPa，必须采用承压能力高的散热器。另外，也可以不采用间接连接，而采用混水器或混合水泵的直接连接方式，但必须采取防止系统倒空的措施。有一种比较简便的方法，只要在用户引入口的回水管上安装阀前压力调节器或压力保持器等设备，就能保证用户系统充满水，并不会倒空。

用户Ⅳ：该用户为低温水采暖系统，阻力为 1.5 mH$_2$O。管网提供的资用压头为 12 mH$_2$O，可采用混水器的直接连接，如图 10-4(d)所示。混水器出口测压管水头为 42.2+1.5=43.7(m)。混水器本身的消耗降压为 54.2-43.7=10.5(m)。

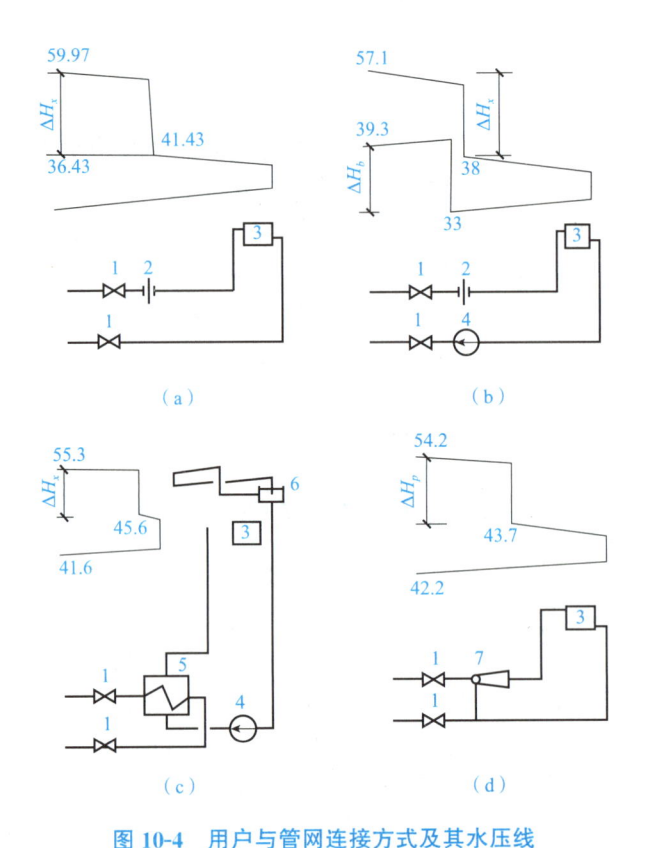

图 10-4　用户与管网连接方式及其水压线

1—阀门；2—调压板；3—散热器；4—水泵；5—水加热器；6—膨胀水箱；7—水喷射器

任务 3　热水网路定压和水泵选择

3.1　热水管网的定压方式

通过绘制热水网路水压图可以正确地进行管网分析，分析用户的压力状况和连接方式，合理地组织热网运行。

热水供热管网应具有合理的压力分布，以保证系统在设计工况下正常运行。对于低温热水供热系统，应保证系统内始终充满水处于正压运行状态，任何一点都不得出现负压；对于高温热水供暖系统，无论是运行还是静止状态都应保证管网和局部系统内任何地点的水不汽化，即管网的局部系统内各点的压力不得低于该点水温下的汽化压力。

要想使管网按水压图给定的压力状态运行，需要采用正确的定压方式和定压点位置，控制好定压点所要求的压力。

热水供暖系统常用的定压方式有以下几种。

1. 开式高位水箱定压

开式高位水箱定压（图 10-5）是依靠安装在系统最高点的开式膨胀水箱形成的水柱高度

微课：热网定压方式

来维持管网定压点(膨胀管与管网连接点)压力稳定。由于开式膨胀水箱与管网相通,水箱水位的高度与系统的静压线高度是一致的。

对于低温热水供暖系统,当定压点设置在循环水泵的吸入口附近时,只要控制静压线的高度高出室内供暖系统的最高点(即充水高度),就可保证用户系统始终充满水,任何一点都不会出现负压。确定膨胀水箱安装高度时,一般可考虑2 m左右的安全裕量。室内低温热水供暖系统常用这种设高位膨胀水箱的定压方式,其设备简单,工作安全、可靠。

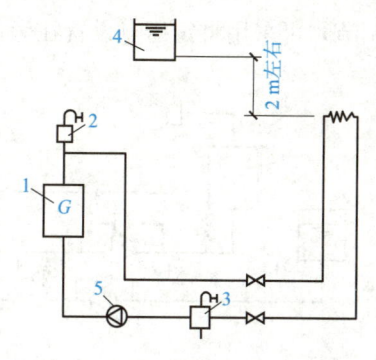

图 10-5 开式高位水箱定压示意
1—热水锅炉;2—集气罐;3—除污器;
4—高位开式水箱;5—循环水泵

高温热水供暖系统如果采用高位水箱定压,为了避免系统倒空和汽化,要求高位水箱的安装高度大大增加,实际上很难在热源附近安装比所有用户都高很多,且能保证不汽化要求的膨胀水箱,往往需要采用其他定压方式。

2. 补给水泵定压

补给水泵定压是目前集中供热系统广泛采用的一种定压方式。补给水泵定压主要有以下三种形式:

(1)补给水泵的连续补水定压。图 10-6 所示为补给水泵连续补水定压方式的示意图,定压点设置在网路回水干管循环水泵吸入口前的 O 点处。

系统工作时,补给水泵连续向系统内补水,补水量与系统的漏水量相平衡,通过补给水调节阀控制补给水量,维持补水点压力稳定。系统内压力过高时,可通过安全阀泄水降压。

该方式补水装置简单,压力调节方便,水力工况稳定。但突然停电,补给水泵停止运行时,不能保证系统所需压力,由于供水压力降低而可能产生汽化现象。为避免锅炉和供热管网内的高温水汽化,停电时应立即关闭阀门3,使热源与网路断开,上水在自身压力的作用下,将止回阀8、13顶开向系统内充水;同时,还应打开集气罐上的放气阀排气。考虑到突然停电时可能产生水击现象,在循环水泵吸入管路和压水管路之间可连接一根带止回阀的旁通管作为泄压管。

补给水泵连续补水定压方式适用于大型供热系统,补水量波动不大的情况。

(2)补给水泵的间歇补水定压。图 10-7 所示为补给水泵间歇补水定压方式示意。补给水泵的启动和停止运行是由电接点式压力表表盘上的触点开关控制的。当压力表指针达到系统定压点的上限压力时,补给水泵停止运行;当网路循环水泵吸入端压力下降到系统定压点的下限压力时,补给水泵启动向系统补水。保持网路循环水泵吸入口处压力在上限值和下限值范围内波动。

间歇补水定压方式比连续补水定压方式少耗电能,设备简单,但其动水压曲线上下被动,压力不如连续补水定压方式稳定。通常波动范围为 5 mH_2O 左右,不宜过小;否则,触点开关动作过于频繁易于损坏。

(3)补水定压点设置在旁通管处的补给水泵定压方式。前面介绍的补给水泵连续补水定压和间歇水定压都是将定压点设置在循环水泵的吸入口处,这是较常用的定压方式。这两种方式供、回水干管的动水压曲线都在静水压曲线之上。也就是说,管网运行时网路和用户系统各点均承受较大的压力。大型热水供暖系统为了适当地降低网路的运行压力和便于调节，可采用将定压点设置在旁通管处的连续补水定压方式，如图10-8所示。

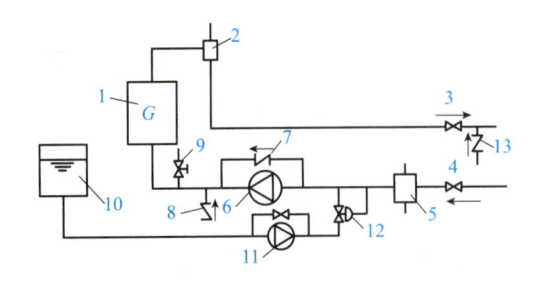

图 10-6 连续补水定压
1—热水锅炉；2—集气罐；3、4—供、回水管阀门；5—除污器；6—循环水泵；7—止回阀；8、13—给水止回阀；9—安全阀；10—补水箱；11—补水泵；12—压力调节器

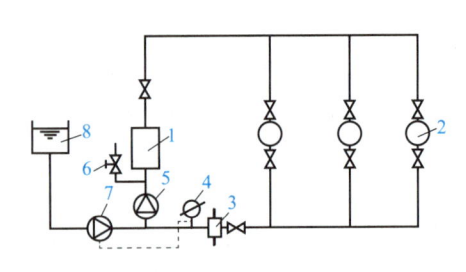

图 10-7 补给水泵间歇补水定压
1—热水锅炉；2—用户；3—除污器；4—压力控制开关；5—循环水泵；6—安全阀；7—补给水泵；8—补给水箱

该方式在热源供、回水干管之间连接一根旁通管，利用补给水泵使旁通管上 J 点压力符合静水压力要求。在网路循环水泵运行时，如果定压点 J 的压力低于控制值，压力调节阀 4 的阀孔开大，补水量增加；如果定压点 J 的压力高于控制值，压力调节阀 4 关小，补水量减少。如果由于某种原因（如水温不断急剧升高），即使压力调节阀完全关闭，压力仍不断升高，则泄水调节阀 3 开启泄水，一直到定压点 J 的压力恢复正常为止。当网路循环水泵停止运行时，整个网路压力先达到运行时的平均值然后下降，通过补给水泵的补水作用，使整个系统压力维持在定压点 J 的静压力上。

该方式可以适当地降低运行时的动水压曲线，网路循环水泵吸入端 A 点的压力低于定压点 J 的压力。调节旁通管上的两个阀门 m 和 n 的开启度可以控制网路的动水压曲线升高或降低，如果将旁通管上的阀门 m 关小，旁通管段 BJ 的压降增大，J 点压力降低传递到压力调节阀 4 上，调节阀的阀孔开大，作用在 A 点上的压力升高，整个网路的动水压曲线将升高到图 10-8 中的虚线位置。如果将阀门 m 完全关闭，则 J 点压力与 A 点压力相等，网路的整个动水压曲线位置都将高于静水压曲线；反之，如果将旁通管上的阀门 n 关小，网路的动水压曲线位置可以降低。

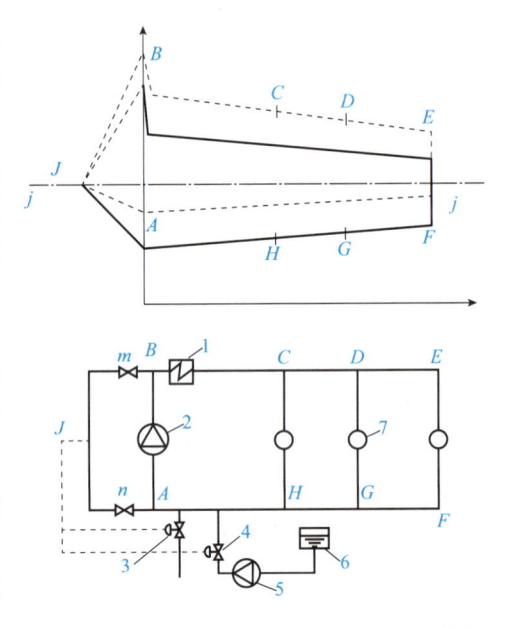

图 10-8 定压点设置在旁通管处的定压方式
1—加热装置（锅炉或换热器）；2—网路循环水泵；3—泄水调节阀；4—压力调节阀；5—补给水泵；6—补给水箱；7—热用户

采用将定压点设置在旁通管上的连续补水定压方式，可灵活调节系统的运行压力，但旁通管不断通过网路循环水，计算循环水泵流量时应计入这部分流量，循环水泵流量增加后会消耗的电能也随之增加。

3. 惰性气体定压方式

气体定压大多采用的是惰性气体（氮气）定压方式。

图 10-9 所示为热水供热系统采用的变压式氮气定压的原理图。氮气从氮气瓶 1 经减压后进入氮气罐 5，充满氮气罐Ⅰ—Ⅰ水位之上的空间，保持Ⅰ—Ⅰ水位时罐内压力 p_1 一定。当热水供热系统内水受热膨胀，氮气罐内水位升高，气体空间减小，气体压力升高，水位超过Ⅱ—Ⅱ，压力达到 p_2 值后，氮气罐顶部设置的安全阀排气泄压。

当系统漏水或冷却时，氮气罐内水位降到Ⅰ—Ⅰ水位之下，氮气罐上的水位控制器 4 自动控制补给水泵启动补水。水位升高到Ⅱ—Ⅱ水位之后，补给水泵停止工作。

罐内氮气如果溶解或漏失，当水位降到Ⅰ—Ⅰ附近时，罐内氮气压力将低于规定值 p_1，氮气瓶向罐内补气，保持 p_1 压力不变。

氮气加压罐既起定压作用，又起容纳系统膨胀水量、补充系统循环水的作用，相当于一个闭式的膨胀水箱。采用氮气定压方式，系统运行安全可靠，由于罐内压力随系统水温升高而增加，罐内气体可起到缓冲压力传播的作用，能较好地防止系统出现汽化和水击现象。但这种方式需要消耗氮气，设备较复杂，罐体体积较大，主要适用于高温热水供热系统。

目前也有采用空气定压罐的方式，它要求空气与水必须采用弹性密封材料（如橡胶）隔离，以免增加水中的溶氧量。

4. 蒸汽定压

(1) 蒸汽锅筒定压。图 10-10 所示为蒸汽锅筒定压方式的原理图。

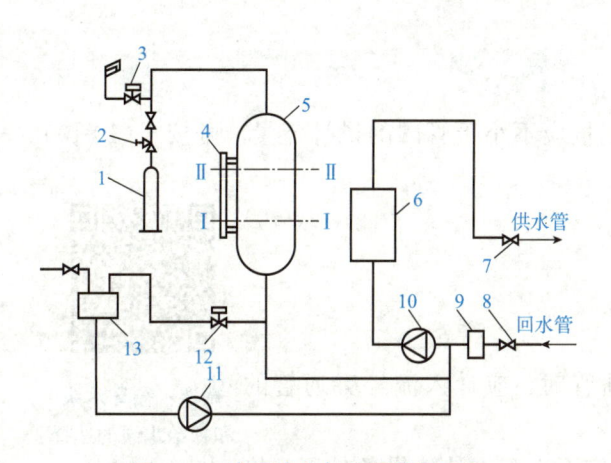

图 10-9　变压式氮气定压的原理图
1—氮气瓶；2—减压阀；3—排气阀；4—水位控制器；
5—氮气罐；6—热水锅炉；7、8—供、回水管总阀门；
9—除污器；9—补给水泵；10—网路循环水泵；
11—补给水泵；12—排水电磁阀；13—补给水箱

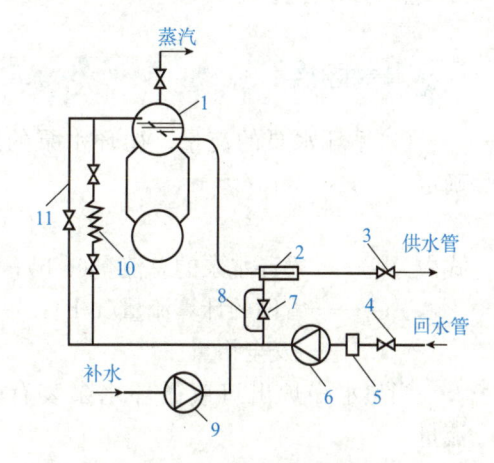

图 10-10　蒸汽锅筒定压方式
1—蒸汽、热水两用锅炉；2—混水器；
3、4—供回水总阀门；5—除污器；
6—网路循环水泵；7—混水阀；8—混水旁通管；
10—锅炉省煤器；11—省煤器旁通管

热水供暖系统的热水锅炉通常是满水运行，如果采用蒸汽锅筒定压，则要求锅炉是非满水运行，或采用蒸汽-热水两用锅炉。

热水供暖系统的网路回水经网路循环水泵加压后送入锅炉上锅筒，在锅炉内被加热到饱和温度后，从上锅筒水面之下引出。为防止饱和水因压力降低而汽化，锅炉供水应立即引入混水器。在混水器中，饱和水与部分网路回水混合，使其水温下降到网路要求的供水温度。系统漏水由网路补给水泵补水，以控制上锅筒的正常水位。

蒸汽锅筒定压热水供暖系统采用锅炉加热过程中伴生的蒸汽的方式来定压，经济、简单，因突然停电产生的系统定压和补水问题，比较容易解决，锅炉内部即使出现汽化，也不会出现炉内局部的汽水冲击现象。在供热水的同时，也可以供蒸汽。但该系统锅炉燃烧状况不好时，会影响系统的压力状况，锅炉如果出现低水位，蒸汽易窜入网路，引起严重的汽水冲击现象。

(2)蒸汽罐定压方式。当区域锅炉房只设置高温热水锅炉，可采用外置蒸汽罐的定压方式，如图 10-11 所示。

从充满水的热水锅炉引出高温水，经锅炉出水管总阀门 10 适当减压后送入置于高处的蒸汽罐 3 内，在其中因减压而产生少量蒸汽，用以维持罐内蒸汽空间的气压，达到定压目的。网路所需热水从蒸汽罐的水空间抽出，通过混水器混合网路回水适当降温后，经供水管输送到各热用户。

蒸汽罐内的蒸汽压力不随蒸汽空间的大小而改变，只取决于罐内高温水层的水温。

外置蒸汽罐的定压方式，适用于大型而又连续供热的系统内。

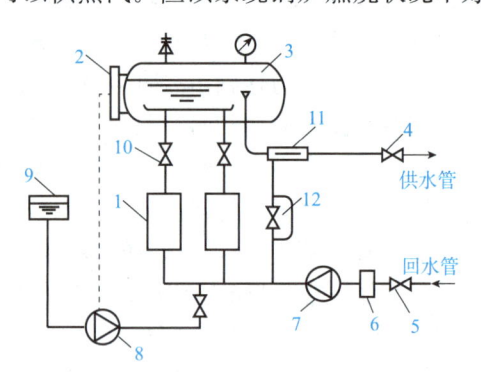

图 10-11 蒸汽罐定压方式
1—热水锅炉；2—水位控制器；3—蒸汽罐；
4、5—供、回水总阀门；6—除污器；
7—网路循环水泵；8—补给水泵；9—补给水箱；
10—锅炉出水管总阀门；11—混水器；12—混水阀

3.2 循环水泵

(1)循环水泵的流量。循环水泵的总流量应不小于管网的设计流量，可按式(10-10)确定。

$$G_b = 1.1 G_j \tag{10-10}$$

式中 G_b——循环水泵的总流量(t/h)；

G_j——管网的计算流量(t/h)；

1.1——安全裕量。

当热水锅炉出口或循环水泵装有旁通管时，应计入流经旁通管的流量。

微课：循环水泵和补给水泵的选择

(2)循环水泵的扬程。循环水泵的扬程应不小于设计流量条件下，热源内部、供回水干管的压力损失和主干线末端用户的压力损失之和，即

$$H = (1.1 \sim 1.2)(H_r + H_w + H_y) \tag{10-11}$$

式中 H——循环水泵的扬程[mH$_2$O(或 Pa)]；

H_r——热源内部的压力损失[mH$_2$O(或 Pa)]，包括热源加热设备(热水锅炉或换热器)和管路系统的总压力损失，一般取 10～15 mH$_2$O；

H_w——网路主干线供、回水管的压力损失[mH$_2$O(或 Pa)]，可依据网路水力计算确定；

H_y——主干线末端用户系统的压力损失[mH$_2$O(或 Pa)]，可依据用户系统的水力计算确定。

需要指出的是，循环水泵的扬程仅取决于循环环路中总的压力损失，与建筑物高度和地形无关。

选择循环水泵时应注意以下几项：

1）循环水泵时应选择满足流量和扬程要求的单级水泵。因为单级水泵的性能曲线较平缓，当网路水力工况发生变化时，循环水泵的扬程变化较小。

2）循环水泵的承压和耐温能力应与热网的设计参数相适应。

3）循环水泵的工作点应处于循环水泵性能曲线的高效区范围内。

4）应减少并联循环水泵的台数；设置3台或3台以下循环水泵并联运行时，应设备用泵；4台或4台以上并联运行时，可不设备用泵。并联水泵型号宜相同。

3.3 补给水泵

1. 补给水泵流量

在闭式热水供热管网中，补给水泵的正常补水量取决于系统的渗漏水量。系统的渗漏水量与系统规模、施工安装质量和运行管理水平有关。补给水泵的流量确定应符合下列规定：

（1）闭式热力网补水装置的流量不应小于供热系统循环流量的2%；事故补水量不应小于供热系统循环水量的4%。

（2）开式热力网补水装置的流量不应小于生活热水最大设计流量和供热系统泄漏量之和。

2. 补给水泵的扬程

补给水泵的扬程按下式计算：

$$H_b = 1.15(H_{bs} + \Delta H_x + \Delta H_c - h) \tag{10-12}$$

式中　H_b——补给水泵的扬程[mH$_2$O（或Pa）]；

　　　H_{bx}——补给水点的压力值[mH$_2$O（或Pa）]；

　　　ΔH_x——水泵吸水管的压力损失[mH$_2$O（或Pa）]；

　　　ΔH_c——水泵出水管的压力损失[mH$_2$O（或Pa）]；

　　　h——补给水箱最低水位比补水点高出的距离(m)；

　　　1.15——安全裕量。

闭式热水供热系统，补给水泵宜选择两台，可不设备用泵，正常一台工作；事故时，两台全开；开式热水供热系统，补给水泵宜设置3台或3台以上，其中一台备用。

思考题与实训练习题

1. 思考题

（1）什么是热水网路水压图？热水网路水压图由几部分组成，其作用是什么？

（2）绘制热水网路水压图应满足哪些要求？

（3）简述绘制热水网路水压图的方法和步骤。

（4）怎样利用热水网路水压图分析用户与管网的连接方式？

（5）热水管网的定压方式有哪几种？

（6）补给水泵连续和间歇补水定压时，网路的热水网路水压图有什么不同？

(7)如何确定循环水泵与补给水泵的流量和扬程？

2. 实训练习题

绘制某室外热水供热管网水压图。

课后思考与总结

项目 11　热水供热系统的水力工况

学习目标

知识目标
1. 熟悉水力失调与水力稳定性的基本概念。
2. 掌握热水供热系统的供热调节方式。

能力目标
1. 能够利用热水网路水压图对用户和热网进行水力状况分析。
2. 能够利用网络资源收集本课程相关知识及设备附件产品样本等资料。
3. 能够运用学习过程中的经验知识,处理工作过程中遇到的实际问题并解决困难。
4. 具备自学能力和继续学习的能力。

素质目标
1. 具有团队协作意识、服务意识及协调沟通交流能力。
2. 能认真完成所接受的工作任务,脚踏实地,任劳任怨。
3. 诚实守信、以人为本、关心他人。
4. 厚植爱国情怀,激发爱国主义、社会主义思想情怀,做有理想、有道德、有文化、有纪律的社会主义接班人。
5. 培养职业素养,把树立正确的世界观、人生观、价值观有机融入课堂教学。
6. 培养精益求精的大国工匠精神,激发科技报国的家国情怀和使命担当。

思政小课堂

近几年,能源结构的变化、开发商的利益及物业管理上的需要、人们生活水平的提高,对热舒适度提出了更高的要求,也对水力工况调节与分析提出了更高的要求。

历史上出现过质量问题导致的"泰坦尼克号沉没"事件,这个事件被拍成电影,搬上银幕而广为人知,通过该故事的启示,作为专业技术人员,从事专业工作时一定要有创新精神、工匠精神,工作要严谨,注重工况调节和质量分析。

任务 1　热水供热系统的水力失调

供热管网是由许多串联、并联管路和各个用户组成的一个复杂的相互连通的管道系统。在运行过程中往往由于各种原因的影响,使网路的流量分配不符合各用户的设计要求,因此，各用户之间的流量需要重新进行分配。在热水供热系统中，各热用户的实际流量与设计流量之间的不一致性称为该热用户的水力失调。

1.1 水力失调原因

造成水力失调的原因很多，例如：

(1)在设计计算时，没能在设计流量下达到阻力平衡，结果运行时管网会在新的流量下达到阻力平衡。

(2)施工安装结束后，没有进行初调节或初调节未能达到设计要求。

(3)在运行过程中，一个或几个用户的流量变化(阀门关闭或停止使用)，会引起网路与其他用户流量的重新分配。

根据流体力学理论，各管段的压力损失可表示为

$$\Delta P = R(L+L_d) = SQ^2 \tag{11-1}$$

式中 ΔP——计算管段的压力损失(Pa)；

Q——计算管段的流量(m^3/h)；

S——计算管段的特性阻力数$[Pa/(m^3/h)^2]$。

管段的特性阻力数S，可用下式计算：

$$S = 6.88 \times 10^{-9} \cdot \frac{K^{0.25}}{d^{5.25}} \cdot (L+L_d) \cdot \rho \tag{11-2}$$

在水温一定(即管中流体密度一定)的情况下，网路各管段的特性阻力数S与管径d、管长L、沿程阻力系数λ和局部阻力系数$\sum\xi$有关，即S值取决于管路本身。对一段管段来说，只要阀门开启度不变，其S值就是不变的。

1.2 串联、并联管路的特性阻力系数

任何热水网路都是由许多串联管段和并联管段组成的。下面分析串联、并联管路的总特性阻力数。

1. 串联管路

在串联管路(图11-1)中，各管段流量相等，即$Q_1=Q_2=Q_3$，总压力损失等于各管段压力损失之和，即

$$\Delta P = \Delta P_1 + \Delta P_2 + \Delta P_3 \tag{11-3}$$

则有

$$S = S_1 + S_2 + S_3 \tag{11-4}$$

式(11-4)说明在串联管路中，管路的总特性阻力数等于各串联管段特性阻力数之和。

2. 并联管路

在并联管路(图11-2)中，各管段的压力损失相等，管路总流量等于各管段流量之和，即$\Delta P = \Delta P_1 = \Delta P_2 = \Delta P_3$，管路总流量等于各管段流量之和，即

$$Q = Q_1 + Q_2 + Q_3 \tag{11-5}$$

则有

$$\frac{1}{\sqrt{S}} = \frac{1}{\sqrt{S_1}} + \frac{1}{\sqrt{S_2}} + \frac{1}{\sqrt{S_3}} \tag{11-6}$$

式(11-6)说明在并联管路中,管路总特性阻力数平方根的倒数等于各并联管段特性阻力数平方根的倒数和。

各管段的流量关系也可用下式表示:

$$Q_1 : Q_2 : Q_3 = \frac{1}{\sqrt{S_1}} : \frac{1}{\sqrt{S_2}} : \frac{1}{\sqrt{S_3}} \tag{11-7}$$

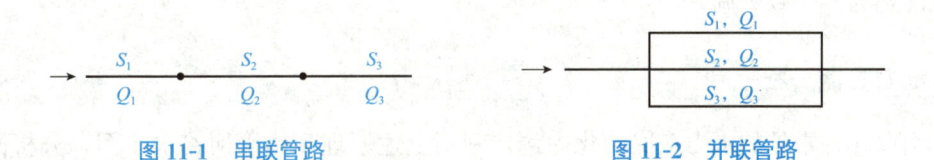

图 11-1 串联管路

图 11-2 并联管路

总结上述原理,可以得到如下结论:

(1)各并联管段的特性阻力数 S 不变时,网路的总流量在各管段中的流量分配比例不变,网路总流量增加或减少多少倍,各并联管段的流量也相应地增加或减少多少倍。

(2)在各并联管段中,任何一个管段的特性阻力数 S 值发生变化,网路的总特性阻力数也会随之改变,总流量在各管段中的分配比例也相应地发生变化。

1.3 水力失调计算

根据上述水力工况的基本计算原理可以分析和计算热水网路中的流量分配情况,研究它们的水力失调状况。其计算步骤如下:

(1)根据正常水力工况下的流量和压降,求出网路各管段和用户系统的阻力数;

(2)根据热水网路中管段的连接方式,利用求串联管段和并联管段总阻力数的计算公式,逐步地计算出正常水力工况改变后整个系统的总阻力数;

(3)得出整个系统的总阻力数后,可以利用图解法,画出网路的特性曲线,与网路循环水泵的特性曲线相交,计算出新的工作点;或者可以联立水泵特性函数式和热水网路水力特性函数式,计算求解确定新的工作点的 Q 和 ΔP 值。当水泵特性曲线较平缓时,也可近似视为 ΔP 不变,利用下式计算出水力工况变化后的网路总流量 Q':

$$Q' = \sqrt{\frac{\Delta P}{S}} \tag{11-8}$$

式中 Q'——网路水力工况变化后的总流量(m^3/h);

ΔP——网路循环水泵的扬程,设水力工况变化前后的扬程不变(Pa);

S——网路水力工况改变后的总阻力数[$Pa/(m^3/h)^2$]。

(4)顺次按各串联、并联管段流量分配的计算方法分配流量,计算出网路各管段及各用户在正常工况改变后的流量。

水力失调的程度可以用实际流量与规定流量的比值 x 来衡量,x 称为水力失调度,即

$$x = \frac{Q_s}{Q_g} \tag{11-9}$$

式中 x——水力失调度;

Q_s——热用户的实际流量;

Q_g——该热用户的规定流量。

对于整个网路系统来说,各热用户的水力失调状况是多种多样的,可分为以下几项:

1)一致失调:网路中各热用户的水力失调度都大于(或都小于1)的水力失调状况称为一致失调。一致失调又可分为以下几项:

①等比失调:所有热用户的水力失调度 x 值都相等的水力失调状况称为等比失调。

②不等比失调:各热用户的水力失调度 x 值不相等的水力失调状况称为不等比失调。

2)不一致失调:网路中各热用户的水力失调度 x 值有的大于1,有的小于1,这种水力失调状况称为不一致失调。

1.4 水力失调分析

下面以几种常见的水力工况变化为例,利用上述原理和热水网路水压图,分析网路水力失调状况。

如图11-3所示,该网路有4个用户,均无自动流量调节装置,假定网路循环水泵扬程不变。

1. 阀门 A 节流(阀门关小)

当阀门 A 节流时,网路总特性阻力数 S 将增大,总流量 Q 将减小。由于没有对各热用户进行调节,各用户分支管路及其他干管的特性阻力数均未改变,各用户的流量分配比例也没有变化,各用户流量将按同一比例减少,各用户的作用压差也将按同一比例减少,网路产生了一致的等比失调。图11-4所示为阀门 A 节流时的工况,实线表示正常工况下的水压曲线,虚线表示阀门 A 节流后的水压曲线,由于各管段流量减小,压降减小,干管的水压曲线(虚线)将变得平缓一些。

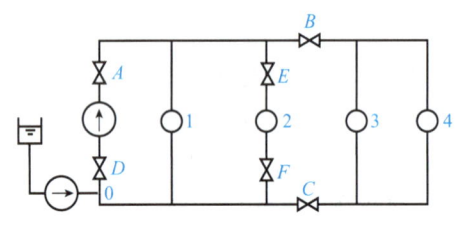

图11-3 热水网路图

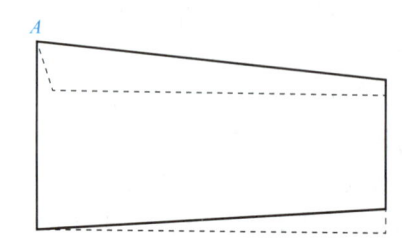

图11-4 阀门 A 节流时的工况

2. 阀门 B 节流

阀门 B 节流时,网路总阻力数 S 增加,总流量 Q 将减少,压降减少,如图11-5所示,供、回水干管的水压线将变得平缓一些,供水管水压线在 B 点将出现一个急剧下降。阀门 B 之后的用户3、4本身特性阻力数虽然未变,但由于总的作用压力减小了,用户3、4的流量和作用压力将按相同比例减小,用户3、4出现了一致的等比失调;阀门 B 之前的用户1、2,虽然本身特性阻力数并未变化,但由于其后面管路的特性阻力数改变了,阀门 B 之前的网路总的特性阻力数也会随之改变,总流量在各管段中的流量分配比例也相应地发生了变化,用户1、2的作用压差和流量按不同的比例增加的,用户1、2将出现不等比的一致失调。

对于供热网路的全部热用户来说,流量有的增加,有的减少,整个网路发生的是不一致失调。

3. 阀门 E 关闭，用户 2 停止工作

阀门 E 关闭，用户 2 停止工作后，网路总阻力数将增加，总流量将减少，如图 11-6 所示，热源到用户 2 之间的供、回管中压降减少，水压曲线将变得平缓，用户 2 之前用户的流量和作用压差均增加，但比例不同，是不等比的一致失调。由热水网路水压图分析可知，用户 2 处供、回水管之间的作用压差将增加，用户 2 之后供、回水干管水压线坡度变陡，用户 2 之后的用户 3、4 的作用压差将增加，流量也将按相同比例增加，是等比的一致失调。

对于整个网路而言，除用户 2 外，所有热用户的作用压差和流量均增加，属于一致失调。

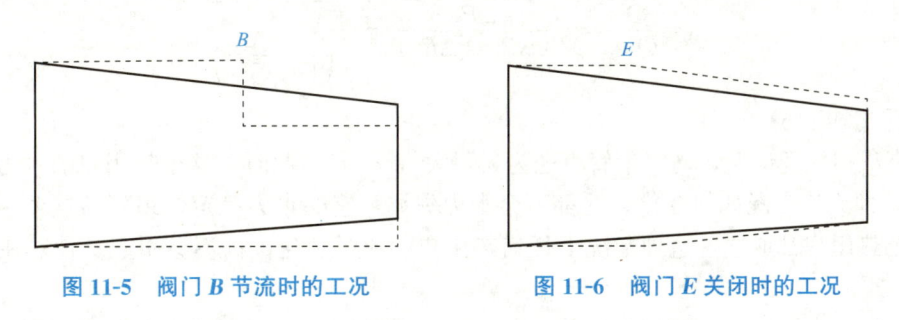

图 11-5　阀门 B 节流时的工况　　　图 11-6　阀门 E 关闭时的工况

任务 2　热水供热系统的水力稳定性

水力稳定性是指网路中各个热用户在其他热用户流量改变时保持本身流量不变的能力。通常用热用户的水力稳定性系数 y 来衡量网路的水力稳定性。

水力稳定性系数是指热用户的规定流量 Q_g 与工况变化后可能达到的最大流量 Q_{max} 的比值，即

$$y = \frac{1}{x_{max}} = \frac{Q_g}{Q_{max}} \tag{11-10}$$

式中　y——热用户的水力稳定性系数；

Q_g——热用户的规定流量；

Q_{max}——热用户可能出现的最大流量；

x_{max}——工况改变后热用户可能出现的最大水力失调度，即

$$x_{max} = \frac{Q_{max}}{Q_g} \tag{11-11}$$

由式(11-10)，热用户的规定流量：

$$Q_g = \sqrt{\frac{\Delta P_Y}{S_Y}} \tag{11-12}$$

式中　ΔP_Y——热用户正常工况下的作用压差(Pa)；

S_Y——用户系统及用户支管的总阻力数[Pa/(m³/h)²]。

一个热用户可能有的最大流量出现在其他热用户全部关断时，这时网路干管中的流量很小，阻力损失接近于零，热源出口的作用压差可认为是全部作用在这个用户上。因此

$$Q_{\max}=\sqrt{\frac{\Delta P_r}{S_y}} \tag{11-13}$$

式中 ΔP_r——热源出口的作用压差(Pa)。

ΔP_r 可近似地认为等于网路正常工况下的网路干管的压力损失 ΔP_w 和这个用户在正常工况下的压力损失 ΔP_y 之和，即 $\Delta P_r = \Delta P_w + \Delta P_y$。

因此，式(11-13)可写成

$$Q_{\max}=\sqrt{\frac{\Delta P_w + \Delta P_y}{S_y}} \tag{11-14}$$

热用户的水力稳定性系数

$$y=\frac{Q_g}{Q_{\max}}=\sqrt{\frac{\Delta P_y}{(\Delta P_w+\Delta P_y)}}=\sqrt{\frac{1}{\left(1+\frac{\Delta P_w}{\Delta P_Y}\right)}} \tag{11-15}$$

分析式(11-15)：

在 ΔP_w 时(理论上，网路干管直径为无限大)，$y=1$。此时，这个热用户的水力失调度 $x_{\max}=1$，即无论工况如何变化，它都不会水力失调，它的水力稳定性最好。这个结论对网路上每个热用户都成立，这种情况下任何热用户的流量变化，都不会引起其他热用户流量的变化。

当 $\Delta P_y=0$ 或 $\Delta P_w=\infty$ 时(理论上，热用户系统管径无限大或网路干管管径无限小)，$y=0$。此时，热用户的最大水力失调度 $x_{\max}=\infty$，水力稳定性最差，任何其他热用户流量的改变将全部转移到这个热用户中。

实际上热水网路的管径不可能无限大也不可能无限小，热水网路的水力稳定性系数 y 总在 0～1，当水力工况变化时，任何用户的流量改变，其中的一部分流量将转移到其他热用户中。

提高热水网路水力稳定性的主要方法如下：

(1)减小网路干管的压降，增大网路干管的管径，也就是进行网路水力计算时选用较小的平均比摩阻 R_{pj} 值。

(2)增大用户系统的压降，可以在用户系统内安装调压板、水喷射器、安装高阻力小管径的阀门等。

(3)运行时合理地进行初调节和运行调节，尽可能将网路干管上的所有阀门开大，将剩余的作用压差消耗在热用户系统上。

(4)对于供热质量要求高的热用户，可在各用户引入口处安装自动调节装置(如流量调节器)等。

提高热水网路的水力稳定性，可以减少热能损失和电耗，便于系统初调节和运行调节。

思考题与实训练习题

1. 思考题

(1)什么是水力失调？产生水力失调的原因有哪些？

(2)如何确定串联、并联管路的总阻力数，并说明并联管路各管段流量的分配与阻力数的关系。

(3)在图 11-3 中,如果用户 I 停止工作,试用热水网路水压图分析网路的水力工况。

(4)在图 11-3 中,如果阀门 D 节流和关闭,试用热水网路水压图分析网路的水力工况。

(5)什么是水力稳定性?提高水力稳定性的途径是什么?

2. 实训练习题

分析某用户的水利失调状况。

课后思考与总结

项目 12　供热管网的布置与敷设

学习目标

知识目标

1. 了解供热管网的平面布置形式、敷设方式。
2. 熟悉补偿器的种类、构造、适用场合。
3. 熟悉管道支架的布置原则、类型及适用场合。
4. 掌握泄水阀、放气阀、检查小室等设施的设置要求。
5. 掌握控制阀门及附件的工作原理及设置要求。
6. 掌握保温材料的种类及选择。
7. 掌握绝热、防腐的做法及技术要点。

能力目标

1. 能够合理选择供热管道补偿器、管道支座(架)。
2. 能够合理选择管道与设备的保温与防腐材料。
3. 能够进行中、小型室外供热管网系统的设计。
4. 能够利用网络资源收集本课程相关知识及设备附件产品样本等资料。
5. 能够运用学习过程中的经验知识，处理工作过程中遇到的实际问题并解决困难。
6. 能够熟练利用专业软件进行辅助设计。
7. 具备自学能力和继续学习的能力。

素质目标

1. 具有团队协作意识、服务意识及协调沟通交流能力。
2. 能认真完成所接受的工作任务，脚踏实地，任劳任怨。
3. 诚实守信、以人为本、关心他人。
4. 厚植爱国主义、社会主义思想情怀。
5. 激发报国的家国情怀和使命担当。

思政小课堂

贵州赤水有丹霞地貌。贵州赤水红石野谷景区以红色蜂窝状的丹霞壁画石刻长廊为特色景观，与其他地方的丹霞地貌不同，那如佛、如蛙、如虎等各种奇形异状，千姿百态的红石与桫椤，清澈见底的溪泉瀑布，仿佛把人带到原始、幽静的侏罗纪时代。那里作为中国丹霞世界自然遗产地、中国丹霞国家地质公园，天然铸成的龟、龙、虎等丹霞奇观可谓鬼斧神工。

河南云台山有世界地质公园。世界地质公园地处太行山脉与华北平原的交接处，是一个以峡谷河流地貌和山体景观为主的综合性地质公园。园区内地质遗迹丰富、景色奇丽、地貌景观极具特色，具有很高的科学研究价值。园内群峡间列、峰谷交错、悬崖长墙、崖台梯叠的"云台地貌"景观，是以构造作用为主，与自然侵蚀共同作用形成的特殊景观，如红石峡黑龙王庙断层，是地貌类型中的新类型，既具有美学观赏价值，又具有典型性。

中岳嵩山有"书册崖"。"书册崖"是嵩山石英岩地貌标志性景观之一。距今约18亿年前，嵩山发生了一次强烈的造山运动，使嵩山发生了翻天覆地的变化，石英砂岩经过变质作用变成石英岩，原本水平状的岩层变为直立状，貌似一本即将打开的地质史书。

在感叹祖国地大物博、山河壮美的同时，要保护这壮美山河，作为专业技术人员，要努力做到不让自然风景因为管道敷施工遭到破坏。

任务 1　供热管网的布置

1.1　供热管网的平面布置形式

在集中供热系统中，供热管道将热媒从热源输送到热用户，是连接热源和热用户的桥梁。供热管道遍布于整个供热区域，分布形状如同一个网络，所以，工程上常将供热管道的总体称为供热管网，也称热力管网。供热管网的类别很多，按管网的形式可分为枝状管网（图 12-1）和环状管网（图 12-2）两种。根据热媒的不同，供热管网又可分为热水管网和蒸汽管网。热水管网多为双管式，既有供水管，又有回水管，供回水管并行敷设。蒸汽管网可分为单管式、双管式和多管式。单管式只有供汽管，没有凝结水管；双管式既有供汽管，又有凝结水管；多管式的供汽管和凝结水管均在一根以上，按热媒压力等级的不同分别输送。为了满足环保和节能方面的要求，目前在大中城市普遍采用一级管网和二级管网联合供热。一级管网是连接热源与区域换热站的管网，又称其为输送管网；二级管网以换热站为起点将热媒输送到各个热用户的热力引入口处，又称其为分配管网。

微课：供热管网的布置

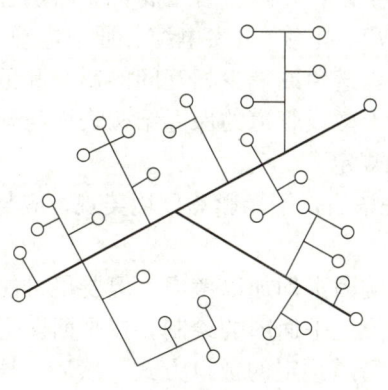

图 12-1　枝状管网图　　　　　　图 12-2　环状管网图

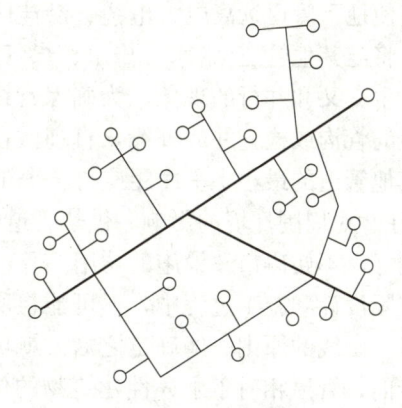

· 153 ·

枝状管网和环状管网是热力管网最常见的两种形式。在采用多热源联网供热的情况下，一级管网可布置成环状；二级管网基本上都是枝状管网。枝状管网的优点是形式简单、造价低、运行管理比较方便。其管径随着和热源距离的增加而减小。缺点是没有供热的后备性能。当管路上某处发生事故时，在损坏地点以后的所有用户供热均被切断。环状管网的主要优点是具有后备性能，但其钢材耗量比枝状管网大得多。

实际情况下，如果设计合理、施工到位、操作维修正确，热力管网均能够无故障地运行。故在一般情况下，均采用枝状管网。

对供热系统的可靠性要求特别严格时，如某些化工企业，在任何情况下都不允许中断供汽，除可以利用环状管网外，更广泛的是采用复线的枝状管网。即采用两根供汽管道，每根供汽管道的输送能力按最大用汽量的 50%～75% 来设计。这样，一旦发生事故，通过提高蒸汽的初压，使通过一根管道的汽量仍保持为所需汽量的 90%～100%。

1.2 供热管网的平面布置

供热管网在设计过程中，首先要确定热源和热用户之间的管道走向和平面位置，即所谓管道定线。定线是一项重要而且需要一定经验的工作，要根据城市或厂区的总平面图和地形图，供热区域的气象、水文和地质条件，地上、地下构筑物（如公路、铁路、地下管线、地下设施等），供热区域的发展规划等基础资料，做全面考虑。具体来说，供热管线按下述原则确定。

(1) 经济上合理。供热管网的主干线尽量通过热负荷集中的地区，力求管线短而直。管路上设置必要的阀门（分段阀、分支管阀、放气阀、泄水阀等）和附件（补偿器、疏水器等）。做地上敷设时，阀门应放在支架上，而做地下敷设时，应设置于检查井内。但应尽可能减少检查井的数量。尽量避免管线穿越铁路、交通主干道和繁华街道。如条件允许，可考虑供热管道和其他管道，如给水管线、煤气管线、电气管线等，共同敷设。这样做可降低市政建设总投资，方便管理和维修。

(2) 技术上可靠。供热管道的线路要尽可能地通过地势平坦、土质好、地下水水位低的地区；同时，还要考虑能迅速消除可能发生的故障与事故、维修人员工作的安全性、施工安装的可行性等因素。

在城市居住区，供热管道通常敷设在平行于街道及绿化带的工程管路区内，只有在极特殊情况下才可将供热管道敷设在人行道和车行道下面。

尽量使地下管道远离电力电缆、涝洼区和污染区，以减少管道腐蚀。供热管道在敷设过程中，将与其他管道（给水、排水、煤气管道等）、电缆（电力电缆、通信电缆等）、各种构筑物发生交叉和并行的现象，为确保管线敷设，避免或减少相互间的影响和危害，地下敷设管道的管沟或检查井的外缘，直埋敷设或地上敷设管道的保温结构表面与建筑物、构筑物和其他管道的最小水平净距应符合表 12-1 的规定。

(3) 注意对周围环境的影响。供热管道敷设完毕后，不能影响环境美观，应与各种市政设施协调好，不妨碍市政设施的功用。

在实际设计和施工过程中，不可能将所有影响因素均加以考虑，但要尽可能抓住关键影响因素。定线的原则一经确定之后，就可开始施工平面图的绘制。在平面图上要标注出管线的走向，管道相对于永久性建筑物的位置和管道预定的敷设方式。然后，根据负荷计算选定各计算管段的管道直径，确定固定支架、补偿器、阀门和检查井的位置与型号。

表 12-1 供热管线与建筑物、构筑物、其他管线的最小间距

建筑物、构筑物或管线名称			与供热管网管道最小水平净距/m	与供热管网管道最小垂直净距/m
地下敷设供热管道				
建筑物基础	地沟敷设		0.5	
	直埋闭式热水管网 $DN \leqslant 250$ $DN \geqslant 300$		2.5 3.0	
	直埋开式热水管网		5.0	
铁路钢轨			钢轨外侧 3.0	轨底 1.2
电车钢轨			钢轨外侧 2.0	轨底 1.0
铁路、公路路基边坡底脚或边沟边缘			1.0	
通信、照明或 10 kV 以下电力线路的电杆			1.0	
桥墩(高架桥、栈桥)边缘			2.0	
架空管道支架基础边缘			1.5	
高压输电线铁塔基础边缘 35~220 kV			3.0	
通信电缆管块、通信电缆(直埋)			1.0	0.15
电力电缆和控制电缆 35 kV 以下 110 kV			2.0 2.0	0.5 1.0
燃气管道	地沟敷设	压力<5 kPa	1.0	0.15
		压力≤400 kPa	1.5	0.15
		压力≤800 kPa	2.0	0.15
		压力>800 kPa	4.0	0.15
	直埋敷设热水管	压力≤400 kPa	1.0	0.15
		压力≤800 kPa	1.5	0.15
		压力>800 kPa	2.0	0.15
给水管道、排水管道			1.5	0.15
地铁			5.0	0.8
电力铁路接触网电杆基础			3.0	
乔木(中心)、灌木(中心)			1.5	
道路路面				0.7
地上敷设供热管道(参见表 12-6)				

任务 2 供热管道的敷设

供热管道的敷设方式可分为地下敷设和地上敷设两种。地下敷设又可分为直埋敷设和地沟敷设两类。直埋敷设是将管道直接埋在地下的土壤内；而地沟敷设是将管道敷设在地沟内。地上敷设是将管道敷设在地面上的一些支架上，又称为架空敷设。

2.1 直埋敷设

直埋敷设是一种直接埋设于土壤中的形式，既可缩短施工周期，又可节省投资。

供热管道直埋敷设时，由于保温结构与土壤直接接触，对保温材料的要求较高，应具有导热系数小、吸水率低、电阻率高、有一定机械强度等性能。目前，国内使用较多的保温材料有聚氨基甲酯硬质泡沫塑料、聚异氰脲酸酯硬质泡沫塑料、沥青珍珠岩等几种材料。保温材料外边的防水层常用的有聚乙烯管（硬塑）保护层、玻璃钢保护层等。

微课：供热管网的敷设

保温结构可以预制，也可以现场加工。按保温结构和管子的结合方式，可分为脱开式和整体式两种。脱开式是在保护层与管壁之间先涂一层易软化的物质，如重油或低标号沥青等。当管道工作时，所涂物质受热熔化，使管子可以在保温层内伸缩运动。目前，多采用整体式保温结构，即保温结构与管子紧密粘合，结成一体。整体式保温结构如图 12-3 所示。当管道发生热伸缩时，保温结构与管道一同伸缩。这样，土壤对保温结构的摩擦力极大地约束了管道的位移，在一定长度的直管段上，就可不设或少设补偿器和固定点。整个管道仅在必要时设置固定墩，并在阀门、三通等处设置补偿装置和检查小室。混凝土支架做法如图 12-4 所示。混凝土强度等级采用 C20，表 12-2 为相应尺寸。更为详细内容可参照相关标准图集。

图 12-3 整体式保温结构
1—钢管；2—保温层；3—保护层

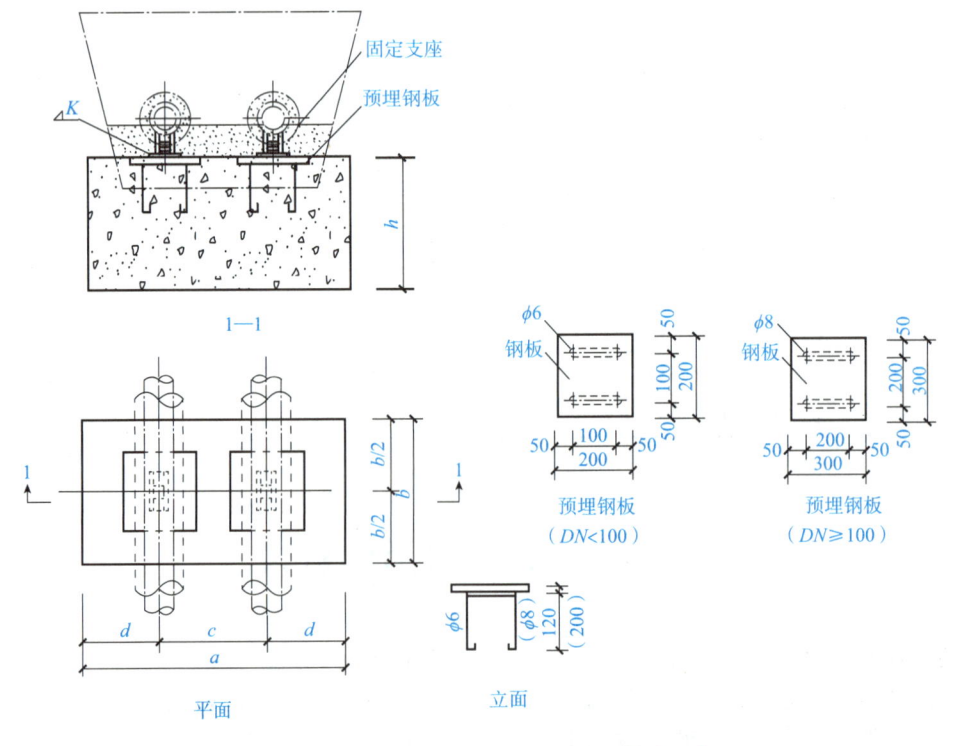

图 12-4 直埋敷设混凝土墩固定支架做法示意

表 12-2　混凝土固定墩尺寸　　　　　　　　　　　　　　　　　　　　mm

公称直径		25	32	40	50	70	80	100	125	150	200	250	300
管子外径		32	38	45	57	73	89	108	133	159	219	273	325
安装尺寸	a	800	800	800	1 000	1 000	1 000	1 000	1 200	1 200	1 400	1 400	1 600
	b	300	300	300	400	400	400	400	500	500	600	600	700
	c	320	320	320	340	360	400	400	440	480	540	620	670
	d	240	240	240	330	320	300	300	380	360	430	390	465
	h	200	200	200	300	300	300	300	400	400	500	500	500

为使管道座实在沟基上，减轻弯曲压力，在管道子下面通常垫 100 mm 厚的砂垫层。管道安装后，再铺设 75～100 mm 厚的粗砂枕层，然后用细土回填至管顶 100 mm。如细土回填用砂子替代，则受力效果更为理想，再往上可用沟土回填。直埋管道断面如图 12-5 所示。

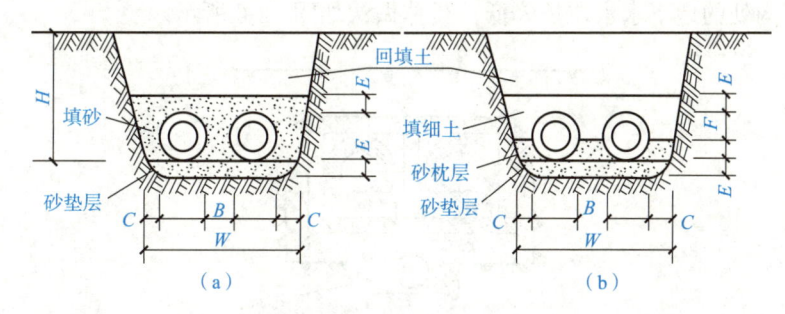

图 12-5　直埋管道断面
(a)砂子埋管；(b)细土埋管
$E=100$ mm；$F=75$ mm

图中沟底宽度 W 由下式确定：

$$W = 2D + B + 2C \tag{12-1}$$

式中　D——保温结构外表面直径(mm)；
　　　B——管道间净距，不得小于 200 mm；
　　　C——管道与沟壁净距，不得小于 150 mm。

管道的最小覆土厚度应符合表 12-3 的规定。

表 12-3　直埋敷设供热管道最小覆土厚度

管径/mm		50～125	150～200	250～300	350～400	>450
覆土厚度/m	车行道下	0.8	1.0	1.0	1.2	1.2
	非车行道	0.6	0.6	0.7	0.8	0.9

2.2　地沟敷设

地沟敷设可保证管道不受外力的作用和水的侵蚀，保护管道的保温结构，并能使管道自由地伸缩。

地沟的构造较经济的形式是钢筋混凝土的沟底板、砖砌或毛石沟壁、钢筋混凝土盖板。

如有特殊要求或经济允许，也可采用矩形、椭圆拱形、圆形的钢筋混凝土地沟。

在结构上，无论对哪种地沟，都要求尽量做到严密不漏水。当地面水、地下水或管道不严密处的漏水侵入地沟后，会使管道保温结构破坏，管道遭受腐蚀。一般要求，将沟底设于当地最高地下水水位以上，并在地沟壁内表面做防水砂浆粉刷。地沟盖板之间、盖板与沟壁之间应用水泥砂浆或沥青沟缝。需要注意的是，尽管地沟是防水的，但含在土壤中自然水分会通过盖板或沟壁渗入沟内，蒸发后使沟内空气饱和。当湿空气在沟内壁面上冷凝时，会产生凝结水并沿壁面下流到沟底。因此，地沟应有纵向坡度，以使沟内的水流入检查室的集水坑内，坡度和坡向与管道的坡度和坡向相同，坡度不小于0.002。

如果地下水水位高于沟底，则须采取防水或局部降低地下水位的措施。常用的防水措施是在地沟外壁面做沥青卷材防水层。局部降低地下水水位的方法是在地沟基础下部铺设一厚层砂砾，在砂砾层内的地沟底板下0.2 m处铺设一根或两根直径为100～200 mm的混凝土排水滤管，管上有为数众多的小孔。每隔50～70 m设置一个检查集水井，再从井内将水排出，使管沟处的地下水水位被降低。具体做法如图12-6所示。

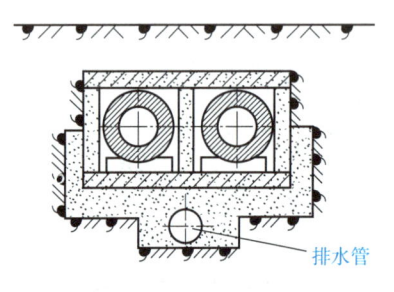

图12-6 敷设排水管的地沟

下面分别说明通行地沟、半通行地沟和不通行地沟。

1. 通行地沟

在通行地沟内人员可以自由通行，可保证检修、更换管道和设备等作业。其土方量大，建设投资高，仅在特殊或必要场合采用。

通行地沟的净高不小于1.8 m，人行通道的净宽不小于0.7 m，如图12-7所示。通行地沟沟内两侧可安装管道，地沟断面尺寸应保证管道与设备检修和更换管道的需要，相关尺寸规定见表12-4。通行地沟每隔100 m应设置一个人孔。整体浇筑的钢筋混凝土通行地沟，每隔200 m应设置一个安装孔。安装孔的长度应保证6 m长的管子进入地沟，宽度为最大管子的外径加0.4 m，但不得小于1.0 m。

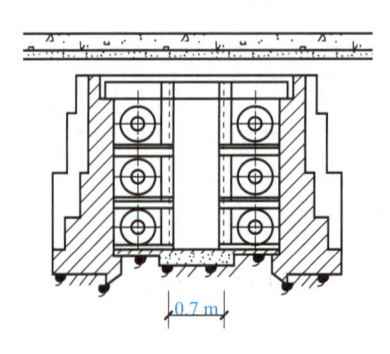

图12-7 通行地沟

表 12-4　地沟敷设有关尺寸　　　　　　　　　　　　　　　　　　　　　m

地沟类型＼名称	地沟净高	人行道宽度	管道保温表面与沟壁净距	管道保温表面与沟顶净距	管道保温表面与沟底净距	管道保温表面间净距
通行地沟	≥1.8	≥0.7	0.1~0.15	0.2~0.3	0.1~0.2	≥0.15
半通行地沟	≥1.2	≥0.6	0.1~0.15	0.2~0.3	0.1~0.2	≥0.15
不通行地沟			0.15	0.05~0.1	0.1~0.3	0.2~0.3

通行地沟应有自然通风和机械通风设施，以保证检修时沟内温度不超过 40 ℃。为保证运行时沟内温度不超过 50 ℃，管道应有良好的保温措施。沟内应有照明设施，照明电压不应高于 36 V。

2. 半通行地沟

为降低工程造价，也可采用半通行地沟。半通行地沟的断面尺寸依据工人能弯腰行走并进行一般的维修工作的要求而定。半通行地沟的净高为 1.2~1.4 m，人行通道净宽 0.5~0.7 m，如图 12-8 所示。断面尺寸可参见表 12-5。半通行地沟每隔 60 m 应设置一个检修口。

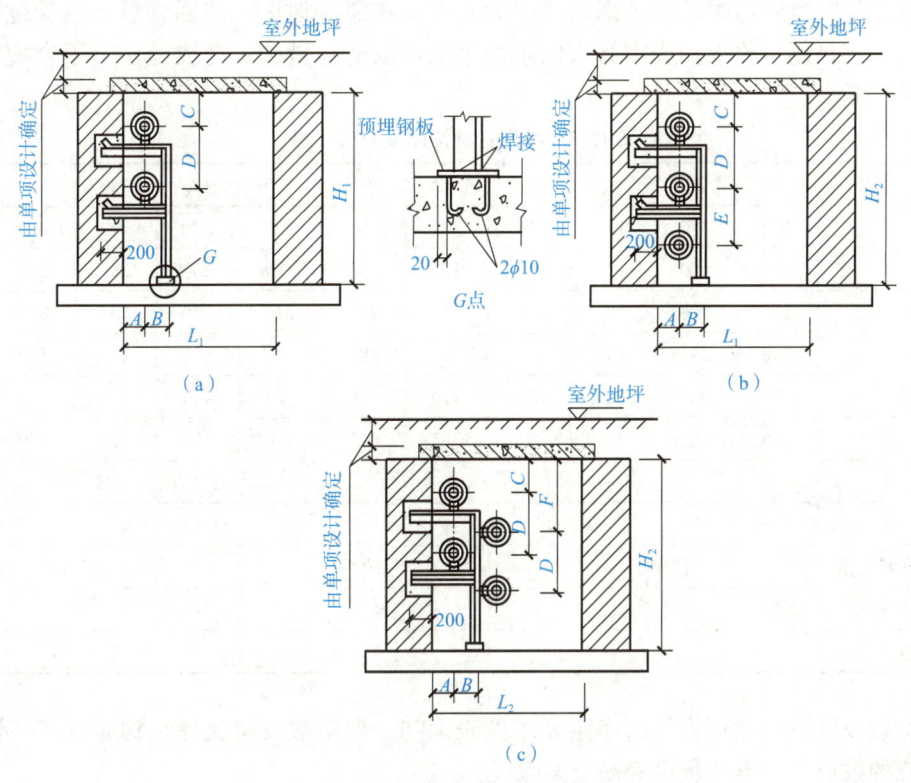

图 12-8　半通行地沟断面布置
(a)1 型；(b)2 型；(c)3 型

3. 不通行地沟

不通行地沟的造价较低、占地较小，是城镇供热管道经常采用的地沟敷设形式。其缺点是管道检修时必须掘开地面，断面尺寸仅须满足施工需要。不通行地沟的横断面如图 12-9 所示。

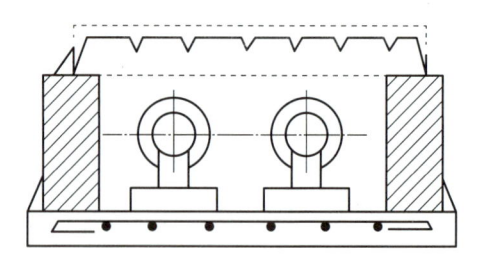

图 12-9　不通行地沟横断面

2.3　架空敷设

架空敷设不受地下水水位的影响，使用寿命长，管道坡度易于保证，所需的放水、排气设备少，运行时维修检查方便。施工时只有支承基础的土方工程，土方量小。架空敷设是一种比较经济的敷设方式。其缺点是占地面积较多，管道损失较大，在某些场合不够美观。

架空敷设适用于地下水水位高、年降水量大、地下土质为湿陷性黄土（自重作用下浸水引起土壤塌陷值不超过 50 mm）或腐蚀性土壤，或地下敷设必须进行大量土石方工程的地区。当有其他架空管道时，可考虑与之共架敷设。在寒冷地区，若因管道散热量过大，热媒参数无法满足用户要求；或因管道间歇而采取保温防冻措施，造成经济上不合理时，则不适用架空敷设。

表 12-5　半通行地沟断面布置尺寸　　　　　　　　　　　　　　　　　　mm

最大管径 DN	≤25	32	40	50	65	80	100	125	150	200	250
A	150	150	150	180	180	200	200	220	240	300	320
B	120	120	120	120	150	160	170	200	230	260	280
C	180	180	190	190	210	220	240	260	280	310	350
D	290	290	290	310	340	380	400	450	480	510	640
E	300	300	300	300	310	360	400	440	450	480	500
F	295	320	325	345	385	410	445	490	530	580	670
L_1，H_1	1 200							1 200			1 400	
L_2，H_2	1 200							1 400			1 600	
1，2 型横竖支架	∟40×4							∟50×4			∟65×6	
2 型槽钢支架	[5							[8			[10	
3 型横竖支架	∟50×5							∟65×5			∟80×7	

架空敷设管道与建筑物等的净距要求见表 12-6。架空敷设按支撑结构高度的不同，可分为低支架敷设、中支架敷设和高支架敷设。

表 12-6　架空敷设管道与建筑物、构筑物等的净距要求　　　　　　　　　　m

序号	名称	水平间距	垂直净距
1	一、二级耐火等级建筑物	允许沿外墙	
2	铁路	距轨外侧 3.0	距轨顶：电气机车为 6.5 蒸汽及内燃机车为 6.0

续表

序号	名称			水平间距	垂直净距
3	公路边缘、边沟边缘或铁路堤坡脚			0.5~1.0	距路面 4.5
4	人行道路边缘			0.5	距路面 2.5
5	架空输电线路	1 1~20 35~110 220 380 500	千伏以下 （电线在上）	导线最大偏风时 1.5 3.0 4.0 5.0 6.0 6.5	导线最低处 1.0 3.0 4.0 5.0 6.0 6.5

(1)低支架敷设低支架敷设管道保温层外壳底部距离地面净高不小于 0.3 m，以防止雨、雪的侵蚀。

低支架敷设因轴向推力不大，可考虑用毛石或砖砌结构，以节约投资，方便施工。在不妨碍交通，不影响厂区、街区扩建的地段可采用低支架敷设。此时，最好是沿工厂的围墙或平行于公路、铁路来布线。低支架的结构形式如图 12-10 所示。

(2)中支架敷设。中支架敷设管道保温结构底部距离地面的净高为 2.5~4.0 m。中支架敷设常用钢筋混凝土现浇结构或钢结构。在人行频繁，需要通行大车的地方可采用中支架。中支架的结构形式如图 12-11 所示。

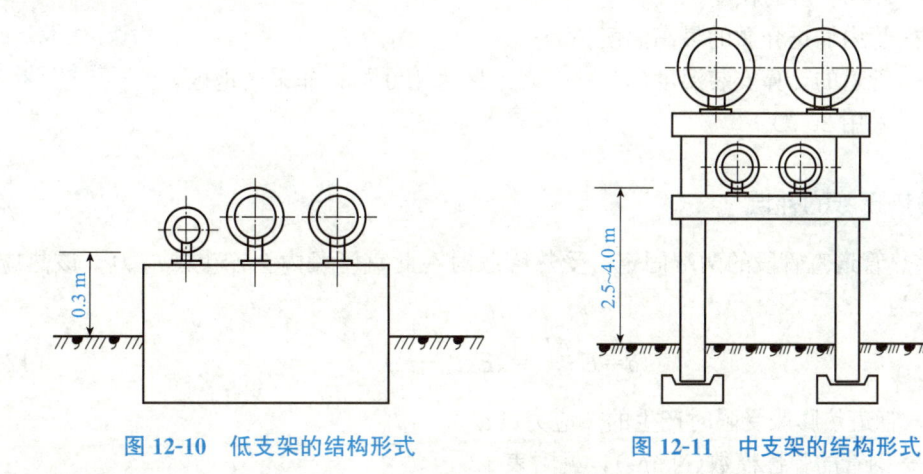

图 12-10 低支架的结构形式

图 12-11 中支架的结构形式

(3)高支架敷设。高支架敷设管道保温结构外表面距离地面净高为 4.5~6.0 m，在跨越公路或铁路时采用。高支架也常用钢筋混凝土现浇结构或钢结构。高支架的结构形式如图 12-12 所示。

架空敷设根据支架承受荷载性质的不同，又可分为固定支架和活动支架两类。固定支架可将管道牢牢固定，使之不产生位移。固定支架承受管道本身、管道内介质和保温结构的重力及水平方向的推力；活动支架承受管道本身、管中热媒、保温结构重量及由于温度升降出现热胀或冷缩所产生的水平摩擦力。

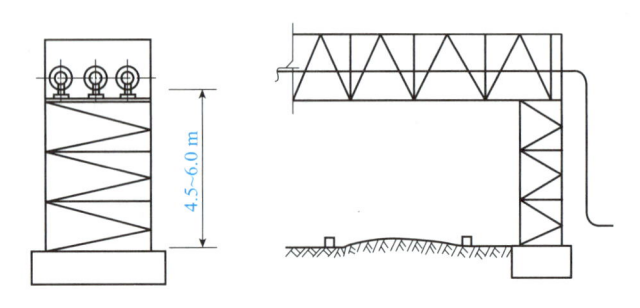

图 12-12 高支架的结构形式

任务 3 供热管道的热膨胀及热补偿

3.1 管道热伸长量

供热管道投入运行后，其热介质的温度比安装时管道的温度高，管道受热膨胀，产生热伸长。管道热膨胀时的伸长量计算公式为

$$\Delta L = \alpha L(t_2 - t_1) \tag{12-2}$$

式中 ΔL——供热管道热膨胀时的热伸长量(mm)；
α——管道的线膨胀系数(mm/m·K)，一般取 $\alpha = 0.012$ mm/(m·K)；
L——计算管段的长度(m)；
t_2——管内输送介质的最高温度(℃)；
t_1——管道的计算安装温度(℃)；采暖地区采用 0 ℃；非采暖地区，采用 20 ℃。

微课：补偿器的选择和安装

3.2 管道热膨胀的补偿

如果供热管道直管段的两端固定，受热膨胀时在此直管段内会产生热应力。该热应力的计算公式为

$$\delta = E \frac{\Delta L}{L} = \alpha E(t_2 - t_1) \tag{12-3}$$

式中 δ——管道热膨胀受限时产生的热应力(Pa)；
E——钢管的弹性模数(N/m²)，见附表 12-1。
式中其他符号意义同前。

供热管道在运行过程中，如果不对热膨胀部位进行处理，产生热应力可能会破坏管道。现举一例进行分析。某直管段两端固定，温度变化 100 ℃，管道内产生的热应力为

$$\delta = \alpha E(t_2 - t_1) = 1.2 \times 10^{-5} \times 19.5 \times 10^{10} \times 100 \times 10^{-6}$$
$$= 234 \text{(MPa)}$$

管道的许用应力为 174 MPa，上述计算值远远超过了管道的许用应力值。因此，在供热管道能产生热应力的部位，应设置补偿器消除热应力。

管道补偿器可分为自然补偿器和专用补偿器两类。自然补偿器是利用管路自然转弯形

成的具有弹性的几何形状来吸收管道的热伸长,在供热管线设计中经常采用的 L 形和 Z 形弯管,如图 12-13 所示;专用补偿器是专门用来吸收管路热伸长的装置,常用的有波纹管补偿器、方形补偿器、套筒补偿器等。下面分别详细介绍。

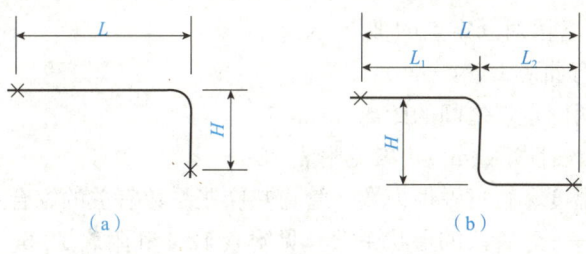

图 12-13　L 形和 Z 形补偿器
(a)L 形补偿器；(b)Z 形补偿器

1. 自然补偿器

自然补偿器简单、经济,在设计中应充分加以利用。

(1)L 形自然补偿器实际上就是一个 L 形弯管。一般情况下,弯管的两个臂长度不等,有长臂和短臂之分。长臂的热变形量大于短臂,所以最大弯曲应力发□□□□□端的固点处；短臂越短,弯曲应力越大。因此,L 形自然补偿器选用的关键□□□□□□的长度。短臂长度 H 值可参照线算图(图 12-14)确定。

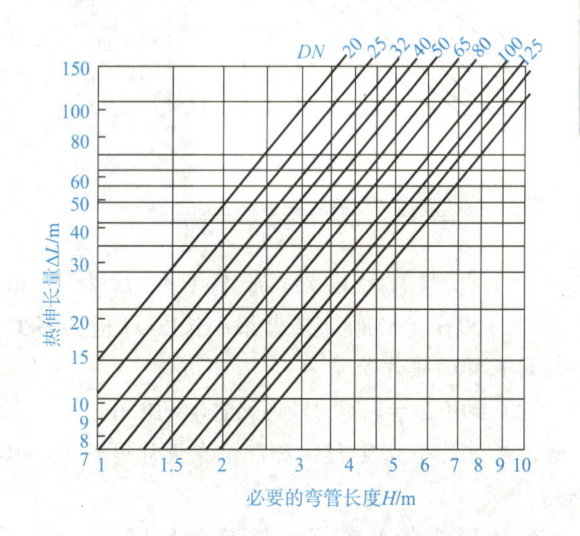

图 12-14　L 形弯管自然补偿线算图

(2)Z 形自然补偿器是一个 Z 形弯管,可将它看成是两个 L 形弯管的组合体,如图 12-13 所示,其中间臂长度 H 越短,弯曲应力越大。因此,选用 Z 形补偿器的关键在于确定和校核中间臂的长度 H。其确定和校核过程可参照线算图(图 12-15)确定。采用线算图的方法简洁、方便；缺点是精度不高。对于高温、高压及有特殊要求的管道,可通过查阅相关设计计算资料来确定短臂或中间臂长度。

L 形和 Z 形弯管补偿器由热膨胀引起的弯曲应力及对固定点的推力。其计算公式为

$$P_x = K_x \frac{CI}{L^2} \qquad (12\text{-}4)$$

$$P_y = K_y \frac{CI}{L^2} \tag{12-5}$$

$$\delta_b = K_b \frac{CD_w}{L} \tag{12-6}$$

式中 P_x，P_y——弯管段对固定点的推点(N)；

δ_b——弯管的弯曲应力(N/cm²)；

L——弯管段两固定点之间的距离(m)；

I——管道断面惯性矩(cm⁴)，参见附表 12-2；

C——与介质温度、管材弹性模数、管道热膨胀系数有关的综合系数，见附表 12-3；

K_x，K_y，K_b——弯管段的形状系数，见附表 12-4 和附表 12-5。

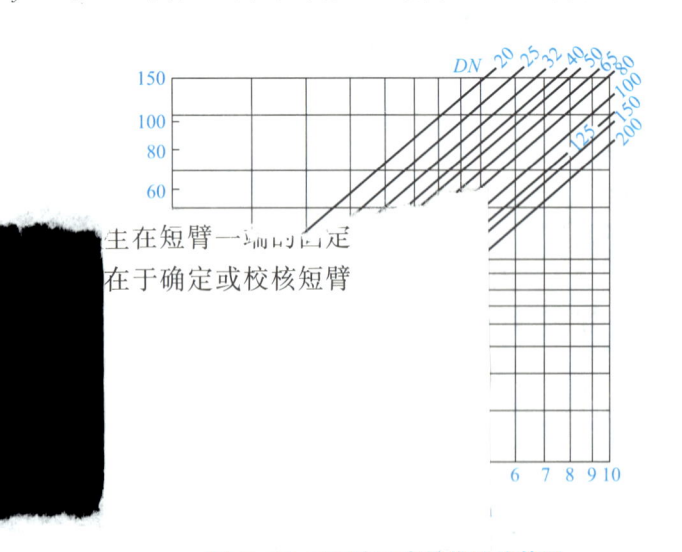

图 12-15 Z 形弯管自然补偿线算图

【例题 12-1】 有一个 L 形弯管补偿器，长臂长度 L 为 15 m，管道公称直径为 DN100 mm，计算温差 Δt 为 100 ℃，试确定短臂最小长度 H 应为多少？

【解】 L 形弯管补偿器长臂的热伸长量为

$$\Delta L = \alpha L \Delta t = 0.012 \times 15 \times 100 = 18 \text{(mm)}$$

由图 12-14 查得，所需短臂最小长度 $H = 2.75$。在设计过程中，只要保证 $H \geqslant 2.75$ m，此补偿器就不会出现问题。

【例题 12-2】 有一个 Z 形弯管补偿器，长臂总长度 $L = 15$ m，管道公称直径为 DN100 mm，计算温差 Δt 为 100 ℃。试确定中间臂长度 H 应为多少？

【解】 Z 形弯管补偿器长臂的热伸长量为

$$\Delta L = \alpha L \Delta t = 0.012 \times 15 \times 100 = 18 \text{(mm)}$$

查图 12-15 可知，只要保证中间臂长度 $H \geqslant 2.25$ m 即可。

【例题 12-3】 有一 L 形弯管补偿器，管径为 $D159 \times 4.5$ mm，材质为 A_3 钢无缝钢管，管内热介质最高温度为 200 ℃。试求固定点的反力和弯管的最大弯曲应力。弯管段形式如图 12-16 所示。

【解】 根据 $L/H = \dfrac{30}{9.5} = 3.16$，由附表 12-4 查得：$K_x = 169$ $K_y = 24.2$ $K_b = 1\,890$

由附表 12-3 查得，当介质温度为 200 ℃时，$C=4.61$。
由附表 12-2 查得，$I=652 \text{ cm}^4$，所以

$$P_x = K_x \frac{CI}{L^2} = 169 \times \frac{4.61 \times 652}{30^2} = 564.4(\text{N})$$

$$P_y = K_y \frac{CI}{L^2} = 24.2 \times \frac{4.61 \times 652}{30^2} = 80.8(\text{N})$$

$$\sigma_b = K_b \frac{CD_w}{L} = 1\,890 \times \frac{4.61 \times 15.9}{30} = 4\,617.8(\text{N/cm}^4) = 46.2 \text{ MPa}$$

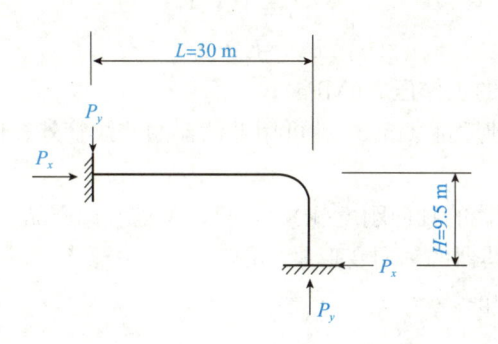

图 12-16　例题 12-3 图

2. 波纹管补偿器

波纹管补偿器是用单层或多层薄壁金属管制成的具有轴向波纹的专用补偿器。工作时，它利用波纹变形来进行管道热补偿。供热管道上使用的波纹管多用不锈钢制作。波纹管补偿器的种类很多，有轴向型、铰链型、万向型等。轴向型波纹管补偿器如图 12-17 所示。波纹管内侧安装的导流管减小了流体的流动阻力，避免了介质流动对波纹管壁面的冲刷，延长了波纹管的使用寿命。波纹管补偿器因其具有体积小、质量小、占用空间小、易于布置以及安装方便等优点，而在供热外网管道安装中得到了最为广泛的应用。

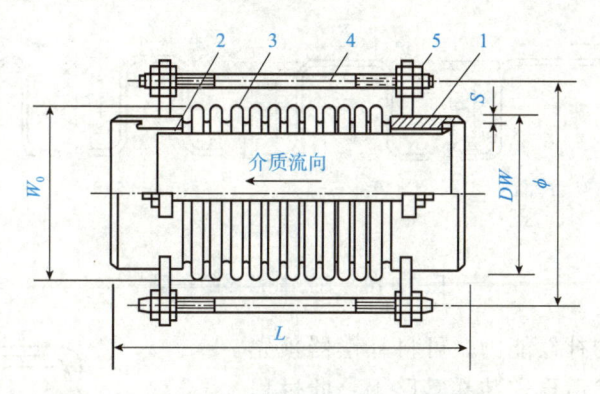

图 12-17　轴向型波纹管补偿器
1—端管；2—导流管；3—波纹管；4—限位拉杆；5—限位螺母

波纹管补偿器的端管直径与管道直径相同，端管与管道采用法兰连接或焊接连接。波纹补偿器安装时，必须与管道同轴。不得用补偿器变形的方法来调整管道的偏差，不允许管道受到扭转力矩。

为保证管道与补偿器同轴，建议先将管道敷设好，然后在需要安装补偿器的位置切割

下一小段管子，保证割下管长等于补偿器本身的长度。然后将补偿器与管路连接。一般情况下，两个固定支架之间只能用一个补偿器，补偿器一端要靠近固定支架。

波纹管补偿器的轴向变形反力计算公式为

$$P_K = P_P + P_X \tag{12-7}$$

式中　P_K——波纹管补偿器的轴向变形反力(kN)；
　　　P_P——由内压引起的轴向反力，又称为内压推力(kN)；
　　　P_X——因管路热膨胀而使管路热变形引起的变形反力，又称弹性力。

$$P_P = P \cdot A \tag{12-8}$$

$$P_X = K \cdot \Delta X \tag{12-9}$$

式中　P——管道内介质的工作压力(MPa)；
　　　A——波纹管的环形面积(mm^2)。可用补偿器的波纹管外径横截面面积减去端管流通面积求出；
　　　K——波纹管补偿器的轴向刚度(kN/mm)，参见所选产品样本提供技术参数；
　　　ΔX——波纹管补偿器的轴向变形量(mm)。

式中其他符号意义同前。

3. 方形补偿器

方形补偿器又称方胀力，是用管子煨制或用弯头焊制而成的一种专用补偿器。方形补偿器制造安装方便，不需要经常维修，补偿能力大，作用在固定点上的推力较小，可用于各种压力和温度条件。但因其具有外形尺寸大、占地面积多等缺点，限制了它在供管线中的应用。方形补偿器的形式有四种，如图12-18所示。方形补偿器的补偿能力见附表12-6。方形补偿器通过其形变来吸收管路的热伸长，但其形变将引起补偿器两侧直管路产生一定的弯曲。为避免产生弯曲的管道过长，又不影响补偿器的补偿能力，一般是在距离补偿器40倍公称直径处设置一个导向支架。这个支架能限制管道的横向位移，使管道沿轴向运动。将补偿器到导向支架之间长度为40倍公称直径的管段称为自由臂。

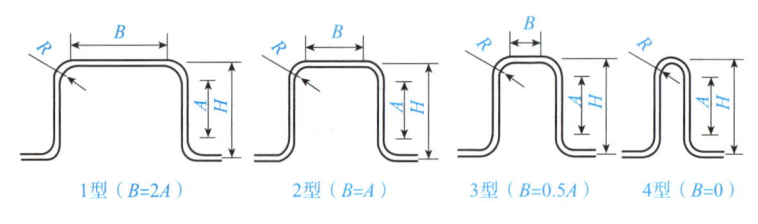

图 12-18　方形补偿器的类型

为提高补偿器的补偿能力，可将补偿器预先拉开一定的长度，然后再安装在管路上。此过程被称为方形补偿器的预拉伸，也称冷拉。方形补偿器冷拉后管路的变形情况如图12-19所示。

补偿器不受外力时，呈状态1。将补偿器冷拉ΔX_L长度后，呈状态2。当管道温度升高产生热膨胀，其伸长量达到ΔX_L时，补偿器恰好恢复至无应力状态。管道温度继续升高至t_2时，补偿器

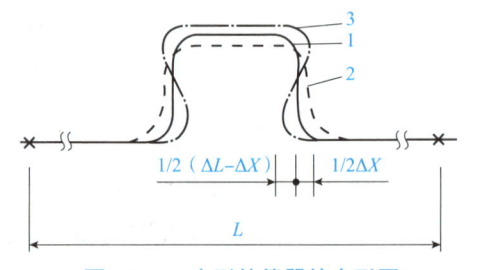

图 12-19　方形补偿器的变形图

1—制作状态；2—安装状态；3—工作状态

又吸收了($\Delta L - \Delta X_L$)的热伸长量，处于受压状态，呈现工作状态3。此时，管路产生的热伸长量为 ΔL，而补偿器仅出现了($\Delta L - \Delta X_L$)的形变，还具有 ΔX_L 的变形能力。因此，补偿器冷拉后，提高了补偿能力，减小了补偿器的弹性疲劳程度，提高了其使用寿命，同时，也减小了管道的热应力和补偿器的变形弹性力。冷拉值取决于管道的工作温度、安装温度和热伸长量。冷拉值和热伸长量的比值称为冷拉系数，用 ε 表示。

$$\varepsilon = \frac{\Delta X_L}{\Delta L} \tag{12-10}$$

式中　ΔX_L——补偿器的冷拉值(mm)；

　　　ΔL——计算管段的热伸长量(mm)。

当管道的工作温度低于 250 ℃时，可直接将 ε 值取为 0.5。

补偿器的冷拉值 ΔX_L 可按下式计算：

$$\Delta X_L = \varepsilon \Delta L = \varepsilon \alpha L(t_2 - t_1) \tag{12-11}$$

如果管道安装时的环境温度不是设计计算安装温度 t_1，而是 t_a，则冷拉值变为 $\Delta X'_L$。这是因为，环境温度从 t_1 变为 t_a，管道温度也随之伸长了 $\alpha L(t_a - t_1)$。相应的冷拉值计算公式为

$$\begin{aligned}\Delta X'_L &= \varepsilon \alpha L(t_2 - t_1) - \alpha L(t_2 - t_1) \\ &= \alpha L[\varepsilon(t_2 - t_1) - (t_a - t_1)]\end{aligned} \tag{12-12}$$

把式(12-11)代入，可得冷拉值另一较简单形式。

$$\Delta X'_L = \left(\varepsilon - \frac{t_a - t_1}{t_2 - t_1}\right)\Delta L \tag{12-13}$$

式中　$\Delta X'_L$——管道实际安装温度下的冷拉值(mm)；

　　　t_a——管道的实际安装温度(℃)。

按附表 12-5 选用方形补偿器，其弯曲应力均在许用应力范围之内，所以不用验算。方形补偿器的弹性力，根据补偿器的外伸臂长 H(图 12-18)，可直接从附表 12-7 查得。

【例题 12-4】　两个固定支架之间有一直线段管路，管道采用直径为 $D159 \times 4.5$ mm 的 A_3 钢无缝钢管。支架间距为 80 m，管内介质温度为 200 ℃，管道计算安装温度为 0 ℃，管道实际安装温度为 20 ℃。在此管路上采用一个Ⅲ型方形补偿器，试确定补偿器的构造尺寸，并计算补偿器的弹性力和冷拉值。

【解】　管路的热伸长为

$$\begin{aligned}\Delta L &= \alpha L(t_2 - t_1) \\ &= 0.012 \times 80 \times 200 = 192 \text{(mm)}\end{aligned}$$

根据 ΔL 从附表 12-5 中查得外伸臂长 H 为 2.85 m，考虑一定的安全余量取 $H = 3.0$ m，则 $B = 2.1$ m($R = 600$ mm)。

从附表 12-6 查得补偿器的弹性力 $P_X = 2.94$ KN，补偿器安装时的冷拉值

$$\Delta X'_L = \left(\varepsilon - \frac{t_a - t_1}{t_2 - t_1}\right)\Delta L = \left(0.5 - \frac{20 - 0}{200 - 0}\right) \times 192 = 80.6 \text{(mm)}$$

4. 套筒式补偿器

套筒式补偿器又称填料式补偿器。单向套筒式补偿器如图 12-20 所示。补偿器的芯管又称导管，可在套管内自由移动，从而起到吸收管道热伸长的作用。芯管和套管之间的环形缝隙装有填料，端环和压盖把其间的填料压实，保证芯管移动时，不出现介质的渗漏。

经常采用的填料有方形浸油石棉盘根涂石墨和耐热橡胶。

套筒式补偿器适用于工作压力小于或等于1.6 MPa，工作温度低于300 ℃的管路，补偿器与管道的连接采用焊接。

套筒式补偿器的补偿能力大，占地小。其缺点是轴向推力大，易发生介质渗漏，需经常检修、更换填料。当管路出现横向位移时，易造成芯管卡住，不能自由活动。因此，套筒式补偿器在工程中很少使用。如果采用，只能安装在直线管路上，并安装在固定支架旁，在活动侧管路上还应设置导向支座。

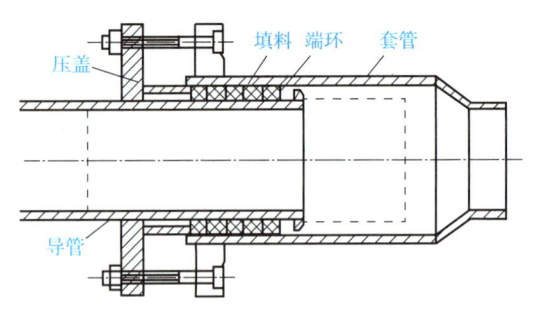

图 12-20　单向套筒式补偿器

任务 4　管道支座及受力分析

管道支座的作用是支撑管道和限制管道的位移，支座承受着管道重力和由内压、外载和温度变化引起的作用力，并将这些荷载传递到建筑结构或地面的管道构件上。管道支座对供热管道的运行有着重要的影响，如果支座的构造形式选择不当或支座位置确定不正确，都会产生严重的后果。根据支座对管道的位移的限制情况，可分为固定支座和活动支座。

4.1　管道活动支座

管道活动支座承受着管道的重力，并保证管道发生温度变形时，能够自由移动。

1. 活动支座的形式

管道活动支座有三种构造形式，即滑动支座、滚动支座和悬吊架。

(1)滑动支座。在工程中较常见的曲面槽滑动支座(图 12-21)和丁字托滑动支座(图 12-22)。设计时，可参照相关标准图集。

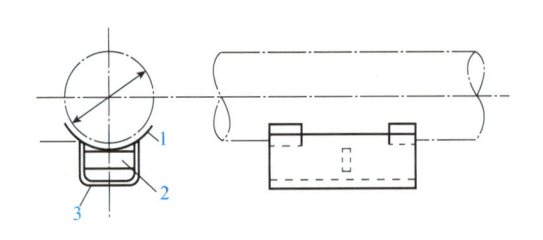

图 12-21　曲面槽滑动支座
1—弧形板；2—肋板；3—曲面槽

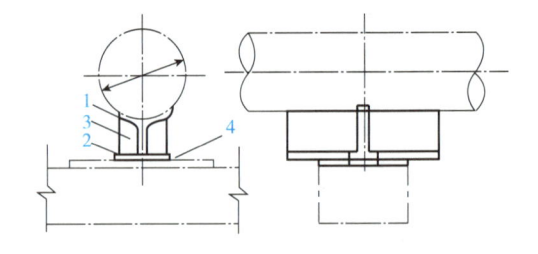

图 12-22　丁字托滑动支座
1—顶板；2—底板；3—侧板；4—支承板

(2)滚动支座。滚动支座利用滚子的转动来减少管道移动时的摩擦力，可保证管道有充分的位移。滚动支座的结构形式有滚柱支座和滚轴支座两种，分别如图 12-23 和图 12-24 所示。滚动支座的结构较为复杂，一般只能用于热媒温度较高、管径较大的室内或架空敷设的管道上。滚动支座的滚柱或滚轴在潮湿环境内会很快锈蚀，因此，地沟敷设的管道不宜使用这种支座。

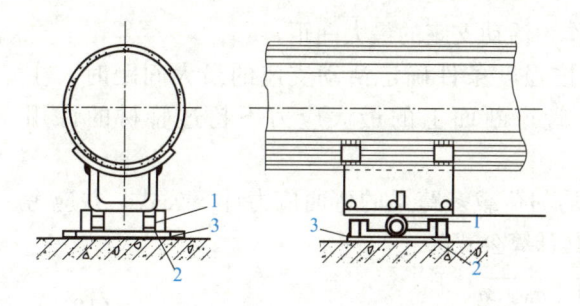

图 12-23 滚柱支座

1—滚柱；2—导向板；3—支承板

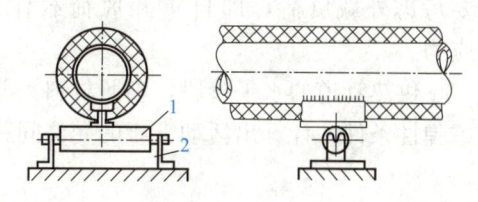

图 12-24 滚轴支座

1—滚轴；2—支承件

(3)悬吊架。悬吊架的结构简单，摩擦力小。常见的悬吊架形式如图 12-25 所示。管道通热运行后，各点的热变形量不同，造成各悬吊架的偏移幅度不同，使管道产生扭曲。如果管道有垂直位移，而又不允许产生扭曲，则可采用弹簧悬吊支架，如图 12-26 所示。

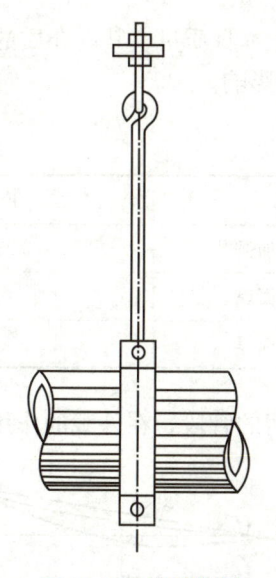

图 12-25 悬吊架图

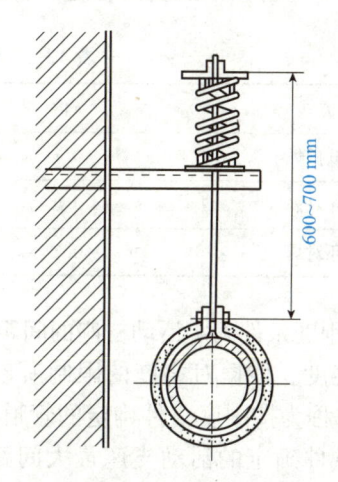

图 12-26 弹簧悬吊支架

因为悬吊架管道具有易产生扭曲的特点，所以选用补偿器时应加以注意。如只能选用可抗扭曲的方形补偿器，而不能选用套管补偿器。

另外，在水平管道上只允许管道沿轴向移动，而不允许有横向位移的地方，需要装设导向支座。导向支座是在滑动支座两侧的支撑构件上，每侧焊接一块导向板，以防止管道横向位移。其结构形式如图 12-27 所示。

2. 活动支座的间距

在保证安全运行的条件下，应尽可能地增大活动支架的间距，减少活动支架的数量，降低工程造价。活动支座的间距应从保证管道的强度条件和刚

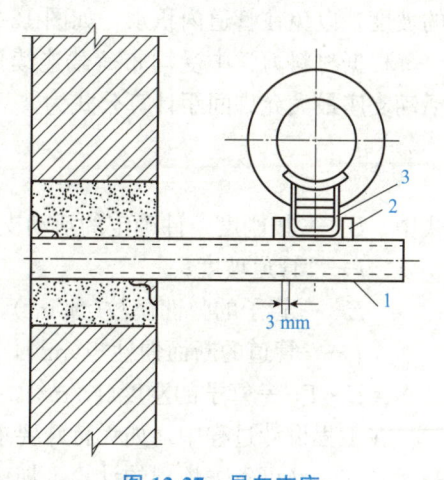

图 12-27 导向支座

1—支架；2—导向板；3—支座

度条件两个方面来考虑，选取其中的较小值作为活动支座的最大间距。

(1)按强度条件确定活动支座的间距。按强度条件确定活动支座的最大间距时，主要考虑外载负荷，即自重和风荷载作用在管道断面上的最大应力不超过管材的许用应力。

供热管道的水平管段，参照材料力学中均匀荷载多跨梁的弯曲应力计算公式，并应考虑弹性条件，计算出活动支座的允许间距。其计算公式为

$$L=\sqrt{\frac{15(\sigma_W)\varphi\omega}{q_d}} \tag{12-14}$$

式中　L——管道的允许跨距，即活动支座的最大间距(m)；
　　　(σ_W)——管道的许用外载综合应力(MPa)，见附表12-8；
　　　φ——管子的横向焊缝系数，见表12-7；
　　　ω——管子断面抗弯矩(10^{-6})，见附表12-2；
　　　q_d——外载负荷作用下管子单位长度的计算质量(N/m)。

地沟敷设管道和室内供热管道，计算质量 q_d 可取管子本身质量、其内介质的质量及保温层的质量。室外架空敷设的管道，q_d 还要考虑风荷载的影响。

表12-7　管子横向焊缝系数 φ 值

焊接方式	φ 值	焊接方式	φ 值
手工电弧焊	0.7	手工双面加强焊	0.95
有垫环对焊	0.9	自动双面焊	1.0
无垫环对焊	0.7	自动单面焊	0.8

(2)按刚度条件确定活动支座的间距。两活动支座之间的管段，在外载的作用下，将产生一定的挠度。根据对挠度的限制所确定的管道允许跨距，称为按刚度条件确定的管道允许跨距，即按刚度条件确定的活动支座最大间距。具体要求为，管道挠曲所产生的最大角变不应大于管道的坡度，以免在管道内积水，如图12-28所示。

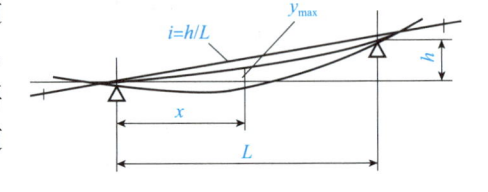

图12-28　活动支架间的管线变形

根据材料力学中受均布荷载连续角变形公式，活动支座最大允许间距计算公式为

$$L=5\sqrt{\frac{iEI}{q_d}} \tag{12-15}$$

式中　L——按刚度条件确定的活动支座的最大允许间距(m)；
　　　i——管道坡度；
　　　E——管子的弹性模数(N/m^2)，见附表12-1；
　　　I——管道的断面惯性矩(m^4)，见附表12-2；
　　　$E·I$——管子的刚度(N/m^2)，见附表12-2。

在工程设计过程中，如无特殊要求，活动支座的间距可按表12-8确定，这样既可满足技术要求，又可省去烦琐的计算，加快设计速度。

表 12-8　活动支座间距表

公称直径 DN/mm			40	50	65	80	100	125	150	200	250	300	350	400	450
活动支座间距	保温	架空敷设	3.5	4.0	5.0	5.0	6.5	7.5	7	10.0	12.0	12.0	12.0	13.0	14.0
		地沟敷设	2.5	3.0	3.5	4.0	4.5	5.5	5.5	7.0	8.0	8.5	8.5	9.0	9.0
	不保温	架空敷设	6.0	6.5	8.5	8.5	11.	12.0	12.0	14.0	16.0	16.0	16.0	17.0	17.0
		地沟敷设	5.5	6.0	6.5	7.0	7.5	8.0	8.0	10.0	11.0	11.0	11.0	11.5	12.0

4.2 管道的固定支座

管道的固定支座将管道固定，使其不产生轴向位移。

1. 固定支座的形式

管道在安装中常用的卡环式固定支座、曲面槽固定支座和挡板式固定支座分别如图 12-29～图 12-31 所示。卡环式固定支座主要用管径较小、轴向推力较小的供热管道。曲面槽固定支座实际上就是把曲面槽滑动支座的槽底板与支撑结构上面的支撑钢板焊在一起，它所承受的轴向推力一般不超过 50 kN，若超过 50 kN，则采用挡板式固定支座。

微课：管道活动支座架及固定支架

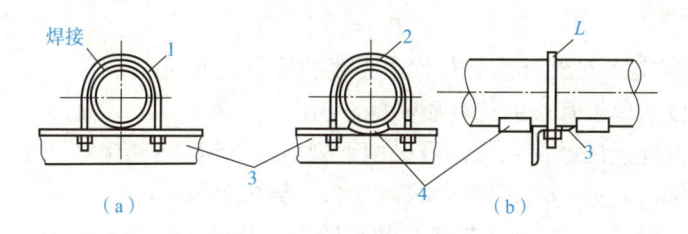

图 12-29　卡环式固定支座
（a）卡环式；（b）带弧形挡板的卡环式
1—固定管卡；2—普通管卡；3—支架横梁；4—弧形挡板

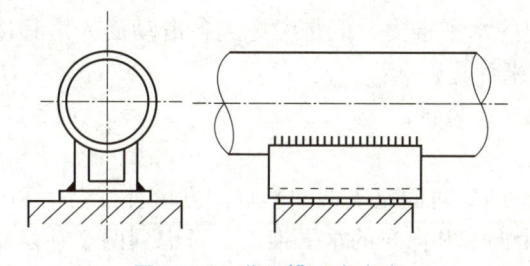

图 12-30　曲面槽固定支座

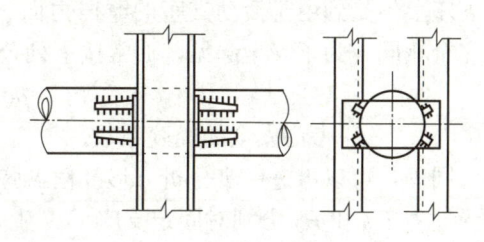

图 12-31　挡板式固定支座

2. 固定支座的设置

固定支座的设置应考虑以下原则：

（1）在不允许有轴向位移的节点处设置固定支座。如在有支管分出的干管处，以限制此处干管的位移。该处受力情况较复杂，既有干管的轴向热应力，又有支管对干管的推力。如果不在此干管处设置固定支座，将造成管路的损坏。

（2）在热源出口，热力站和热用户出入口处均应设置固定支座，以消除外部管路对室内管路和附件的作用力。

(3)在管路转弯处的两侧应设置固定支座,以保证弯曲应力不超过许用应力。固定支座将管路分成长度不等的管段。在每一管段之间,应根据需要继续增设固定支座,确定固定支座的类型和固定支座的数目。可根据表12-8确定固定支座的最大间距,并保证两个固定支座之间有一个补偿器。

在设计和选用固定支座的过程中,应对它所承受的作用力进行计算。固定支座所受到的水平推力,有以下几个方面:

(1)管道活动支座的摩擦力(P_m)。

(2)补偿器的变形力。包括波纹管补偿器的弹性变形力(P_K);方形补偿器和自然补偿器的弹性变性所产生的水平推力(P_d);套管补偿器的摩擦力(P_t)。

(3)管道内压力所引起的水平推力(P_n)。

常见的固定支座布置及推力计算见附表12-9～附表12-11。

现以附表12-9中示意图1的形式为例,说明配置方形补偿器情况下,固定支座的受力状况。

首先分析由于活动支座的摩擦力对固定支座 F 所产生的推力。当管道受热伸长时,由于 F 点为固定点,L_1 管段向左伸长,L_2 管段向右伸长,管道与活动支座之间的摩擦力 P_m 应为

$$P_m = q\mu L \tag{12-16}$$

式中　L——由固定支座 F 到补偿器对称中心线的管段长度(m);

　　　q——该管段的单位管长的计算质量(kg/m);

　　　μ——活动支座上的摩擦系数。可采用下列数值:钢与钢接触时,$\mu=0.3$;钢与混凝土接触时,$\mu=0.6$;钢与木接触时,$\mu=0.28\sim0.40$。

由此可见,在补偿器1到固定支座 F 的管段上,活动支座的摩擦力将对 F 点产生一个向右的推力,其大小为 $P_{m1}=q_1\mu L_1$,而在补偿器2到固定支座 F 的管段上,活动支座的摩擦力将对 F 点产生一个向左的推力,其大小为 $P_{m2}=q_2\mu L_2$。所以,活动支座的摩擦对 F 点产生的水平推力为 $\mu(q_1L_1-q_2L_2)$。如两管段的长度 L 及 q 值均相等,则理论上可认为:固定支座上不受到由于活动支座的摩擦力而引起的水平推力。但是考虑到各滑动面光滑程度不完全相同,为了安全起见,通常按下列公式来计算:

$$\sum P_m = \mu q_1 L_1 - 0.7\mu q_2 L_2 \tag{12-17}$$

式中　0.7——考虑安全的经验系数。

同理,可以再进一步分析方形补偿器弹性力 P_d 对固定支架的影响。方形补偿器1和2的弹性力 P_{d1} 和 P_{d2} 分别对固定支座 F 产生一个向右和向左的水平推力。考虑到两个补偿器的制作质量和安装情况并不完全相同,为了安全起见,它们的合力按下式计算:

$$\sum P_d = P_{d1} - 0.7 P_{d2} \tag{12-18}$$

最后计算管道内压力引起的推力 P_n。管道内输送的热媒具有一定的内压力,这个压力将作用在所有与热媒接触的壁面上。当沿热媒流动方向管道断面发生改变时,内压力作用在改变的断面上将产生一个与管轴平行并垂直于该断面的轴向力。这个由内压力作用而产生的轴向力就是 P_n。该力通过管壁直接作用在管道固定支座上,其计算公式为

$$P_n = P f_b \tag{12-19}$$

式中　　P——管内热媒的工作压力(MPa);

　　　　f_b——管道断面的改变面积在管道轴向的投影面积(m^2),如变径管 $f_b=\frac{\pi}{4}(d_1^2-d_2^2)$;堵板、关闭的阀门、弯管等 $f_b=\frac{\pi}{4}d_n^2$。

　　　　d_1、d_2、d_n——均匀管道内径(m)。

对于固定支座,两侧的 f_b 是相等的,管道内压力变化很小,可以认为两侧内压作用相等,方向相反,即

$$\sum P_n = 0 \tag{12-20}$$

因此,对于表12-8例1形式的管道上,固定支座 F 所受的总水平推力应为上述两项之和,即

$$F = P_{d1} + q_1\mu L_1 - 0.7(P_{d2} + q_2\mu L_2) \tag{12-21}$$

其他情况下固定支座所受到的水平推力,可用相同的方法推导出计算公式。

应当注意,作用于固定支座的各力中,以内压力所产生的推力最大,其他两力之和与之相比较小。

对于有多根管道共同敷设支座,在确定其所承受的水平推力时,还应考虑各管道之间的相互作用。温度高的管道在热伸长时要产生推动支座的水平推力,而温度低的管道在充分伸长后,会阻止高温管道对支座的推动。这时作用支座上的力将会相互抵消一部分,使支座承受的水平推力减少。4根及4根以上管道共架敷设时,应对这种管道之间的相互牵制作用予以考虑。

任务5　供热管网的附属设施及调节附件

5.1　供热管道的泄水与放气

供热管道安装完毕后,需进行水压试验。系统运行之前,需要进行管路清洗。当供热管线发生故障时,需要对其进行检修。上述过程均伴随着系统的充水与泄水。充水和泄水过程中,还应及时放气和充气。为保证泄水与放气过程的正常进行,供热管道需要有一定的坡度,根据地形在适当部位设置排水点和放气点,安装排水、放气装置,使排水点靠近排水管道。排水装置应设置在管段的最低点,放气装置应设置在管段的最高点,如图12-32所示。排水管直径根据需要排放出的水量决定,应保证一个放水段的排水时间不超过表12-9的规定,也可根据管道直径参照表12-9确定。放气管直径应根据管道直径来确定,可参照表12-10。

图12-32　管道的放气和排水
1—排水阀;2—放气阀

管道坡度应根据管道所经过地区的地形状况来确定,一般不小于0.002,汽水逆向流向的蒸汽管道,其坡度不小于0.005。从理论上讲,室外供热管道的坡向应保证沿水流方向抬头走。管道在实际敷设过程中,不可能满足这一需要,而只能随地形敷设。但由于管道管径较大,管路上的局部管件少,管内的水流速度较高,不会产生气塞现象。

表 12-9　热水管道的放水时间

管道公称直径/mm	放水时间/h
≤300	2～3
350～500	4～6
≥600	5～7

表 12-10　排水管、放气管直径选择表

管道公称直径/mm	<80	100～125	150～200	250～300	350～400	450～550	>600
泄水管公称直径/mm	25	40	50	80	100	125	150
放气管公称直径	15	20	25	25	32	32	40

5.2　供热管道的检查井与检查平台

地下敷设的供热管道，在装有阀门、排水与放气装置、疏水器等需要经常维护管理的管路设备和附件处，应设置检查井。架空管道应设置检查平台。

检查井的结构尺寸，需要根据管道的数量、管径、阀门及附件的数量和规格确定。既要考虑维护操作方便，又不造成浪费。检查井的净高应不小于 1.8 m，人行通道的净宽不小于 0.6 m。检查井人孔应对角布置，直径不小于 0.7 m，数量不少于两个。当检查井内面积小于 4 m² 时，可只设置一个人孔。为方便工作人员出入，每个人孔处应装设爬梯。检查井内人孔下方至少应设一个集水坑，尺寸不小于 0.4×0.4×0.5（长、宽、深）。检查井内地面应坡向集水坑，坡度为 0.01。检查井内地面应比地沟内底至少低 0.3 m。当检查井内设备和附件不能从人孔出入时，应在检查井顶板设安装孔。安装孔的位置和尺寸应方便最大设备的进出与安装。分支管路在检查井内均应设置关断阀门和泄水管，以便当支线发生故障时，能及时切断并将管线中水排除。检查井内公称直径大于或等于 300 mm 的阀门应设支撑。检查井盖板上覆土深度不得小于 0.3 m。检查井的构造形式如图 12-33 所示。

应根据工人维修操作方便的要求来确定检查平台的尺寸。检查平台四周应设置护栏及上下扶梯。

在保证运行可靠、维护方便的前提下，应尽量减少检查井的数量。

5.3　供热管道的控制阀门

阀门是用来开闭管路和调节输送介质流量的附件。供热管道上常用的阀门有闸阀、蝶阀、截止阀、止回阀等。

闸阀构造如图 12-34 所示，由阀体、阀座、阀杆、阀盖和手轮等组成。其工作原理是利用闸板的升降达到开启、关闭的目的。其特点是结构简单、阀体较短，流体通过阀门时，阻力小，无安装方向要求。适宜用在完全开启或关闭的管路，不宜用在要求调节流量的管路。由于闸板和阀座间的磨损，会使阀门的严密性降低。

蝶阀构造如图 12-35 所示，由阀体 1、阀板 2、密封圈 3、传动装置 4 等部件组成。启闭传动方式有手动、电动、和液压传动等。其工作原理是利用圆盘形的阀板，围绕垂直于管道轴线的固定轴旋转达到开关的目的。蝶阀构造简单、轻巧，开、关迅速，阀体比闸板阀短小，质量小。目前发展很快，在工程中有取代闸板阀的趋势。其缺点是严密性较差。

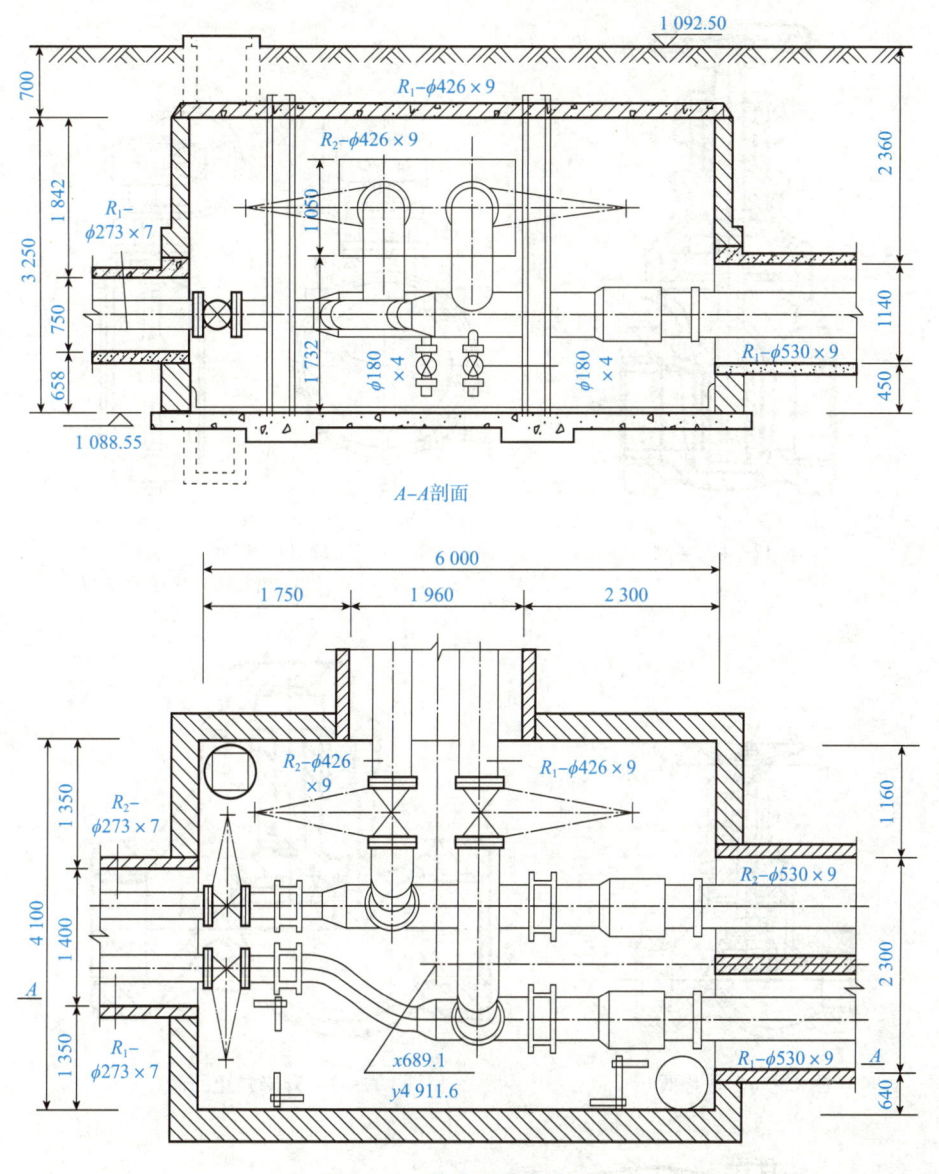

图 12-33 检查井的构造形式

截止阀构造如图 12-36 所示，由阀体、阀座、阀瓣、阀杆和手轮等部分组成。截止阀有螺纹和法兰接口两种形式。其工作原理是借改变阀瓣与阀座之间的距离，达到开启、关闭和调节流量大小的目的，这种阀门的特点是结构简单、严密性高、制造维修方便。流体从低侧流入、高侧流出，改变流动方向，阻力大。安装时注意方向，不能装反。可用于严密性较高的热水、蒸汽管路。

升降式止回阀与旋启式止回阀的构造分别如图 12-37 和图 12-38 所示。其工作原理是依靠流体的动压和冲力来自动开启与关闭阀门，只允许介质向一个方向流动，应严格按照方向安装。升降式只能用在水平管路上，而旋启式既可用在水平管道上，又可用在垂直管道上。止回阀按连接方式有螺纹连接和法兰连接两种。止回阀一般用于水泵出水口。

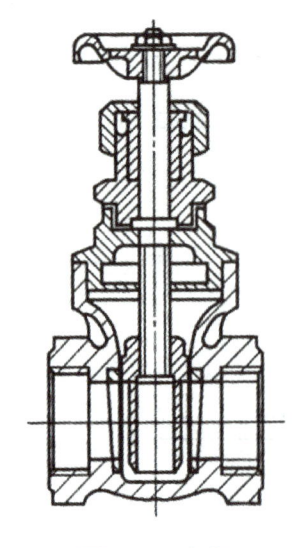

图 12-34 闸阀

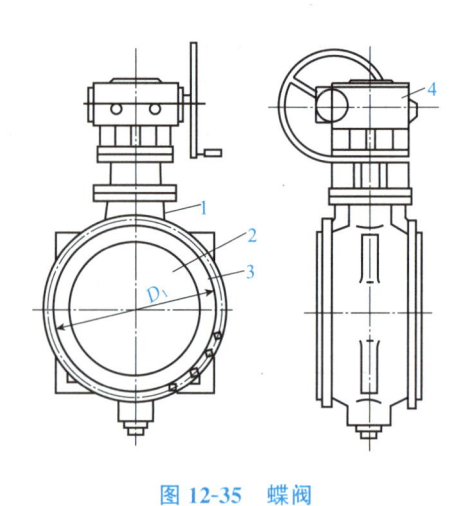

图 12-35 蝶阀
1—阀体；2—阀板；3—密封圈；4—传动装置

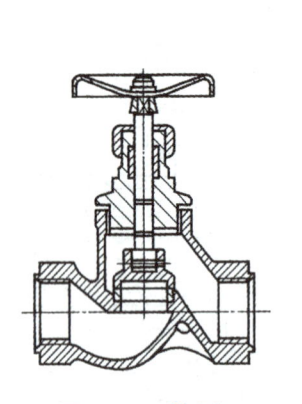

图 12-36 截止阀

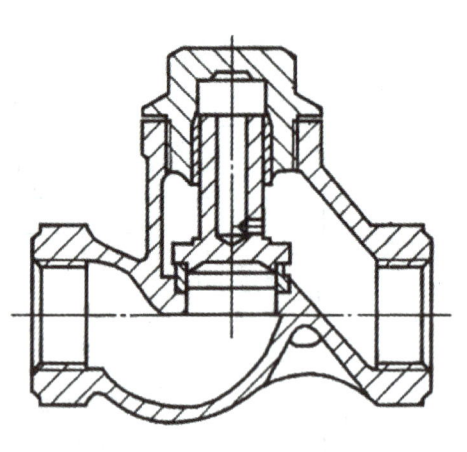

图 12-37 升降式止回阀

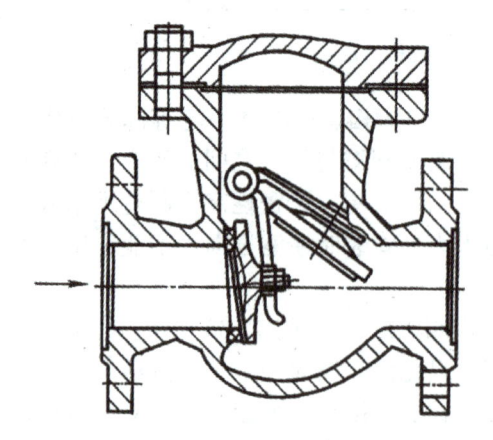

图 12-38 旋启式止回阀

微课：供暖阀门附件的选择安装

任务 6　供热管道的保温、防腐与刷油

供热管道及其附件保温的主要目的是减少热媒在输送过程中的热损失，节约燃料，保证操作人员的安全，改善劳动条件。

热网运行经验表明，热水管网即使有良好的保温，其热损失仍占总输送热量的 5%～8%，蒸汽管网为 8%～12%。保温结构的费用占热网总费用的 25%～40%。因此，保温是管网施工和设计中一项非常重要的工作。

6.1　常用管道保温材料的种类和性能

保温材料应具有热导率小、密度小、有一定机械强度、吸湿率低、抗渗透性强、耐热、不燃、无毒、经久耐用、施工方便、价格低等特点。当然，任何一种保温材料都不可能具有上述所有特点，这就需要根据具体保温工程情况、优先考虑材料的性能、工作条件、施工方案等因素进行选用。

目前，保温材料的种类很多，新型保温材料的研制也在不断创新，且各厂家生产的同一种保温材料的性能也各有差异。因此，在选用时应注意参考厂家产品样本及使用说明书给定的技术数据。常用的保温材料及性能见表 12-11。

表 12-11　常用保温材料及性能

材料名称	使用温度/℃	导热系数/[W·(m·K)$^{-1}$]	密度/(kg·m^{-3})
膨胀珍珠岩散料	−256～800	0.029～0.033 7	81～120
水泥膨胀珍珠岩瓦	<600	0.052 3	250～400
酚醛玻璃棉瓦	−20～250	0.043	120～150
沥青玻璃棉毡	−20～250	0.043	<80
膨胀蛭石	−20～1 000	0.052 3～0.069 8	80～280
水泥蛭石管壳	<600	0.093 4	430～500
矿渣棉	<400	0.037 2～0.052 3	80～135
石棉绳	<500	0.069 8～0.209	590～730
硅藻土石棉灰	<900	0.066 2	280～380
聚苯乙烯泡沫塑料	−80～70	0.035～0.044 2	16～50
聚氯乙烯泡沫塑料	−35～60	0.043～0.052 3	40～100
岩棉制品	−268～700	<0.035	40～250

保温层的厚度一般可参照相关标准图集提供表格直接查出。较特殊的保温结构的保温层厚度应在详细计算后确定。

6.2 管道保温材料经济厚度的确定

供热管道热力计算的任务是计算管路散热损失、供热介质沿途温度降、管道表面温度及环境温度，从而确定保温层厚度。

在工程设计中，管道保温厚度通常按技术经济分析得出的"经济保温厚度"来确定。所谓经济保温厚度是指考虑管道保温结构的基本建设投资和管道的热损失的年运行费用两者因素，折算得出在一定年限内其"年计算费用"为最小值时的保温层厚度。

微课：供热管道试压、冲洗及保温

供热管道的散热损失可以根据传热学的基本公式进行计算。供热管道的敷设方式不同，其计算方法也有所差别。现仅对其中较常见的直埋敷设管道散热计算方法加以介绍。

直埋敷设管道在计算管道散热损失时，需要考虑土壤的热阻。首先对单根管道进行分析，如图12-39所示。

管道土壤的热阻 R_t 的计算公式为

$$R_t = \frac{1}{2\pi\lambda_t} \ln\left(\frac{2H}{d_z} + \sqrt{\left(\frac{2H}{d_z}\right)^2 - 1}\right) \quad (12\text{-}22)$$

式中　d_z——与管子接触的管子外表面的直径(m)；
　　　λ_t——土壤的导热系数。当土壤温度为10~40℃时，中等湿度土壤的导热系数为1.2~2.5 W/m·℃；

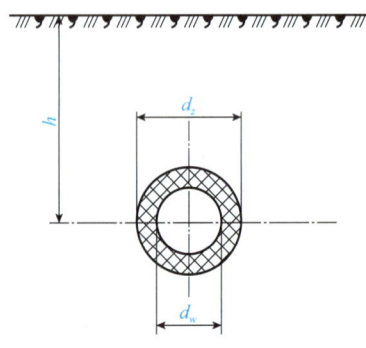

图 12-39　直埋敷设管道散热损失计算

　　　H——管子的折算埋深(m)。管子的折算埋深按下式计算：

$$H = h + h_j = h + \frac{\lambda_t}{\alpha_K} \quad (12\text{-}23)$$

式中　h——从地表面到管中心线的埋设深度(m)；
　　　h_j——假想土壤层厚度(m)，此厚度的热阻等于土壤表面的热阻；
　　　α_K——土壤表面的放热系数，可采用 $\alpha_K = 12 \sim 15$ W/m²·℃计算。

此时，直埋敷设保温管道的散热损失($h/d_z < 2$)，可按下式计算：

$$\Delta Q = \frac{t - t_{d \cdot b}}{R_b + R_t} = \frac{t - t_{d \cdot b}}{\frac{1}{2\pi\lambda_b}\ln\frac{d_z}{d_w} + \frac{1}{2\pi\lambda_t}\ln\left[\frac{2H}{d_z} + \sqrt{\left(\frac{2H}{d_z}\right)^2 - 1}\right]} \cdot (1+\beta)l \quad (12\text{-}24)$$

式中　$t_{d \cdot b}$——土壤地表面温度(℃)；
　　　β——管道附件、阀门、补偿器、支架等到散热损失系数，可取为0.20；
　　　l——管道长度(m)。

其他符号意义同前。

当几根管道并列直埋敷设时，其相互之间的传热影响用一个假想的附加热阻来考虑。在双管直埋的情况下，如图12-40所示，附加热阻 R_c 可用下式表示：

$$R_c = \frac{1}{2\pi\lambda_t} \ln\sqrt{\left(\frac{2H}{b}\right)^2 + 1} \quad (12\text{-}25)$$

式中 b——两管中心线间的距离(m)。

其他符号意义同前。

第一根管的散热损失：

$$q_1 = \frac{(t_1 - t_{d \cdot b})\sum R_2 - (t_2 - t_{d \cdot b})R_c}{\sum R_1 \cdot \sum R_2 - R_c^2} \quad (12\text{-}26)$$

第二根管的散热损失：

$$q_2 = \frac{(t_2 - t_{d \cdot b})\sum R_1 - (t_1 - t_{d \cdot b})R_c}{\sum R_1 \cdot \sum R_2 - R_c^2} \quad (12\text{-}27)$$

式中 q_1，q_2——第一根管和第二根管的散热损失(W/m)；

t_1，t_2——第一根管和第二根管内的热媒温度(℃)；

$\sum R_1$，$\sum R_2$——第一根管和第二根管道的总热阻(m·℃/W)；

$$\sum R_1 = R_{b \cdot 1} + R_t; \quad \sum R_2 = R_{b \cdot 2} + R_t$$

$R_{b \cdot 1}$，$R_{b \cdot 2}$——第一根管和第二根管的保温层热阻(W/m·℃)，可按相应传热学公式计算；

$t_{d \cdot b}$——土壤地表面温度(℃)。

其他符号意义同前。

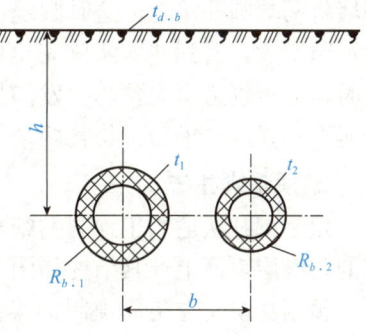

图 12-40 直埋双管散热损失计算

6.3 管道防腐与保温的做法与技术要点

管道保温结构一般由防锈层、保温层、保护层和防腐层组成。防锈层的材料多为防锈漆涂料或沥青冷底子油直接涂刷于干燥、洁净的管道表面上，以防止金属受潮后产生锈蚀。保温层在防锈层的外面，是保温结构的主要部分，其所用的材料为设计选定的保温材料，用来防止热量的传递。保护层在保温层的外面，常用的材料有玻璃丝布、油毡纸玻璃丝布、金属薄板等，其作用是阻挡环境和外力对绝热材料的影响，延长保温结构寿命。保温结构的最外面是防腐层，一般采用耐气候性较强的涂料直接涂刷在保护层上。防锈、防腐所用的油漆涂料，可用手工喷涂、空气喷涂等方法施工。下面主要介绍几种常见的保温层和保护层的施工方法。

1. 硬质泡沫塑料保温

用硬质泡沫塑料保温较常见的方式是采用硬聚氯乙烯管做保护层，即硬塑保护层。

用硬塑保护层预制保温管，是使发泡液在两端头封闭的塑料套管与绝热管道之间的空间发泡，最后硬化，将管道、绝热材料、保护层三者牢固地结为一体，形成"管中管"式的整体式绝热结构。所谓发泡是用两种液态物质加入催化剂、发泡剂和稳定剂等原料调配而成的。例如，聚异氰脲酸酯硬质泡沫塑料的发泡液就是用异氰脲酸酯和多元醇按比例调配而成的。聚氨酯硬质泡沫塑料是由聚醚和多元异氰酸酯按比例配制而成的。发泡液的特点是与空气接触 0.5~1.0 min 后，分子间距增大，体积开始膨胀，俗称发泡现象。发泡保温前应将管子表面处清理干净，不得有污物、油脂和铁锈等，将无缝硬塑外壳套在钢管上，硬塑管内径的大小根据钢管外径及所需保温层厚度而定，一般情况下：绝热层厚度为 30~50 mm。将高度等于绝热厚度的硬泡垫块十字对称塞在两管的环缝之中，使两管中心保持同轴，然后把环缝两端封堵上，每个封堵上留有一个圆孔，位于平置管子的上部。将调制好的发泡液从封堵上的圆孔注入两管之间的环缝中，液体在环缝内膨胀发泡，充满整个环形空间，并牢固地附着在钢管表面和硬塑壳的内壁上。注完发泡液，用带有微型排气孔的塞堵将两端圆孔堵上，这时圆缝内部的发泡还在继续，使固定体积空间内的发泡物质的密度不断增大，直到注入液体完全膨胀完为止。发泡温度最好是 20～25 ℃，当温度低于 15 ℃时，应将管道事先预热。发泡后的保温管需要放置一段时间，待泡沫凝聚、固化，达到密实度和强度要求后，将管两端的封堵取下来。上述过程一般都在工厂预制完成。

2. 预制绑扎法

预制绑扎法适用于预制的绝热瓦、板材及管壳类绝热制品，用镀锌钢丝将其绑扎在管道的防腐层表面上。其结构如图 12-41 所示。

预制瓦块是在工厂预制的半圆形或扇形的瓦块，如图 12-42 所示。预制瓦块的长度一般为 300～600 mm，安装时为使预制瓦块与管壁紧密结合，瓦块与管壁之间应涂一层石棉粉或石棉硅藻土胶泥。绝热材料为矿渣棉、玻璃棉、岩棉等矿纤材料时，可不涂胶泥，直接绑扎。因矿纤材料具有弹性，可将管壳紧紧套在管道表面上。绑扎两块绝热材料之间的接缝应尽量减小，不能使用胶泥抹缝。而对非矿纤材料制品所有接缝均应用石棉粉或石棉硅藻土等配制成的胶泥填缝。

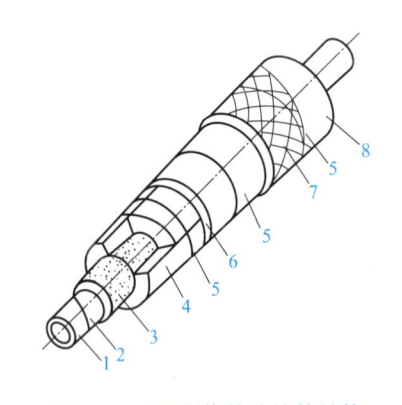

图 12-41 预制绑扎法绝热结构
1—管道；2—防锈漆；3—胶泥；4—保温材料；
5—镀锌铁丝；6—沥青油毡；7—玻璃丝布；8—防腐漆

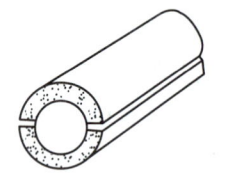

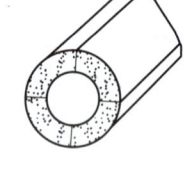

图 12-42 保温瓦块

绑扎材料时应将横向接缝错开，如为管壳，应将纵向接缝设置在管道的两侧。如一层保温制品厚度不能满足要求时，可采用双层或多层结构，分层分别用镀锌钢丝绑扎，内外接缝要错开。绑扎使用的镀锌钢丝直径一般为 1.0～2.0 mm，绑扎间距为 250～300 mm，且每块制品至少要绑扎两圈钢丝，绑扎接头应嵌入接缝内。

3. 缠包捆扎法

当采用玻璃棉毡、矿渣棉毡、岩棉毡及其棉类制品作为绝热材料时，可将棉毡缠包在管子上，再用镀锌钢丝捆扎，称为缠包捆扎法。施工时，先将管子的外圆长加上搭接宽度把保温棉毡剪成适当纵向长度的条块，再将其缠包在管子防锈层的外面。其结构如图 12-43 所示。

如果一层棉毡达不到要求厚度时，可增加缠包层数，直到达到要求的厚度为止。棉毡的横向接缝必须紧密结合，如有缝隙，应用同质的棉毡材料填缝。棉毡的纵向接缝应放在管子的顶部，搭接宽度可按保温层外径大小选择 50～300 mm，在棉毡外面用直径为 1.0～1.4 mm 的镀锌钢丝绑扎，间距为 150～200 mm。当绝热层外径大于 500 mm 时，还应用网孔为 30×30 mm 的镀锌钢丝网缠绕，再用镀锌钢丝扎牢。

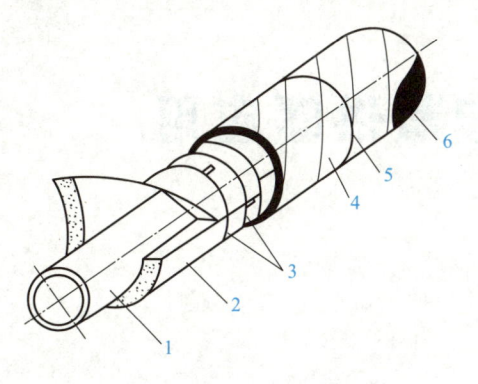

图 12-43　缠包捆扎法绝热结构

1—管子；2—保温棉毡；3—镀锌钢丝；
4—玻璃布；5—镀锌钢丝或钢带；6—调和法

微课：供热管道及其附件保温

思考题与实训练习题

1. 思考题

(1) 分析直埋敷设供热管道的优点和缺点。
(2) 直埋敷设管道常用的补偿器是什么？分析其优点和缺点及安装要点。
(3) L 形和 Z 形自然弯补偿器固定支座如何确定？
(4) 直埋敷设管道如采用波纹管补偿器，其固定支座的间距应如何确定？
(5) 供热管道固定支座所受到的水平推力应包括几个方面？
(6) 供热管道常用的关闭阀门有哪些？其特点各是什么？
(7) 计算直埋敷设管道经济保温层厚度过程中，其土壤热阻确定的理论依据是什么？

2. 实训练习题

根据给定图纸和数据，进行补偿器选型。

课后思考与总结

第 3 部分　智慧供暖应用

学习目标

知识目标

1. 熟悉触摸屏与 BLC-54EH 的连接方法。
2. 熟悉触摸屏与 BLC-54EH 的点位控制。

能力目标

1. 能够完成触摸屏与 BLC-54EH 的连接。
2. 能够利用网络资源收集本课程相关知识资料。
3. 能够运用学习过程中的经验知识，处理工作过程中遇到的实际问题并解决困难。
4. 具备自学能力和继续学习的能力。

素质目标

1. 具有团队协作意识、服务意识及协调沟通交流能力。
2. 能认真完成所接受的工作任务，脚踏实地，任劳任怨。
3. 诚实守信、以人为本、关心他人。
4. 厚植爱国主义、社会主义的思想情怀，做有理想、有道德、有文化、有纪律的社会主义接班人。
5. 培养职业素养，激发科技报国的家国情怀和使命担当。

思政小课堂

2020 年 9 月 22 日，中国在第七十五届联合国大会上宣布，力争在 2030 年前二氧化碳排放达到峰值，努力争取在 2060 年前实现碳中和目标。自此中国向世界做出了庄严的承诺，并一直为实现"双碳"战略不断努力和突破。

2021 年 5 月 26 日，碳达峰碳中和工作领导小组第一次全体会议在北京召开。

2021 年 10 月 24 日，中共中央、国务院印发的《关于完整准确全面贯彻新发展理念做好碳达峰碳中和工作的意见》发布。作为碳达峰碳中和"1＋N"政策体系中的"1"，意见为碳达峰碳中和这项重大工作进行系统谋划、总体部署。

2021 年 10 月，《关于完整准确全面贯彻新发展理念做好碳达峰碳中和工作的意见》及《2030 年前碳达峰行动方案》这两个重要文件相继出台，共同构建了中国碳达峰、碳中和"1＋N"政策体系的顶层设计，而重点领域和行业的配套政策也围绕以上意见及方案陆续出台。

2022 年 8 月，科技部、国家发展改革委、工业和信息化部等 9 部门印发《科技支撑碳达峰碳中和实施方案（2022—2030 年）》（以下简称《实施方案》），统筹提出支撑 2030 年前实现碳达峰目标的科技创新行动和保障举措，并为 2060 年前实现碳中和目标做好技术研发储备。

"双碳"目标是"十四五"规划的重要内容，建筑领域作为我国节能减排的三大重要领域之一，要在2030年前实现碳达峰面临诸多挑战，而绿色智慧建筑是推动建筑领域如期实现碳达峰的主要措施。未来，建筑将会装上一个由5G、人工智能、大数据、物联网构成的"绿色数智大脑"，采暖等建筑设备的低碳运行对绿色建筑的落实起着关键的作用。

发挥想象，未来人们生活的城市可能是充满生机的、智慧智能的。作为专业技术人才，要传承鲁班精益求精的精神，践行"双碳"目标，建设绿色数智建筑。

项目 13　智慧供暖简介

随着我国经济社会的不断发展，人们对城市建设也提出了更高的要求，不仅如此，我国在"十四五"规划中也明确了国民经济社会发展的目标与任务——打造智慧城市。在大型集中供热系统中，由于其线路覆盖范围广且地形过于复杂，对供热企业提出了更高的要求。在智慧城市的建设中，无论是对供热行业本身还是相关的部门、产业、行业，智慧供暖都已成为其中的首要任务之一。随着信息技术的发展，在供热系统中融入互联网技术、自控技术，并结合清洁供热工作，打造信息化、数字化和智能化的供热平台。

13.1 智慧供暖现状

（1）随着供热规模的不断扩大，我国大部分城市开始建设一个城市共用一张供热网模式。因此，对于供热系统的安全也就有了更高的要求，如果仍采取原有的管理模式，就会使供热系统存在安全隐患。

（2）虽然供热控制设备更新换代，但供热系统中的大量信息还在采取传统的方式，对设备进行调控时仍在采取人工调控方式。

（3）无论是一级供热管网，还是二级供热管网，都存在水力失调的问题。为了解决这些问题，要摒弃传统钻管沟的方法对阀门进行调节，找到新的水力平衡调节方法。

微课：智慧供暖介绍

13.2 智慧供暖目标

（1）对供热资源水力失调和分配不均的问题进行有效解决，节省供热资源。

（2）实现全网自动化调节模式，不需要手动调节，真正实现按需求精准调控。

（3）通过热力站自动化监控和控制模式，实现供热系统的高效率运行，并提前预警故障点。

（4）改变传统的运行数据统计和分析方式，避免人工操作造成的数据异议，通过云计算平台，自动对供热数据进行精准的统计和上传，实现供热系统数据的智能化采集。

13.3 智慧供暖技术未来发展

在大型供热管网中使用智慧供暖技术，不仅大大提高了经济效益，还能实现节能环保的效果。

（1）在生产中融入服务系统。为了有效运用生产及服务系统的业务特点和数据信息，需要利用智慧供暖监控平台，使系统之间的数据实现共享，这不仅提高了各项业务之间的交互率，还能建立生产、经营等办公平台。另外，还可以采取扁平式管理模式，通过对数据的分析找到管网均衡供热的方法，进而提升供热管网的运行水平。

（2）加强对一、二次网的平衡管控。与一次网相比，二次网特别容易在关键节点上出现问题，尤其是数据上的缺失，影响了供热管网的精准度。为了有效解决这一问题，首先要热力入口改成信息化的方式，并把无线温度压力传感器安装到回水管道上，分析处理收集的数据，并快速掌握水力平衡状态，这样就可以使二次网的水力和热力保持在平衡状态。

（3）精准调节室内温度，不仅可以确保用户的室温，还能满足用户对理想温度的控制。为了满足用户对供热的需求，就不能采取气候补偿曲线的方法，需要完善和优化调控方式，从而有效避免在供热的过程中出现供暖不均的现象。进一步实现全网自动化室温调节，真正实现经济供热。

（4）实现高水平智慧供暖。随着科学技术的快速发展，充分利用信息化技术、智能化技术、数字化技术，对供热系统进行统筹调配，尤其是在供热系统的故障诊断、负荷预测、流量精准调控等方面，可实现智能设定，用户可以根据温度需求和时间需求，通过手机等智能系统实现对供热系统的精准调节，满足用户的差异化需求。同时，高水平的智慧供暖可最大限度地降低资源消耗，以精打细算的算法实现供热系统的精准运行，符合绿色、低碳发展要求。

思考题与实训练习题

1. 智慧供暖的建设目标是什么？
2. 智慧供暖技术未来的发展是什么？
3. 谈谈你对智慧供暖的认识。

课后思考与总结

项目 14　智慧供暖智能化应用

14.1　设备安装

前面项目中学习了地板辐射供暖系统(图 14-1)，本项目学习如何利用实际设备模拟用温度传感器采集数据，来控制阀门开度，调整流量，控制室内温度，给供暖系统安装上智慧大脑，实现节能。其主要用到阀门(图 14-2)、温度传感器(图 14-3)、网线(图 14-4)、54EH DDC 主控设备(图 14-5)等设备。

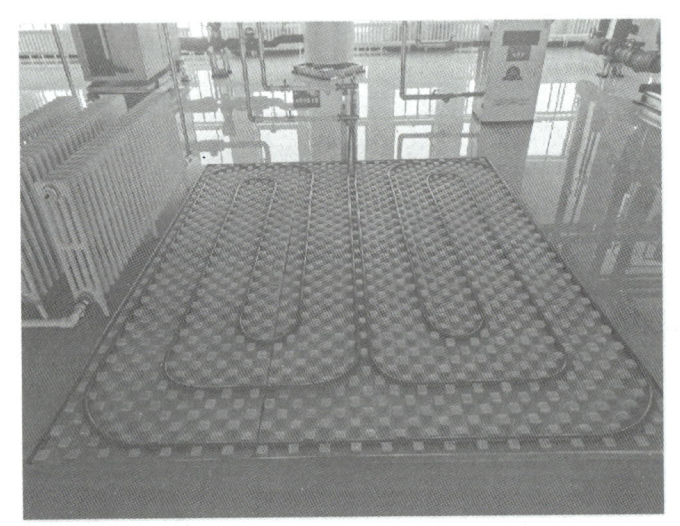

微课：智慧供热系统

图 14-1　地板辐射供暖系统

图 14-2　阀门　　　　　　　　　　　　　图 14-3　温度传感器

图 14-4　网线　　　　　　　　　　　　　图 14-5　54EH DDC 主控设备

阀门有 5 种颜色的线，白色接输入，输入为 IN0～IN15，共 16 个；蓝色接输出，输出为 AO0～AO5，共 6 个；红色接电源；绿色、黄色接地，接一个即可，如图 14-6 所示。

温度传感器有 2 种颜色的线，一根接入输入 IN，一个接地。

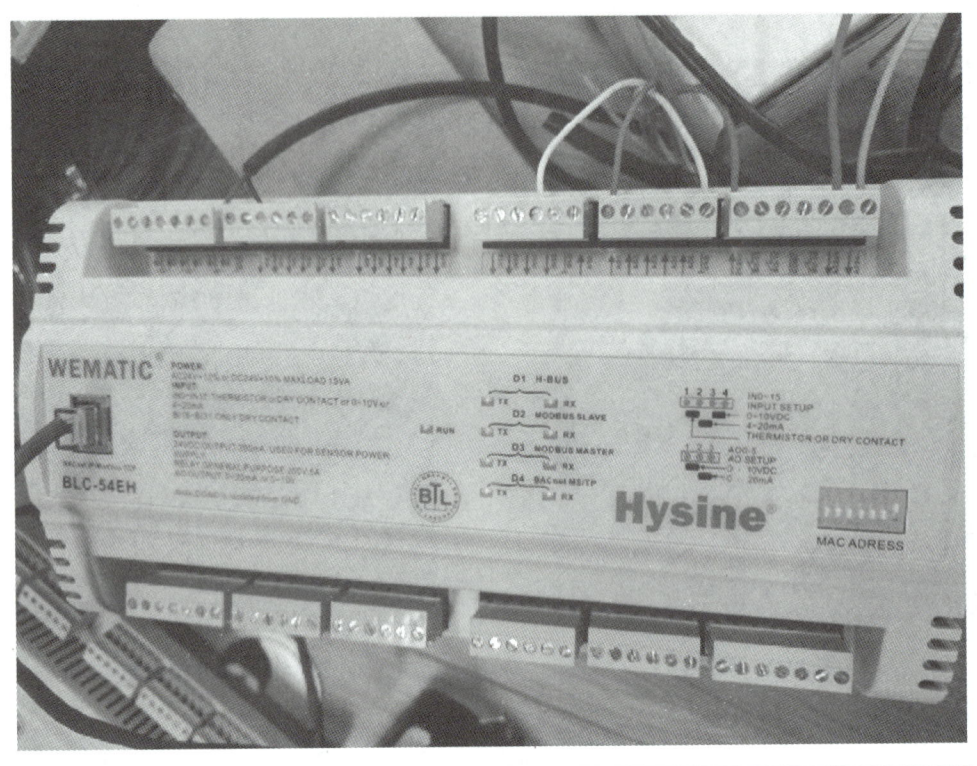

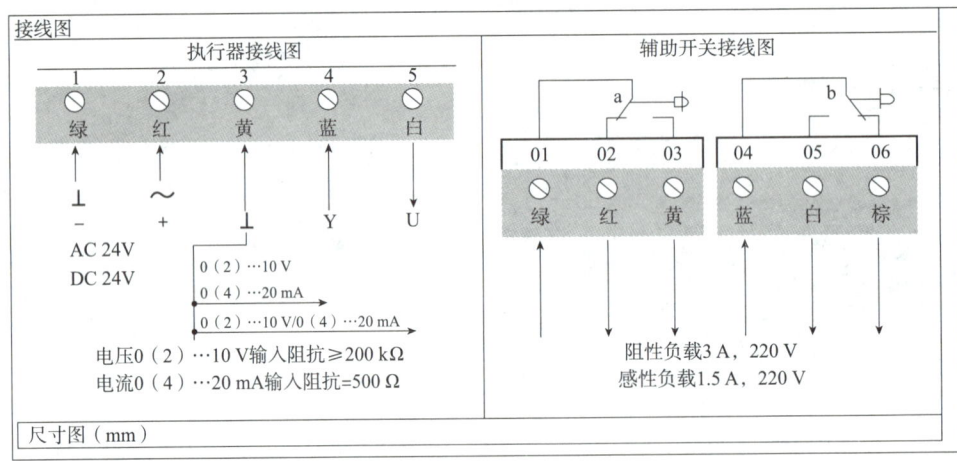

图 14-6 接线图

14.2 智能化控制

现在相当于已经将温度传感器和阀门安装在管道上，下面要实现智能化控制。先重新定义 BLC-54EH 的 IP 地址，与计算机网口进行配置，如图 14-7 所示。

选择"文件"选项，再选择"现场控制器（BCU）"选项，单击"确定"按钮，如图 14-8 所示。

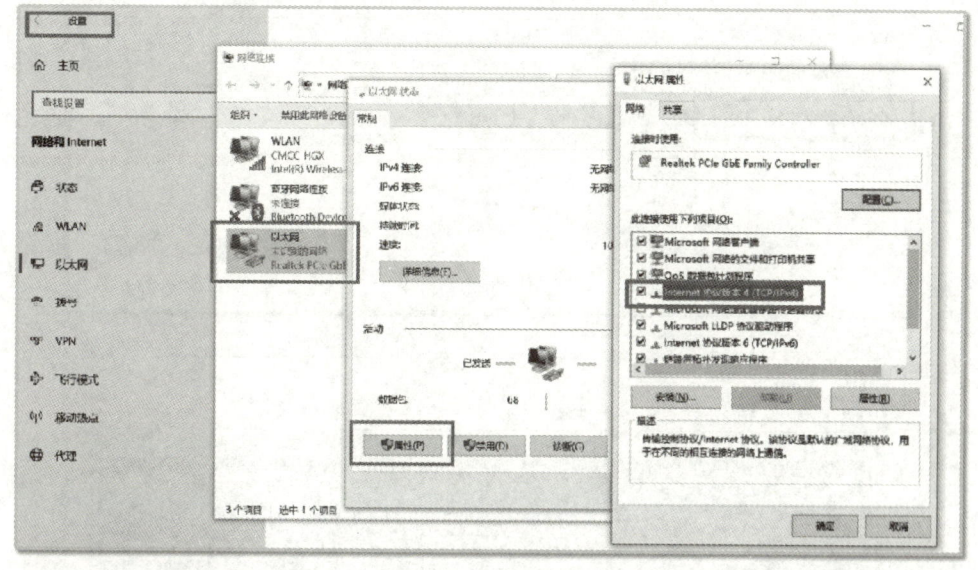

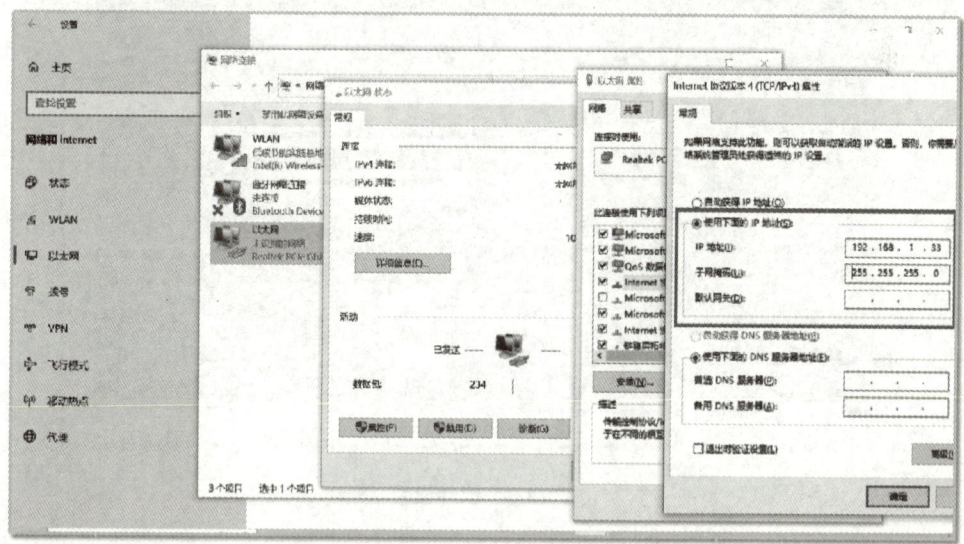

图 14-7 定义 BLC-54EH 的 IP 地址

选择 End，拖动到界面中，根据程序的复杂程度对序号进行调整，如图 14-9 所示。

选择 PI，拖动到界面中，双击界面，编辑数据，序号要比结束语小。反馈输入 FB 是对应温度传感器的输入信号；SP 是设定的温度值；Kp 是比例系数；Ki 是积分系数；Imax 是最大积分变化量；STUP 是积分初始值；Llim 是积分限值；Output 是模拟输出，如图 14-10 所示。用 SP 编辑设定温度值；Kp 为 10，Ki 为 1，Imax 为 60，STUP 为 0，Llim 为 40，Output 编辑模拟输出，如图 14-11 所示。

选择 Transfer，拖动到界面中，双击界面，编辑数据，序号根据程序先后编辑，Output 对应阀门输出信号，如图 14-12 所示。

接着进行端口配置，端口配置要给温度传感器输入信号接入的端口进行配置，然后将编辑的程序进行保存，如图 14-13 所示。

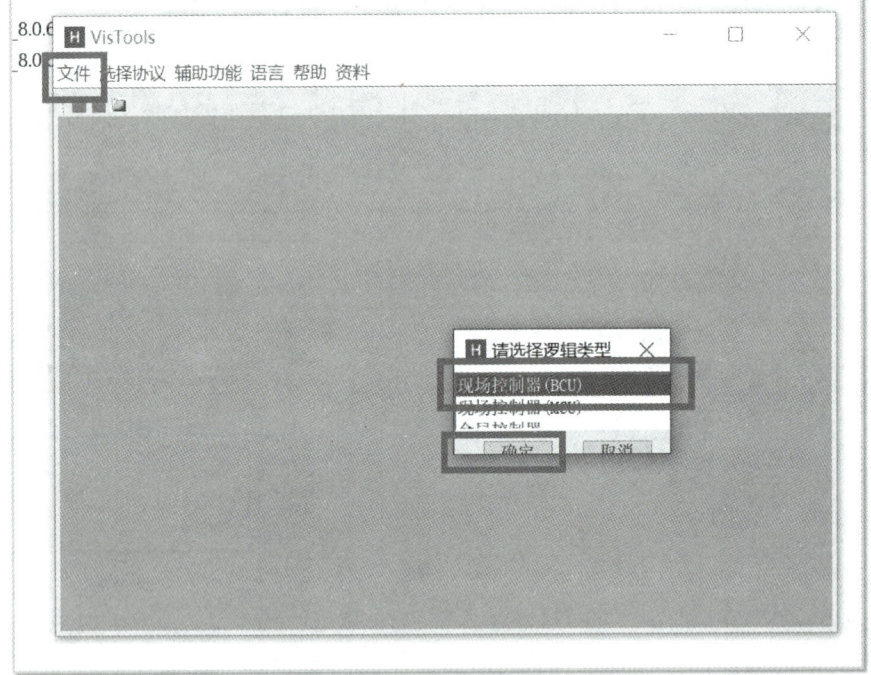

图 14-8 软件设置

图 14-9 编辑 End 命令

· 190 ·

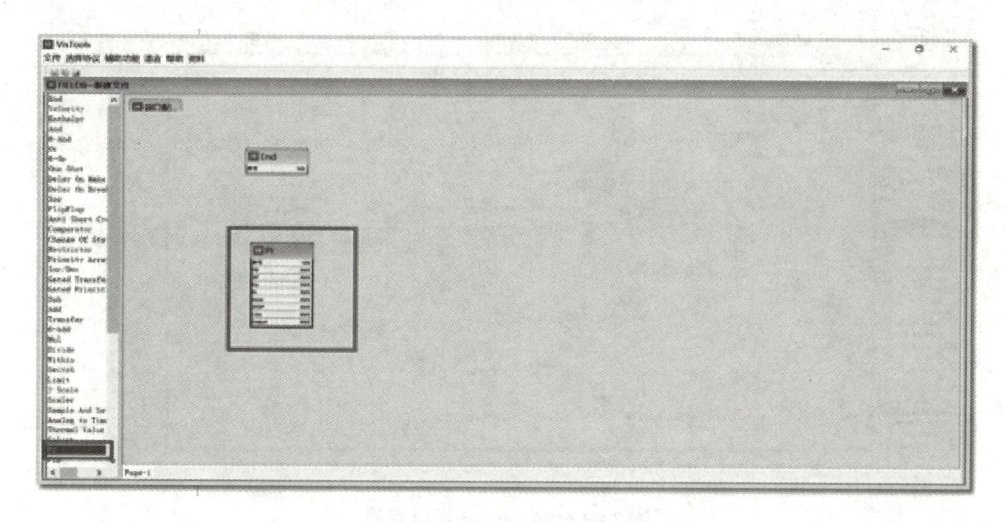

图 14-10　PI 程序内容

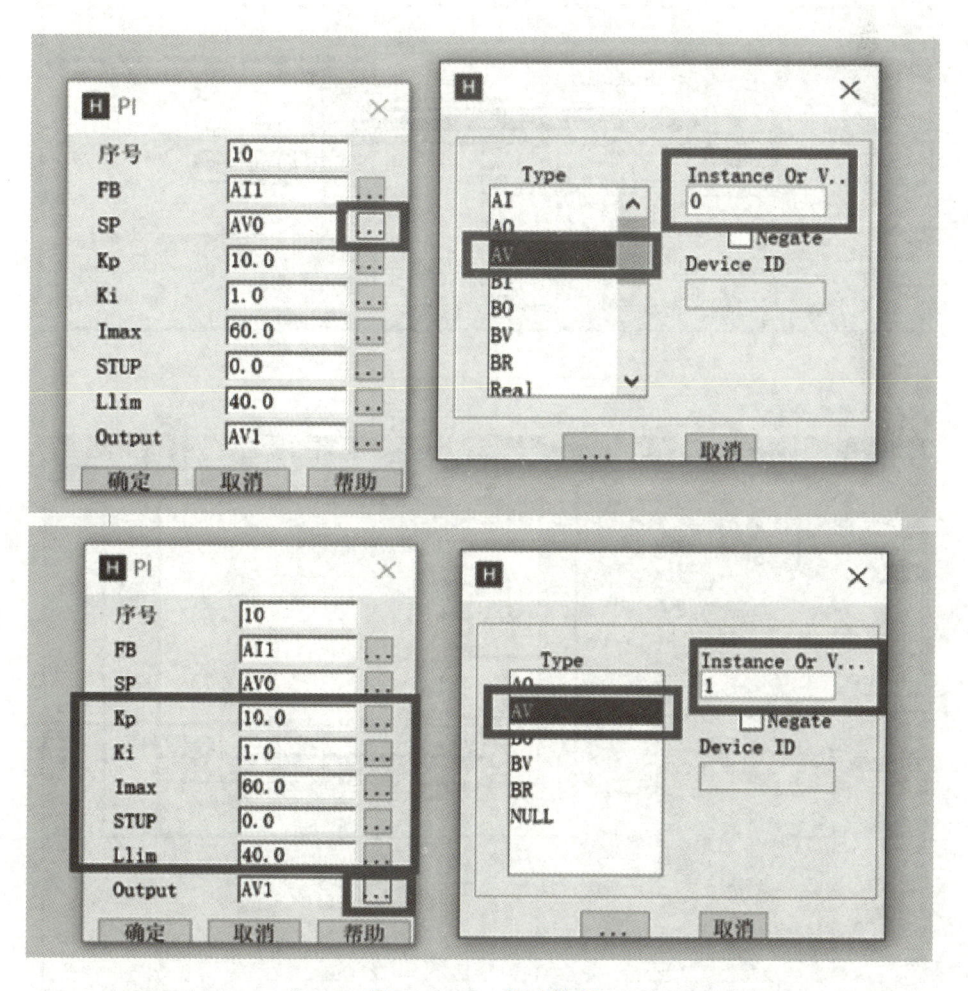

图 14-11　PI 程序编辑

· 191 ·

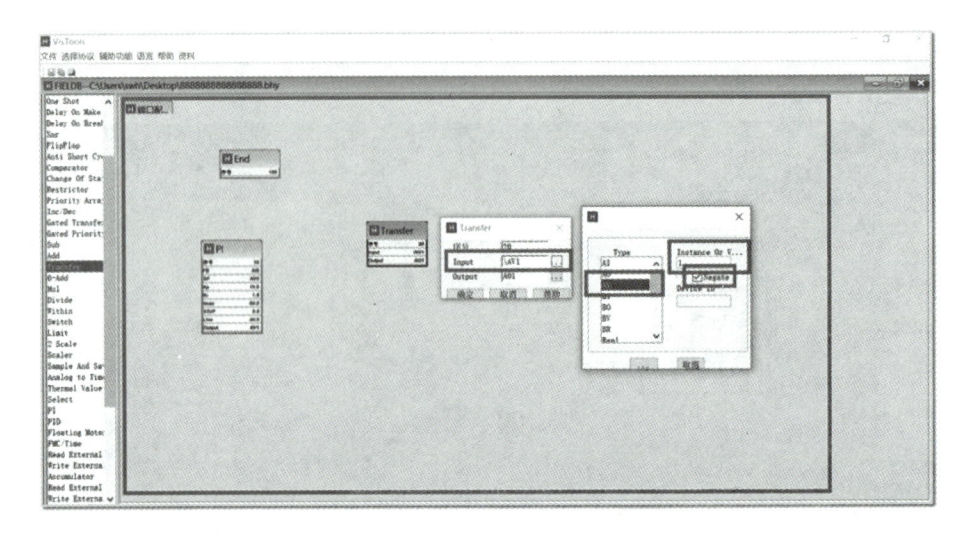

图 14-12　Transfer 程序编辑

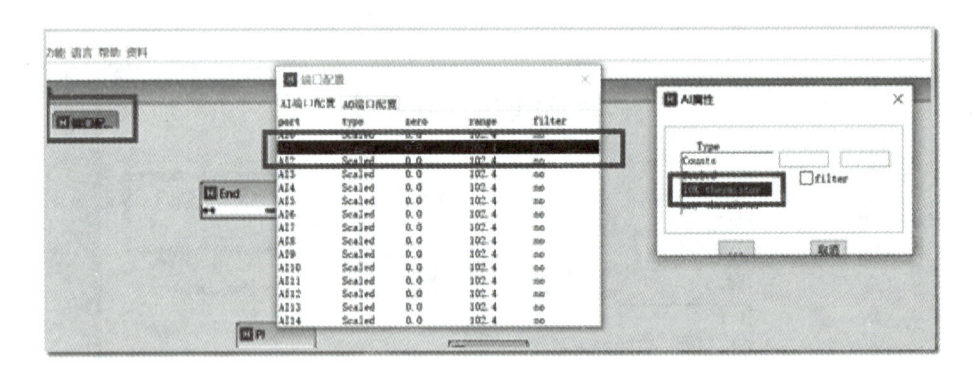

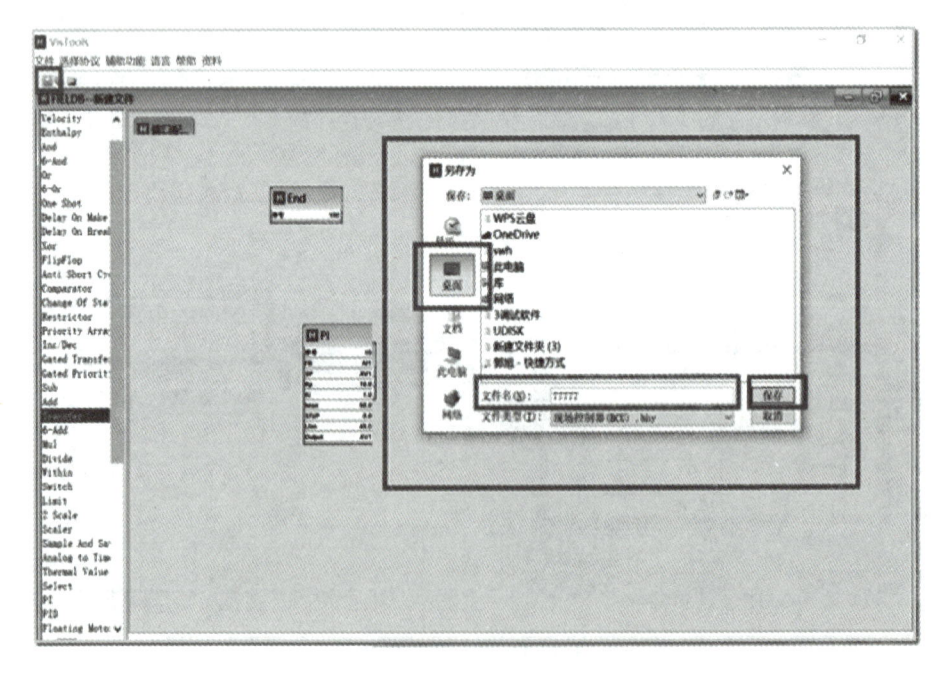

图 14-13　端口配置

执行"协议"→"BACnet"命令，单击"器件管理"按钮，进行设备扫描。扫描到设备后，再单击"通讯"按钮，下载刚刚保存的文件（图14-14）。

图 14-14　逻辑程序下载

单击"变量表"按钮,选择"IO 变量",在 AV 界面上进行参数设置。调整温度设定值,观察阀门是否会发生相应的变化(图 14-15)。

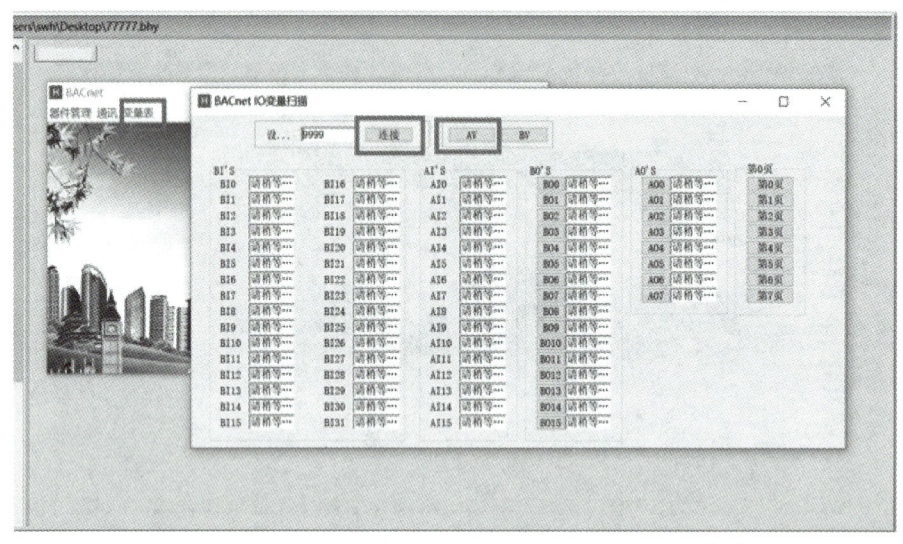

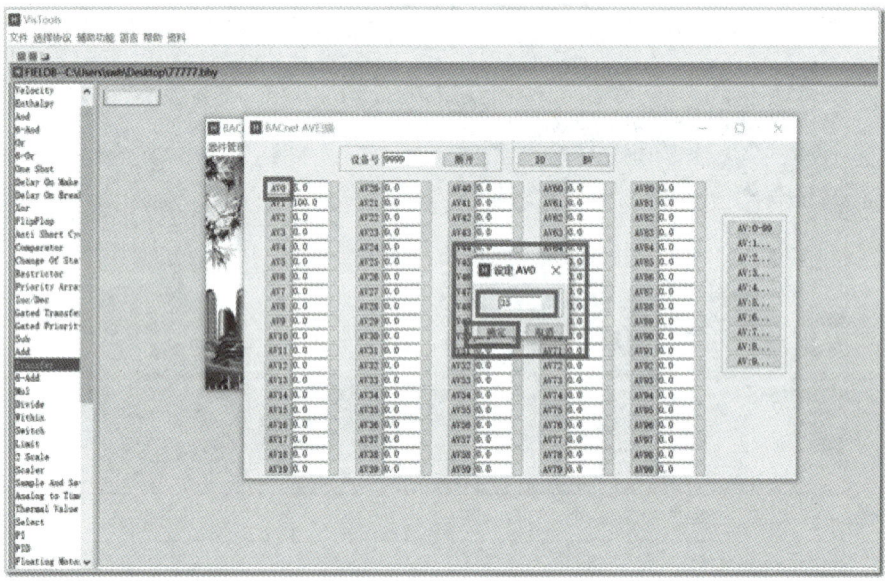

图 14-15 变量调节

思考题与实训练习题

1. 根据项目内容,进行设备组装。
2. 根据项目内容,编写逻辑程序。
3. 谈一谈智慧供暖智能化应用的心得体会。

课后思考与总结

项目 15　智慧供暖可视化应用

触摸屏作为一种最新的计算机输入设备,它是目前最简单、方便、自然的一种人机交互方式。它赋予了多媒体以崭新的面貌,是极富吸引力的全新多媒体交互设备,主要应用于公共信息的查询、领导办公、工业控制、军事指挥、电子游戏、点歌点菜、多媒体教学、房地产预售等。

15.1　触摸屏的初步认识

(1)触摸屏外观如图 15-1 所示。

(2)触摸屏的电源连接(图 15-2)。触摸屏仅提供 DC24V 供电,建议电源的输出功率为 30 W。

接线步骤如下:

第一步:将 DC24V 电源线(直径为 1.25 mm^2,AWG18)剥线后插入电源插头接线端子,再使用一字螺钉旋具锁紧电源插头螺钉。

第二步:将电源插头插入产品的电源插座。

PIN	定义
1	+
2	−

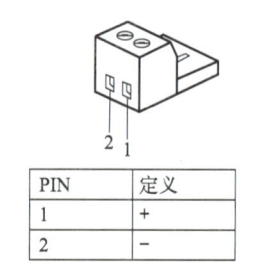

图 15-1　触摸屏外观　　　　图 15-2　触摸屏的电源连接

(3)触摸屏的外部接口。触摸屏的外部接口包含两个 USB 口、一个 LAN 口、一个 COM 口、一个电源供电口,如图 15-3 所示。

触摸屏的 COM 口支持 RS232 协议和 RS485 协议两种协议,所对应的针脚如图 15-4 所示。

15.2　触摸屏与 BLC-54EH 的连接与控制

具体操作分为以下七个步骤:

第一步:电源接线。BLC-54EH 电源输入端接入 ADC24V,触摸屏电源输入端接入 DC24V,切记要断电操作。

第二步:触摸屏 COM 口插入转接头,7 和 8 端子通过导线接到 BLC-54EH 的 D2+/D2−口,7 接到 D2+口,8 接到 D2−口。

第三步：确定 BLC-54EH 的设备地址。BLC-54EH 通过上板 7 位拨码开关将设备地址设置为 1。

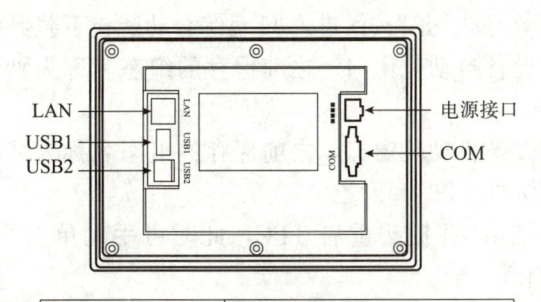

项目	HMI-X100
串口（DB9）	1*RS232/RS485
USB1	主口，USB1.1兼容
USB2	从口，用于程序下载
LAN（网口）	RJ45
输入电源	24VDC±20%

接口	PIN	引脚定义
Com1	2	RS232RXD
	3	RS232TXD
	5	GND
Com2	7	RS485+
	8	RS485−

图 15-3　触摸屏的外部接口　　　　　　　图 15-4　触摸屏对应的针脚

第四步：在 McgsPro 组态配置中，将设备 ID 设置为 BLC-54EH 硬件拨码地址＋1，即 BLC-54EH 拨码地址设置为 1，则组态软件中设备 ID 设置为 2。

第五步：制作 U 盘包(图 15-5)。

支持 FAT32 格式的 U 盘插入 PC 的 USB 口。

在 McgsPro 组态软件中单击工具栏的"工具"→"下载工程"按钮，打开下载配置窗口，单击"U 盘包制作"工具，在打开的"U 盘功能包内容选择对话框"中"功能包目录"选择 U 盘盘符，勾选"升级运行环境"复选框，单击"确定"按钮，开始制作 U 盘包，待提示"U 盘综合功能包制作成功"，表示 U 盘包制作完成。

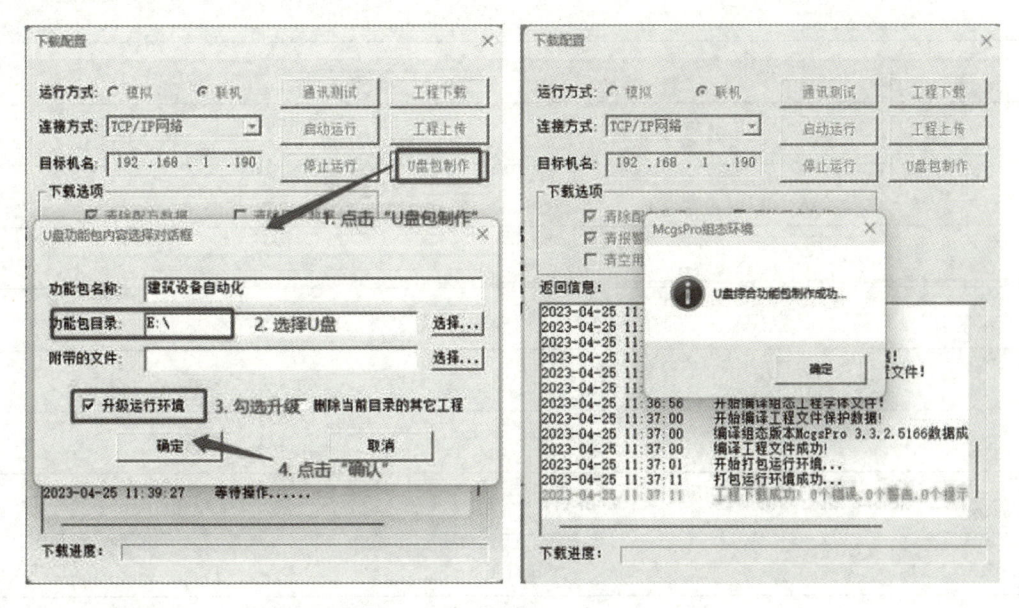

图 15-5　制作 U 盘包

第六步：将 U 盘插入触摸屏 USB 口，下载组态。

触摸屏 USB 口插入 U 盘后，触摸屏上弹出中文提示"您正在使用 mcgsTpc U 盘综合包 2.4 点击是启动综合功能包，点击否退出"，单击"是"按钮进入 U 盘综合功能包下载界面。

单击"用户工程下载"按钮，进入建筑设备自动化窗口，之前保存的组态名称为默认选中状态，单击"开始下载"按钮。

单击"用户工程下载"按钮，进入建筑设备自动化窗口，之前保存的组态名称为默认选中状态，单击"开始下载"按钮进入升级工程的过程。

升级完成后，界面会显示"升级工程结束"并提醒重启 TPC，此时可手动单击"重启 TPC"按钮，完成重启，也可等待 10 s 后自动重启。

重启之后，触摸屏显示界面为编辑好的组态画面。

第七步：在组态画面中查看并设置 BLC-54EH 寄存器值，查看能否正常读取与设置。

思考题与实训练习题

1. 熟悉触摸屏与 BLC-54EH 的连接。
2. 根据试验内容，自己做一个基于 BLC-54EH 的组态画面并下载到触摸屏中，然后在触摸屏组态中查看可否控制 BLC-54EH 寄存器值的变化。
3. 谈一谈学习智慧供暖可视化应用的心得体会。

课后思考与总结

附录

附表 2-1 室外气象参数

地名	供暖室外计算温度/℃	供暖期天数 日平均温度≤+5℃ (+8℃)的天数	极端最低温度/℃	极端最高温度/℃	起止日期 日平均温度+5℃ (+8℃)的天数	冬季大气压力/kPa	室外风速/(m·s⁻¹) 冬季最多风向平均	室外风速/(m·s⁻¹) 冬季平均	风向及频率 冬季 风向	风向及频率 冬季 频率/%	冬季日照率	最大冻土深度/cm
北京	−7.6	123 (144)	−18.3	41.9	11.12~03.14 (11.04~03.27)	102.17	4.7	2.6	C N	12	64	66
天津	−7.0	121 (142)	−17.8	40.5	11.13~03.13 (11.06~03.27)	102.71	4.8	2.4	C N	11	58	58
张家口	−13.6	146 (168)	−24.6	39.2	11.03~03.28 (10.20~04.05)	93.95	3.5	2.8	N	35	65	136
石家庄	−6.2	111 (140)	−19.3	41.5	11.15~03.05 (11.07~03.26)	101.72	2	1.8	C NNE	25 12	56	56
大同	−16.3	163 (183)	−27.2	37.2	10.24~04.04 (10.14~04.14)	89.99	3.3	2.8	N	19	61	186
太原	−10.1	141 (160)	−22.7	37.4	11.06~03.26 (10.23~03.31)	93.35	2.6	2.0	C N	30 13	57	72
呼和浩特	−17	167 (184)	−30.5	38.5	10.20~04.04 (10.12~04.13)	90.12	4.2	1.5	C NNW	59 9	63	156
抚顺	−20	161 (182)	−35.9	37.7	10.26~04.04 (10.14~04.13)	101.10	2.1	2.3	NE	14	61	143
沈阳	−16.9	152 (172)	−29.4	36.1	10.30~03.30 (10.20~04.09)	102.08	3.6	2.6	C NNE	13 10	56	148
大连	−9.8	132 (152)	−18.8	35.3	11.16~03.27 (11.06~04.06)	101.39	7.0	5.2	NNE	24	65	90
吉林	−24	172 (191)	−40.3	35.7	10.18~04.07 (10.11~04.19)	100.19	4.0	2.6	C WSW	31 18	52	182
长春	−21.2	169 (188)	−33	35.7	10.20~04.06 (10.12~04.17)	99.44	4.7	3.7	WSW	20	64	169
齐齐哈尔	−23.8	181 (198)	−36.4	40.1	10.15~04.13 (10.06~04.21)	100.50	3.1	2.6	NNW	13	68	209
佳木斯	−24	180 (198)	−39.5	38.1	10.16~04.13 (10.06~04.21)	101.13	4.1	3.1	C W	21 19	57	220
哈尔滨	−24.2	176 (195)	−37.7	36.7	10.17~04.10 (10.08~04.20)	100.42	3.7	3.2	SW	14	56	205

· 199 ·

续表

地名	供暖室外计算温度/℃	供暖期天数 日平均温度≤+5℃的天数(+8℃的天数)	极端最低温度/℃	极端最高温度/℃	起止日期 日平均温度+5℃(+8℃)的天数	冬季大气压力/kPa	室外风速/(m·s⁻¹) 冬季最多风向平均	室外风速/(m·s⁻¹) 冬季平均	风向及频率 冬季 风向	风向及频率 冬季 频率	风向及频率 冬季 频率	冬季日照率	最大冻土深度/cm
牡丹江	−22.4	177 (194)	−35.1	38.4	10.17~04.11 (10.09~04.20)	99.22	2.3	2.2	C WSW	27	13	56	191
上海	−0.3	42 (93)	−10.1	39.4	01.01~02.11 (12.05~03.07)	102.54	3	2.6	NW	14		40	8
南京	−1.8	77 (109)	−13.1	39.7	12.08~02.13 (11.22~3.16)	102.55	3.5	2.4	C ENE	28	10	43	9
杭州	0.0	40 (90)	−8.6	39.9	01.02~02.10 (12.06~03.05)	102.11	3.3	2.3	C N	20	15	36	—
蚌埠	−2.6	83 (111)	−13	40.3	12.07~02.27 (11.23~02.27)	102.40	3.6	2.6	C E	18	11	44	11
南昌	0.7	26 (66)	−9.7	40.1	01.11~02.05 (12.10~02.13)	101.95	5.4	3.8	NE	26		33	—
济南	−5.3	99 (122)	−14.9	40.5	11.22~03.03 (11.13~03.14)	101.91	3.7	2.9	E	16		56	35
郑州	−3.8	97 (125)	−17.9	42.3	11.26~03.02 (11.12~03.16)	101.33	4.9	2.7	C NW	22	12	47	27
武汉	−0.3	50 (98)	−18.1	39.3	12.22~02.09 (11.27~03.04)	102.35	3.0	1.8	C NE	28	13	37	9
长沙	0.3	48 (88)	−11.3	39.7	12.26~02.11 (12.06~03.03)	101.96	3.0	2.3	NNW	32		26	—
桂林	0.3	— (28)	−3.6	38.5	— (01.10~02.06)	100.30	4.4	3.2	NE	48		24	—
拉萨	−5.2	132 (179)	−16.5	29.9	11.01~03.12 (10.19~04.15)	65.06	2.3	2.0	C ESE	27	15	77	19
兰州	−9	130 (160)	−19.7	39.8	11.05~03.14 (10.20~03.28)	85.15	1.7	0.5	C N	74	5	53	98
西宁	−11.4	165 (190)	−24.9	36.5	10.20~04.02 (10.10~04.17)	77.44	3.2	1.3	C SSE	49	18	68	123
乌鲁木齐	−19.7	158 (180)	−32.8	42.1	10.24~03.30 (10.14~04.11)	92.46	2.0	1.6	C SSW	29	10	39	139
哈密	−15.6	141 (162)	−28.6	43.2	10.31~03.20 (10.18~03.28)	93.96	2.1	1.5	C ENE	37	16	72	127
银川	−13.1	145 (169)	−27.7	38.7	11.03~03.27 (10.19~04.05)	89.61	2.2	1.8	C NNE	26	11	68	88

· 200 ·

附表 2-2 一些建筑材料的热物理特性表

材料名称	密度 ρ/(kg·m^{-3})	导热系数 λ/[W·(m·℃)$^{-1}$]	蓄热系数 S(24 h)/[W·(m^2·℃)$^{-1}$]	比热 c/[J·(kg·℃)$^{-1}$]
混凝土				
钢筋混凝土	2 500	1.74	17.20	920
碎石、卵石混凝土	2 300	1.51	15.36	920
加气泡沫混凝土	700	0.22	3.56	1 050
砂浆和砌体				
水泥砂浆	1 800	0.93	11.26	1 050
石灰、水泥、砂、砂浆	1 700	0.87	10.79	1 050
石灰、砂、砂浆	1 600	0.81	10.12	1 050
重砂浆黏土砖砌体	1 800	0.81	10.53	1 050
轻砂浆黏土砖砌体	1 700	0.76	9.86	1 050
热绝缘材料				
矿棉、岩棉、玻璃棉板	<150	0.064	0.93	1 218
	150~300	0.07~0.093	0.98~1.60	1 218
水泥膨胀珍珠岩	800	0.26	4.16	1 176
	600	0.21	3.26	1 176
木材、建筑板材				
橡木、枫木(横木纹)	700	0.23	5.43	2 500
橡木、枫木(顺木纹)	700	0.41	7.18	2 500
松桤木、云杉(横木纹)	500	0.17	3.98	2 500
松桤木、云杉(顺木纹)	500	0.35	5.63	2 500
胶合板	600	0.17	4.36	2 500
软木板	300	0.093	1.95	1 890
纤维板	1 000	0.34	7.83	2 500
石棉水泥隔热板	500	0.16	2.48	1 050
石棉水泥板	1 800	0.52	8.57	1 056
木屑板	200	0.065	1.41	2 100
松散材料				
锅炉渣	1 000	0.29	4.40	920
膨胀珍珠岩	120	0.07	0.84	1 176
木屑	250	0.093	1.84	2 000
卷材、沥青材料				
沥青油毡、油毡纸	600	0.17	3.33	1 471

附表 2-3　常用维护结构的传热系数 K 值　　　　　　　W/(m²·℃)

类型	K	类型	K
A　门		金属框　单层	6.40
实体木制外门　单层	4.65	双层	3.26
双层	2.33	单框二层玻璃窗	3.49
带玻璃的阳台外门　单层（木框）	5.82	商店橱窗	4.65
双层（木框）	6.28	C　外墙	
单层（金属框）	6.40		
双层（金属框）	3.26	内表面抹灰砖墙　24 砖墙	2.08
单层内门	2.91	37 砖墙	1.57
B　外窗及天窗		49 砖墙	1.27
木框　单层	5.82	D　内墙（双面抹灰）12 砖墙	2.31
双层	2.68	24 砖墙	1.72

附表 2-4　按各主要城市区分的朝向修正率　　　　　　　　　　%

序号	地名	南	西南，东南	西，东	北，西北，东北	计算条件
1	哈尔滨	−17	−9	+5	+12	供暖房间的外围护物是双层木窗、两砖墙
2	沈阳	−19	−10	+5	+13	
3	长春	−25	−16	−1	+8	
4	乌鲁木齐	−20	−12	+2	+8	
5	呼和浩特	−27	−18	−2	+8	
6	佳木斯	−19	−10	+3	+10	
7	银川	−27	−16	+2	+13	单层木窗，一砖墙
8	格尔木	−26	−16	+1	+13	
9	西宁	−28	−18	−1	+10	
10	太原	−26	−15	+1	+11	
11	喀什	−18	−11	+1	+6	
12	兰州	−17	−10	0	+6	
13	和田	−22	−11	+2	+9	
14	北京	−30	−17	+2	+12	
15	天津	−27	−16	+1	+11	
16	济南	−27	−14	+5	+16	
17	西安	−17	−10	0	+5	
18	郑州	−23	−13	+2	+10	
19	敦煌	−26	−14	+4	+15	
20	哈密	−24	−13	+4	+14	

注：1. 此表用于不具有分朝向调节能力的供暖系统；
　　2. 若所有条件与表列计算条件不符，可用下式修正：

对序号 1～6：$\sigma' = 1.491 \dfrac{\sigma}{f'_c K'_c + f'_q K'_q}$；

对序号 7～20：$\sigma' = 2.849 \dfrac{\sigma}{f'_c K'_c + f'_q K'_q}$

式中　f'_c，f'_q ——单位围护面积下的窗、墙所占百分比；
　　　K'_c，K'_q ——所用条件下的窗、墙传热系数

附表 2-5　渗透空气量的朝向修正系数 n 值

地点	北	东北	东	东南	南	西南	西	西北
哈尔滨	0.30	0.15	0.20	0.70	1.00	0.85	0.70	0.60
沈阳	1.00	0.70	0.30	0.30	0.40	0.35	0.30	0.70
北京	1.00	0.50	0.15	0.10	0.15	0.15	0.40	1.00
天津	1.00	0.40	0.20	0.10	0.15	0.20	0.40	1.00
西安	0.70	1.00	0.70	0.25	0.40	0.50	0.35	0.25
太原	0.90	0.40	0.15	0.20	0.30	0.20	0.70	1.00
兰州	1.00	1.00	1.00	0.70	0.50	0.20	0.15	0.50
乌鲁木齐	0.35	0.35	0.55	0.75	1.00	0.70	0.25	0.35

注：本表摘自《民建暖通空调规范》(部分城市)。

附表 3-1　一些铸铁散热器规格及其传热系数 K 值

型号	散热面积/($m^2 \cdot$片$^{-1}$)	水容量/(L·片$^{-1}$)	质量/(kg·片$^{-1}$)	工作压力/MPa	传热系数计算公式 K/[W·(m^2·℃)$^{-1}$]	热水热媒当量 $\Delta t=64.5℃$ 时的 K 值/[W·(m^2·℃)$^{-1}$]	不同蒸汽表压力/MPa 下的 K 值/[W·(m^2·℃)$^{-1}$] 0.03	0.07	≥ 0.1
TG0.28/5-4，长翼型(大60)	1.16	8	28	0.4	$K=1.743\Delta t^{0.23}$	5.59	6.12	6.27	6.36
TZ2-5-5，(M-132型)	0.24	1.32	7	0.5	$K=2.426\Delta t^{0.286}$	7.99	8.75	8.97	9.10
TZ4-6-5(四柱760型)	0.235	1.16	6.6	0.5	$K=2.503\Delta t^{0.203}$	8.49	9.31	9.55	9.69
TZ4-5-5(四柱640型)	0.20	1.03	5.7	0.5	$K=3.663\Delta t^{0.16}$	7.13	7.51	7.61	7.67
TZ2-5-5（二柱700型，带腿）	0.24	1.35	6	0.5	$K=2.02\Delta t^{0.271}$	6.25	6.81	6.97	7.07
四柱813型(带腿)	0.28	1.4	8	0.5	$K=2.237\Delta t^{0.302}$	7.87	8.66	8.89	9.03
圆翼型	1.8	4.42	38.2	0.5					
单排						5.81	6.97	6.97	7.79
双排						5.08	5.81	5.81	6.51
三排						4.65	5.23	5.23	5.81

注：1. 本表前四项由原哈尔滨建筑工程学院 ISO 散热器试验台测试，其余柱型由清华大学 ISO 散热器试验台测试。
2. 散热器表面喷银粉漆、明装、同侧连接上进下出。
3. 圆翼型散热点因无实验公式，暂按以前一些手册数据采用。
4. 此为密闭实验台测试数据，在实际情况下，散热器的 K 和 Q 值，比表中数值增大 10% 左右。

附表 3-2　散热器组装片数修正系数 β_1

每组片数	<6	6～10	11～20	>20
β_1	0.95	1.00	1.05	1.10

注：仅适用于柱型散热器、长翼型和圆翼型不修正。其他散热器需要修正时，见产品说明。

附表 3-3　散热器连接形式修正系数 β_2

连接形式	同侧上进下出	异侧上进下出	异侧下进下出	异侧下进上出	同侧下进下出
四柱 813 型	1.0	1.004	1.239	1.422	1.426
M-132 型	1.0	1.009	1.251	1.386	1.396
长翼型(大60)	1.0	1.009	1.225	1.331	1.369

注：1. 本表数值由原哈尔滨建筑工程学院供热研究室提供。该值是在标准状态下测定的。
　　2. 其他散热器可近似套用表中数据

附表 3-4　散热器安装形式修正系数 β_3

装置示意	装置说明	修正系数 β_3
	散热器安装在墙上加盖板	当 $A=40$ mm，$\beta_3=1.05$ $A=80$ mm，$\beta_3=1.03$ $A=100$ mm，$\beta_3=1.02$
	散热器安装在墙龛内	当 $A=40$ mm，$\beta_3=1.11$ $A=80$ mm，$\beta_3=1.07$ $A=100$ mm，$\beta_3=1.06$
	散热器安装在墙面，外面有罩，罩子上面及前面的下端有空气流通孔	当 $A=260$ mm，$\beta_3=1.12$ $A=220$ mm，$\beta_3=1.13$ $A=180$ mm，$\beta_3=1.19$ $A=150$ mm，$\beta_3=1.25$
	散热器安装形式相同前，但空气流通孔开在罩子前面上下两端	当 $A=130$ mm，孔口敞开 $\beta_3=1.2$ 孔口有格栅式网状物盖着 $\beta_3=1.4$
	安装形式同前，但罩子上面空气流通孔宽度 C 不小于散热器的宽度，罩子前面下端的孔口高度不小于 100 mm，其他部分为格栅	当 $A=100$ mm，$\beta_3=1.15$
	安装形式同前，空气流通孔口开在罩子前面上下端，其宽度如左图所示	$\beta_3=1.0$

续表

装置示意	装置说明	修正系数 β_3
	散热器用挡板挡住，挡板下端留有空气流通孔，其高度为 0.8A	$\beta_3=0.9$

注：散热器明装，敞开布置，$\beta_3=1.0$。

附表 3-5　一些钢制散热器规格及其传热系数 K 值

型号	散热面积 /(m²·片⁻¹)	水容量 /(L·片⁻¹)	质量 /(kg·片⁻¹)	工作压力 /MPa	传热系数计算公式 K/[W·(m²·℃)⁻¹]	热水热媒当量 $\Delta t=64.5$ ℃ 时的 K 值/[W·(m²·℃)⁻¹]	备注
钢制柱式散热器 600×120	0.15	1	2.2	0.8	$K=2.489\Delta t^{0.3060}$	8.94	钢板厚 1.5 mm，表面涂调和漆
钢制板式散热器 600×1 000	2.75	4.6	18.4	0.8	$K=2.5\Delta t^{0.289}$	6.76	钢板厚 1.5 mm，表面涂调和漆
钢制扁管散热器							
单板	1.151	4,71	15.1	0.6	$K=3.53\Delta t^{0.235}$	9.4	钢板厚 1.5 mm，表面涂调和漆
单板带对流片	5.55	5.49	27.4	0.6	$K=1.23\Delta t^{0.246}$	3.4	钢板厚 1.5 mm，表面涂调和漆
闭式钢串片散热器	m²/m	L/m	kg/m				
150×80	3.15	1.05	10.5	1.0	$K=2.07\Delta t^{0.11}$	3.71	相应流量 $G=$ 50 kg/h 时的工况
240×100	5.72	1.47	17.4	1.0	$K=1.30\Delta t^{0.18}$	2.75	相应流量 $G=$ 50 kg/h 时的工况
500×90	7.44	2.50	30.5	1.0	$K=1.88\Delta t^{0.11}$	2.97	相应流量 $G=$ 50 kg/h 时的工况

附表 4-1　热水及蒸汽供暖系统局部阻力系数 ξ 值

局部阻力名称	ξ	说明	局部阻力系数	15	20	25	32	40	≥50
双柱散热器	2.0	以热媒在导管中的流速计算局部阻力	截止阀	16.0	10.0	9.0	9.0	8.0	7.0
铸铁锅炉	2.5		旋塞	4.0	2.0	2.0	2.0		
钢制锅炉	2.0		斜杆截止阀	3.0	3.0	3.0	2.5	2.5	2.0
突然扩大	1.0	以其较大的流速	闸阀	1.5	0.5	0.5	0.5	0.5	0.5
突然缩小	0.5	计算局部阻力	弯头	2.0	2.0	1.5	1.5	1.0	1.0

续表

局部阻力名称	ξ	说明	局部阻力系数	\multicolumn{6}{c}{在下列管径(DN)毫米时的 ξ 值}
				15	20	25	32	40	≥50
直流三通(图①)	1.0		90°煨弯及乙字管	1.5	1.5	1.0	1.0	0.5	0.5
旁流三通(图②)	1.5		括弯(图⑥)	3.0	2.0	2.0	2.0	2.0	2.0
合流三通 (图③)			急弯双弯头	2.0	2.0	2.0	2.0	2.0	2.0
分流三通				1.0	1.0	1.0	1.0	1.0	1.0
直流四通(图④)	2.0		缓弯双弯头						
分流三通(图⑤)	3.0								
方形补偿器	2.0								
套管补偿器	0.5								

附表 4-2 一些管径的 λ/d 值和 A 值

公称直径 /mm	15	20	25	32	40	50	70	89×3.5	108×4
内径/mm	21.25	26.75	33.5	42.25	48	60	75.5	89	108
外径/mm	15.75	21.25	27	35.75	41	53	68	82	100
λ/d 值 (1/m)	2.6	1.8	1.3	0.9	0.76	0.54	0.4	0.31	0.24
A 值 P_a	1.03×10^{-3}	3.12×10^{-4}	1.2×10^{-4}	3.89×10^{-5}	2.25×10^{-5}	8.06×10^{-6}	2.97×10^{-7}	1.41×10^{-7}	6.36×10^{-7}

注：本表是按照 $t_g=95\ ℃$、$t_h=70\ ℃$，整个供暖季的平均水温 $t\approx60\ ℃$，相应的水密度 $\rho=983.248\ kg/m^3$ 编制的

附表 4-3 按 $\xi_{zh}=1$ 确定热水供暖系统管段压力损失的管径计算表

项目	\multicolumn{9}{c}{公称直径}	流速 v /(m·s^{-1})	压力损失 ΔP/Pa
	15	20	25	32	40	50	70	80	100		
水流量 G/ (kg·h^{-1})	76	138	223	391	514	859	1 415	2 054	3 059	0.11	5.95
	83	151	243	427	561	937	1 544	2 241	3 336	0.12	7.08
	90	163	263	462	608	1 015	1 628	2 428	3 615	0.13	8.31
	97	176	283	498	655	1 094	1 802	2 615	3 893	0.14	9.64
	104	188	304	533	701	1 171	1 930	2 801	4 170	0.15	11.06
	111	201	324	569	748	1 250	2 059	2 988	4 449	0.16	12.59
	117	213	344	604	795	1 328	2 187	3 175	4 727	0.17	14.21
	124	226	364	640	841	1 406	2 316	3 361	5 005	0.18	15.93
	131	239	385	675	888	1 484	2 445	3 548	5 283	0.19	17.75
	138	251	405	711	935	1 562	2 573	3 747	5 560	0.20	19.66

续表

项目	公称直径									流速 v/ $(m \cdot s^{-1})$	压力损失 ΔP/Pa
	15	20	25	32	40	50	70	80	100		
水流量 G/ $(kg \cdot h^{-1})$	145	264	425	747	982	1 640	2 702	3 921	5 838	0.21	21.68
	152	276	445	782	1 028	1 718	2 830	4 108	6 116	0.22	23.79
	159	289	466	818	1 075	1 796	2 959	4 295	6 395	0.23	26.01
	166	301	486	853	1 122	1 874	3 088	4 482	6 673	0.24	28.32
	173	314	506	889	1 169	1 953	3 217	4 668	6 951	0.25	30.73
	180	326	526	924	1 215	2 030	3 345	4 855	7 228	0.26	33.23
	187	339	547	960	1 262	2 109	3 474	5 042	7 507	0.27	35.84
	193	351	567	995	1 309	2 187	3 602	5 228	7 784	0.28	38.54
	200	364	587	1 031	1 356	2 265	3 731	5 415	8 063	0.29	41.35
	207	377	607	1 067	1 402	2 343	3 860	5 602	8 341	0.30	44.25
	214	389	627	1 102	1 449	2 421	3 989	5 789	8 619	0.31	47.25
	221	402	648	1 138	1 496	2 499	4 117	5 975	8 897	0.32	50.34
	228	414	668	1 173	1 543	2 577	4 246	6 162	9 175	0.33	53.54
	235	427	688	1 209	1 589	2 655	4 374	6 349	9 453	0.34	56.83
	242	439	708	1 244	1 636	2 733	4 503	6 535	9 731	0.35	60.22
	249	453	729	1 280	1 683	2 811	4 632	6 722	10 009	0.36	63.71
	256	464	749	1 315	1 729	2 890	4 760	6 909	10 287	0.37	67.30
	263	477	769	1 351	1 766	2 968	4 889	7 096	10 565	0.38	70.99
	276	502	810	1 422	1 870	3 124	5 146	7 469	11 121	0.40	78.66
	290	527	850	1 493	1 963	3 280	5 404	7 842	11 677	0.42	86.72
	304	552	891	1 546	2 057	3 436	5 661	8 216	12 233	0.44	95.18
	318	577	931	1 635	2 150	3 593	5 918	8 590	12 789	0.46	104.03
	332	603	972	1 706	2 244	3 749	6 176	8 963	13 345	0.48	113.27
	345	628	1 012	1 778	2 337	3 905	6 433	9 336	13 902	0.50	122.91
	380	690	1 113	1 955	2 571	4 296	7 076	10 270	15 292	0.55	148.72
	415	753	1 214	2 133	2 805	4 686	7 719	11 203	16 681	0.60	176.98
	449	816	1 316	2 311	3 038	5 076	8 363	12 137	18 072	0.65	207.71
	484	879	1 417	2 489	3 272	5 467	9 006	13 071	19 462	0.70	240.90
		1 004	1 619	2 844	3 740	6 248	10 293	14 938	22 242	0.80	314.64
				3 200	4 207	7 029	11 579	16 806	25 023	0.90	398.22
						7 810	12 866	18 673	27 803	1.00	491.62
								22 407	33 363	1.20	707.94

注：按 $G=(\Delta P/A)^{0.5}$ 公式计算，其中 ΔP 按附表 4-10，A 值按附表 4-2 计算

附表 4-4　单管顺流式热水供暖系统立管组合部件的 ξ_{zh} 值

组合部件名称		图式	ξ_{zh}	管径/mm			
				15	20	25	32
立管	回水干管在地沟内		$\xi_{zh\cdot z}$	15.6	12.9	10.5	10.2
			$\xi_{zh\cdot j}$	44.6	31.9	27.5	27.2
	无地沟，散热器单侧连接		$\xi_{zh\cdot z}$	7.5	5.5	5.0	5.0
			$\xi_{zh\cdot j}$	36.5	24.5	22.0	22.0
	无地沟，散热器双侧连接		$\xi_{zh\cdot z}$	12.4	10.1	8.5	8.3
			$\xi_{zh\cdot j}$	41.4	29.1	25.5	25.3
散热器单侧连接			ξ_{zh}	14.2	12.6	9.6	8.8

组合部件名称	图式	ξ_{zh}	管径 $d_1 \times d_2$						
			15×15	20×15	20×20	25×15	25×20	25×25	32×20	32×25
散热器双侧连接		ξ_{zh}	4.7	15.7	4.1	40.6	10.7	3.5	32.8	10.7

注：$\xi_{zh\cdot z}$——代表立管两端安装闸阀；
　　$\xi_{zh\cdot j}$——代表立管两端安装截止阀

编制本表的条件如下：

(1)散热器及其支管连接：散热器支管长度，单侧连接 $l_z=1.0$ m；双侧连接 $l_z=1.5$ m。每组散热器支管均装有乙字弯。

(2)立管与水平干管的几种连接方式见附表 4-4 中的图式所示。立管上装设两个闸阀或截止阀。

首先计算通过散热器及其支管这一组合部件的折算阻力系数 ξ_{zh}

$$\xi_{zh}=\lambda l_z/d+\sum\xi=2.6\times1.5\times2+11.0=18.8$$

其中，λ/d 值查附表 4-2 可知；支管上局部阻力有分流三通 1 个、合流三通 1 个、乙字管 2 个及散热器，查附表 4-1，可得 $\sum\xi=3.0+3.0+2\times1.5+2.0=11.0$。

设进入散热器的进流系数 $a=G_z/G_1=0.5$，则按下式可计算出该组合部件的当量阻力系数值 ξ_0(以立管流速的动压头为基准的值 ξ)。

$$\xi_0=\frac{d_1^4}{d_2^4}a^2\xi_z=\left(\frac{21.25}{15.72}\right)^4\times0.5^4\times18.8=15.7$$

附表 4-5　单管顺流式热水供暖系统立管的 ξ_{zh} 值

层数	单向连接立管直径/mm				双向连接立管直径/mm							
					15	20		25			32	
					散热器支管直径/mm								
	15	20	25	32	15	15	20	15	20	25	20	32
(一)整根立管的折算阻力系数 ξ_{zh} 值(立管两端安装闸阀)												
3	77	63.7	48.7	43.1	48.4	72.7	38.2	141.7	52.0	30.4	115.1	48.8
4	97.4	80.6	61.4	54.1	59.3	92.6	46.6	185.4	65.8	37.0	150.1	61.7
5	117.9	97.5	74.1	65.0	70.3	112.5	55.0	229.1	79.6	43.6	185.0	74.5
6	138.3	114.5	86.9	76.0	81.2	132.5	63.5	272.9	93.5	50.3	220.0	87.4
7	158.8	131.4	99.6	86.9	92.2	152.4	71.9	316.6	207.3	56.9	254.9	100.2
8	179.2	148.3	112.3	97.9	103.1	172.3	80.3	360.3	121.1	63.5	290.0	113.1
(二)整根立管的折算阻力系数 ξ_{zh} 值(立管两端安装截止阀)												
3	106	82.7	65.7	60.1	77.4	91.7	57.2	158.7	69.0	47.4	132.1	65.8
4	126.4	99.6	78.4	71.1	88.3	111.6	65.6	202.4	82.8	54	167.1	78.7
5	146.9	116.5	91.1	82.0	99.3	131.5	74.0	246.1	96.6	60.6	202	91.5
6	167.3	133.5	103.9	93.0	110.2	151.5	82.5	289.9	110.5	67.3	237	104.4
7	187.8	150.4	116.5	103.9	121.2	171.4	90.9	333.6	124.3	73.9	271.9	117.2
8	208.2	167.3	129.2	114.9	132.1	191.3	99.3	377.3	138.1	80.5	307	130.1

注：1. 编制本表条件：建筑物层高为 3 m，回水干管敷设在地沟内(见附表 4-4 中图式)。
2. 计算举例：如以三层楼 $d_1 \times d_2 = 20 \times 15$ 为例。
层立管之间长度为 3.0−0.6=2.4 m，则层立管的当量阻力系数 $\xi_{0.1} = \lambda_1 l_1/d_1 + \Sigma \xi_1 = 1.8 \times 2.4 + 0 = 4.32$。设 n 为建筑物层数，ξ_0 代表散热器及其支管的当量阻力系数，ξ_0' 代表立管与供、回水干管连接部分的当量阻力系数，则整根立管的折算阻力系数 ξ_{zh} 为
$$\xi_{zh} = n\xi_0 + n\xi_{0.1} + \xi_0' = 3 \times 15.6 + 3 \times 4.32 + 12.9 = 72.7$$

附表 4-6　塑料管水力计算表

流量 L/h	计算内径/计算外径/mm					
	12/16		16/20		20/25	
	m/s	Pa/m	m/s	Pa/m	m/s	Pa/m
90	0.22	91.04				
108	0.27	125.76				
126	0.31	165.30				
144	0.35	209.44	0.20	53.07		
162	0.40	258.20	0.22	65.33		
180	0.44	311.17	0.25	78.77		
198	0.49	368.56	0.27	93.29		
216	0.53	430.07	0.30	108.89		
236	0.57	495.70	0.32	125.57		
252	0.62	565.35	0.35	143.13	0.22	46.70

续表

流量	计算内径/计算外径/mm						
	12/16		16/20		20/25	
L/h	m/s	Pa/m	m/s	Pa/m	m/s	Pa/m
270	0.66	638.93	0.37	161.77	0.24	55.62
288	0.71	716.42	0.40	181.39	0.25	62.39
306	0.75	797.75	0.42	201.99	0.27	69.55
324	0.80	882.90	0.45	223.57	0.29	77.01
342	0.84	971.78	0.47	246.13	0.30	84.86
360	0.88	1069.3	0.50	269.58	0.31	92.80
396	0.97	1255.7	0.55	319.21	0.35	109.97
432	1.06	1471.5	0.60	372.49	0.39	128.31
468	1.15	1697.1	0.65	429.28	0.41	147.93
504	1.24	1932.6	0.70	489.62	0.45	168.63

注：1. 本表按《建筑给排水设计手册》经整理和简化所得，计算水温条件为 10 ℃。

2. 计算阻力的水温修正系数

计算水温/℃	10	20	30	40	50	60	70
阻力修正系数	1.00	0.96	0.91	0.88	0.84	0.81	0.80

3. 当壁厚与上表不符时，应计算实际壁厚条件下的内径，并计算下列比值：

$$K=\frac{水力计算表的计算内径}{实际壁厚条件下的内径}$$

实际流速＝水利计算表的流速×K^2

实际阻力＝水里计算表的阻力×$K^{4.774}$

附表 4-7　供暖系统中沿程损失与局部损失的概略分配比例 α　　%

供暖系统形式	摩擦损失	局部损失	供暖系统形式	摩擦损失	局部损失
重力循环热水供暖系统	50	50	高压蒸汽供暖系统	80	20
机械循环热水供暖系统	50	50	室内高压凝水管路系统	80	20
低压蒸汽供暖系统	60	40			

附表 4-8　热水供暖系统管道水力计算表（t_g＝95 ℃，t_h＝70 ℃，K＝0.2）

公称直径/mm	15		20		25		32		40		50		70	
内径/mm	15.75		21.25		27.00		35.75		41.00		53.00		68.00	
G	R	v	R	v	R	v	R	v	R	v	R	v	R	v
30	2.64	0.04												
34	2.99	0.05												
40	3.52	0.06												
42	6.78	0.06												

续表

公称直径/mm	15		20		25		32		40		50		70	
内径/mm	15.75		21.25		27.00		35.75		41.00		53.00		68.00	
G	R	v	R	v	R	v	R	v	R	v	R	v	R	v
48	8.60	0.07												
50	9.25	0.07	1.33	0.04										
52	9.92	0.08	1.38	0.04										
54	10.62	0.08	1.43	0.04										
56	11.34	0.08	1.49	0.04										
60	12.84	0.09	2.93	0.05										
70	16.99	0.10	3.85	0.06										
80	21.68	0.12	4.88	0.06										
82	22.69	0.12	5.10	0.07										
84	23.71	0.12	5.33	0.07										
90	26.93	0.13	6.03	0.07										
100	32.72	0.15	7.29	0.08	2.24	0.05								
105	35.82	0.15	7.96	0.08	2.45	0.05								
110	39.05	0.16	8.66	0.09	2.66	0.05								
120	45.93	0.17	10.15	0.10	3.10	0.06								
125	49.57	0.18	10.93	0.10	3.34	0.06								
130	53.35	0.19	11.74	0.10	3.58	0.06								
135	57.27	0.20	12.58	0.11	3.83	0.07								
140	61.32	0.20	13.45	0.11	4.09	0.07	1.04	0.04						
160	78.87	0.23	17.19	0.13	5.20	0.08	1.31	0.05						
180	98.59	0.26	21.38	0.14	6.44	0.09	1.61	0.05						
200	120.48	0.29	26.01	0.16	7.80	0.10	1.95	0.06						
220	144.52	0.32	31.08	0.18	9.29	0.11	2.31	0.06						
240	170.73	0.35	36.58	0.19	10.90	0.12	2.70	0.07						
260	199.09	0.38	42.52	0.21	12.64	0.13	3.12	0.07						
270	214.08	0.39	45.66	0.22	13.55	0.13	3.34	0.08						
280	229.61	0.41	48.91	0.22	14.50	0.14	3.57	0.08	1.82	0.06				
300	262.29	0.44	55.72	0.24	16.48	0.15	4.05	0.08	2.06	0.06				
400	458.07	0.58	96.37	0.32	28.23	0.20	6.85	0.11	3.46	0.09				
500			147.91	0.40	43.03	0.25	10.35	0.14	5.12	0.11				
520			159.33	0.41	46.36	0.26	11.13	0.15	5.60	0.11	1.57	0.07		
560			184.07	0.45	53.38	0.28	12.78	0.16	6.42	0.12	1.79	0.07		
600			210.35	0.48	60.89	0.30	14.54	0.17	7.29	0.13	2.03	0.08		
700			283.67	0.56	81.79	0.35	19.43	0.20	9.71	0.15	2.69	0.09		
760			332.89	0.61	95.79	0.38	22.69	0.21	11.33	0.16	3.13	0.10		

· 211 ·

续表

公称直径/mm	15		20		25		32		40		50		70	
内径/mm	15.75		21.25		27.00		35.75		41.00		53.00		68.00	
G	R	v	R	v	R	v	R	v	R	v	R	v	R	v
780			350.17	0.62	100.71	0.38	23.83	0.22	11.89	0.17	3.28	0.10		
800			367.88	0.64	105.74	0.39	25.00	0.23	12.47	0.17	3.44	0.10		
900			462.97	0.72	132.72	0.44	31.25	0.25	15.56	0.19	4.27	0.12	1.24	0.07
1 000			568.94	0.80	162.75	0.49	38.20	0.28	18.98	0.21	5.19	0.13	1.50	0.08
1 050			626.01	0.84	178.90	0.52	41.93	0.30	20.81	0.22	5.69	0.13	1.64	0.08
1 100			685.79	0.88	195.81	0.54	45.83	0.31	22.73	0.24	6.20	0.14	1.79	0.09
1 200			813.52	0.96	231.92	0.59	54.14	0.34	26.81	0.26	7.29	0.15	2.10	0.09
1 250			881.47	1.00	251.11	0.62	58.55	0.35	28.98	0.27	7.87	0.16	2.26	0.10
1 300					271.06	0.64	63.14	0.37	31.23	0.28	8.47	0.17	2.43	0.10
1 400					313.24	0.69	72.82	0.39	35.98	0.30	9.74	0.18	2.79	0.11
1 600					406.71	0.79	94.24	0.45	46.47	0.34	12.52	0.20	3.57	0.12
1 800					512.34	0.89	118.39	0.51	52.28	0.39	15.65	0.23	4.44	0.14
2 000					630.11	0.99	145.28	0.56	71.42	0.43	19.12	0.26	5.41	0.16
2 200							174.91	0.62	85.88	0.47	22.92	0.28	6.47	0.17
2 400							207.26	0.68	101.66	0.51	27.07	0.31	7.62	0.19
2 500							224.47	0.70	110.04	0.53	29.28	0.32	8.23	0.19
2 600							242.35	0.73	118.76	0.56	31.56	0.33	8.86	0.20
2 800							280.18	0.79	137.19	0.60	36.39	0.36	10.20	0.22

注：1. 本表按供暖季平均水温 $t \approx 60\ ℃$，相应的密度 $\rho = 983.248\ \text{kg/m}^3$；

2. 摩擦阻力系数 λ 值按下述原则确定：层流区中，按式 $\lambda = \dfrac{64}{Re}$ 计算；紊流区中，按式 $\dfrac{1}{\sqrt{\lambda}} = -2\lg\left(\dfrac{2.51}{Re\sqrt{\lambda}} + \dfrac{K/d}{3.72}\right)$ 计算；

3. 表中符号：G——管段热水流量(kg/h)；R——比摩阻(Pa/m)；v——水流速(m/s)。

附表 4-9　在自然循环上供下回式双管热水供暖系统中，由于水在管路内冷却而产生的附加压力

Pa

系统的水平距离/m	锅炉到散热器的高度/m	自总立管至计算立管之间的水平距离/m					
		<10	10~20	20~30	30~50	50~75	75~100
1	2	3	4	5	6	7	8
未保温的明装立管 (1)1层或2层的房屋							
25 以下	7 以下	100	100	150	—	—	—
25~50	7 以下	100	100	150	200	—	—
50~75	7 以下	100	100	150	150	200	—
75~100	7 以下	100	100	150	150	200	250

续表

系统的水平距离/m	锅炉到散热器的高度/m	自总立管至计算立管之间的水平距离/m					
		<10	10~20	20~30	30~50	50~75	75~100
(2)3层或4层的房屋							
25以下	15以下	250	250	250	—	—	—
25~50	15以下	250	250	300	350	—	—
50~75	15以下	250	250	250	300	350	—
75~100	15以下	250	250	250	300	350	400
(3)高于4层的房屋							
25以下	7以下	450	500	550	—	—	—
25以下	大于7	300	350	450	—	—	—
25~50	7以下	550	600	650	750	—	—
25~50	大于7	400	450	500	550	—	—
50~75	7以下	550	550	600	650	750	—
50~75	大于7	400	400	450	500	550	—
75~100	7以下	550	550	550	600	650	700
75~100	大于7	400	400	400	450	500	650
未保温的暗装立管 (1)1层或2层的房屋							
25以下	7以下	80	100	130	—	—	—
25~50	7以下	80	80	130	150	—	—
50~75	7以下	80	80	100	130	180	—
75~100	7以下	80	80	80	130	180	230
(2)3层或4层的房屋							
25以下	15以下	180	200	280	—	—	—
25~50	15以下	180	200	250	300	—	—
50~75	15以下	150	180	200	250	300	—
75~100	15以下	150	150	180	230	280	330
(3)高于4层的房屋							
25以下	7以下	300	350	380	—	—	—
25以下	大于7	200	250	300	—	—	—
25~50	7以下	350	400	430	530	—	—
25~50	大于7	250	300	330	380	—	—
50~75	7以下	350	350	400	430	530	—
50~75	大于7	250	250	300	330	380	—
75~100	7以下	350	350	380	400	480	530
75~100	大于7	250	260	280	300	350	450

注：1. 在下供下回式系统中，不计算水在管路中冷却产生的附加作用压力值。
　　2. 在单管式系统中，附加值采用本附录所示的相应值的50%

附表 4-10　热水供暖系统局部阻力系数 $\xi=1$ 的局部损失(动压头)值 $\Delta p_d = \rho v^2/2$　　Pa

v	ΔP_d	v	ΔP_d	v	ΔP_d	v	ΔP_d	v	ΔP_d	v	ΔP_d
0.01	0.05	0.13	8.31	0.25	30.73	0.37	67.30	0.49	118.04	0.61	182.93
0.02	0.2	0.14	9.64	0.26	33.23	0.38	70.99	0.50	122.91	0.62	188.98
0.03	0.44	0.15	11.06	0.27	35.84	0.39	74.78	0.51	127.87	0.65	207.71
0.04	0.79	0.16	12.59	0.28	38.54	0.40	78.66	0.52	132.94	0.68	227.33
0.05	1.23	0.17	14.21	0.29	41.35	0.41	82.64	0.53	138.10	0.71	247.83
0.06	1.77	0.18	15.93	0.30	44.25	0.42	86.72	0.54	143.36	0.74	269.21
0.07	2.41	0.19	17.75	0.31	47.25	0.43	90.90	0.55	148.72	0.77	291.48
0.08	3.15	0.20	19.66	0.32	50.34	0.44	95.18	0.56	154.17	0.80	314.64
0.09	3.98	0.21	21.68	0.33	53.54	0.45	99.55	0.57	159.73	0.85	355.20
0.10	4.92	0.22	23.79	0.34	56.83	0.46	104.03	0.58	165.38	0.90	398.22
0.11	5.95	0.23	26.01	0.35	60.22	0.47	108.6	0.59	171.13	0.95	443.70
0.12	7.08	0.24	28.32	0.36	63.71	0.48	113.27	0.60	176.98	1.00	491.62

注：本表是按照 $t_g=95$ ℃、$t_h=70$ ℃，整个供暖季的平均水温 $t \approx 60$ ℃，相应的水密度 $\rho=983.248$ kg/m³ 编制的

附表 5-1　地板供暖地板向房间的有效散热量表(一)

平均水温/℃	计算室温/℃	下列供热管道间距/mm 条件下的地板散热量/(W·m⁻²)							
		300	250	225	200	175	150	125	100
35	15	83	92	97	102	107	112	117	121
	18	70	78	82	86	90	94	98	102
	20	62	68	72	75	79	83	86	90
	22	53	59	62	65	66	71	74	77
	24	45	49	52	54	57	60	62	65
40	15	105	116	122	128	135	141	147	153
	18	92	102	107	112	118	123	129	134
	20	83	92	97	102	107	112	117	121
	22	75	82	87	91	95	100	104	109
	24	66	73	76	80	84	88	92	95
45	15	127	140	148	155	163	171	178	186
	18	114	126	134	139	146	153	160	166
	20	105	116	122	128	135	141	147	153
	22	96	106	112	117	123	129	135	140
	24	87	96	101	107	111	117	122	128
50	15	149	165	173	182	191	200	209	218
	18	136	150	158	166	174	182	191	199
	20	127	140	148	155	163	171	178	186
	22	118	130	137	144	151	159	166	173
	24	109	121	126	133	140	147	153	160

续表

平均水温/℃	计算室温/℃	下列供热管道间距/mm 条件下的地板散热量/(W·m⁻²)							
		300	250	225	200	175	150	125	100
55	15	171	189	199	209	220	230	241	251
	18	158	174	184	193	203	212	222	231
	20	149	165	173	182	191	200	209	218
	22	140	155	163	171	180	188	197	205
	24	131	145	152	160	168	176	184	192

注：本表适用于低温热水地板辐射供暖系统，当地面层为水泥、陶瓷砖、水磨石或石料[地面层热阻 $R=0.02(m^2·℃/W)$]、塑料管材公称外径为 20 mm(内径为 16 mm)时，地板向房间的有效散热量

附表 5-2　地板供暖地板向房间的有效散热量表(二)

平均水温/℃	计算室温/℃	下列供热管道间距/mm 条件下的地板散热量/(W·m⁻²)							
		300	250	225	200	175	150	125	100
35	15	66	72	75	78	81	84	87	90
	18	56	61	64	66	69	71	74	76
	20	49	54	56	58	60	63	65	67
	22	42	46	48	50	52	54	56	58
	24	36	39	40	42	44	45	47	48
40	15	83	91	94	98	102	106	110	113
	18	73	80	83	86	90	93	96	99
	20	66	72	75	78	81	84	87	90
	22	59	65	67	70	73	75	78	81
	24	52	57	59	62	64	67	69	71
45	15	100	109	114	119	123	128	132	137
	18	90	98	102	106	111	115	119	123
	20	83	91	94	98	102	106	110	113
	22	76	83	87	90	94	97	101	104
	24	69	75	79	82	85	88	91	94
50	15	118	128	134	139	145	150	155	160
	18	107	117	122	127	132	137	142	146
	20	100	109	114	119	123	128	132	137
	22	93	102	106	110	115	119	123	127
	24	86	94	98	102	106	110	114	118
55	15	135	147	153	160	166	172	178	184
	18	125	136	141	147	153	159	164	170
	20	118	128	134	139	145	150	155	160
	22	111	120	126	131	136	141	146	151
	24	103	113	118	122	127	132	137	141

注：本表适用于低温热水地板辐射供暖系统，当地面层为塑料类材料[地面层热阻 $R=0.075(m^2·℃/W)$]、塑料管材公称外径为 20 mm(内径为 16 mm)时，地板向房间的有效散热量

附表 5-3 地板供暖地板向房间的有效散热量表(三)

平均水温/℃	计算室温/℃	\multicolumn{8}{c}{下列供热管道间距/mm 条件下的地板散热量/(W·m^{-2})}
		300	250	225	200	175	150	125	100
35	15	61	66	68	71	73	76	78	80
	18	51	56	58	60	62	64	66	68
	20	45	49	51	53	55	56	58	60
	22	39	42	44	45	47	49	50	52
	24	35	35	35	37	38	40	42	43
40	15	76	83	86	89	92	95	98	101
	18	67	72	75	78	81	84	86	89
	20	61	66	68	71	73	76	78	80
	22	54	59	61	63	66	68	70	72
	24	48	52	54	56	58	60	62	64
45	15	92	99	103	107	111	115	119	122
	18	82	89	93	96	100	103	106	110
	20	76	83	86	89	92	95	98	101
	22	70	76	79	82	84	87	90	93
	24	63	69	71	74	77	79	82	84
50	15	108	116	121	126	130	135	139	143
	18	98	106	110	115	119	123	127	131
	20	92	99	103	107	111	115	119	122
	22	85	93	96	100	103	107	110	114
	24	79	86	89	92	96	99	102	105
55	15	123	134	139	144	149	155	160	164
	18	114	123	128	133	138	143	147	152
	20	108	116	121	126	130	135	139	143
	22	101	109	114	118	122	127	131	135
	24	95	103	107	111	115	119	123	126

注：本表适用于低温热水地板辐射供暖系统，当地面层为木地板[地面层热阻 $R=0.1(m^2·℃/W)$]、塑料管材公称外径为 20 mm(内径为 16 mm)时，地板向房间的有效散热量

附表 5-4 地板供暖地板向房间的有效散热量表(四)

平均水温/℃	计算室温/℃	\multicolumn{8}{c}{下列供热管道间距/mm 条件下的地板散热量/(W·m^{-2})}
		300	250	225	200	175	150	125	100
35	15	52	56	58	60	61	63	65	67
	18	44	47	49	51	52	54	55	56
	20	39	42	43	44	46	47	48	50
	22	35	36	37	38	40	41	42	43
	24	35	35	35	35	35	35	35	36

续表

平均水温/℃	计算室温/℃	下列供热管道间距/mm 条件下的地板散热量/(W·m⁻²)							
		300	250	225	200	175	150	125	100
40	15	65	70	72	75	77	79	82	84
	18	57	61	64	66	68	70	72	73
	20	52	56	58	60	61	63	65	67
	22	47	50	52	53	55	57	58	60
	24	41	44	46	47	49	50	52	53
45	15	79	84	87	90	93	96	98	101
	18	71	76	78	81	83	86	88	91
	20	65	70	72	75	77	79	82	84
	22	60	64	66	69	71	73	75	77
	24	54	58	60	62	64	66	68	70
50	15	92	99	102	105	109	112	115	118
	18	84	90	93	96	99	102	105	108
	20	79	84	87	90	93	96	98	101
	22	73	78	81	84	87	89	92	94
	24	68	73	75	78	80	83	85	87
55	15	105	113	117	121	125	128	132	135
	18	97	104	108	112	115	119	122	125
	20	92	99	102	105	109	112	115	118
	22	86	93	96	99	102	105	108	111
	24	81	87	90	93	96	99	102	104

注：本表适用于低温热水地板辐射供暖系统，当地面层以上铺地毯[地面层热阻 $R=0.15(m^2·℃/W)$]、塑料管材公称外径为 20 mm(内径为 16 mm)时，地板向房间的有效散热量

附表 8-1　采暖热指标推荐值 q_h　　　　　　　　　　　　　　　　　　　　W/m²

建筑物类型	住宅	居住区综合	学校办公	医院托幼	旅馆	商店	食堂餐厅	影剧院展览馆	大礼堂体育馆
未采取节能措施	58～64	60～67	60～80	65～80	60～70	65～80	115～140	95～115	115～165
采取节能措施	40～45	45～55	50～70	55～70	50～60	55～70	100～130	80～105	100～150

附表 8-2　空调热指标 q_a、冷指标 q_c 推荐值　　　　　　　　　　　　　W/m²

建筑物类型	办公	医院	旅馆、宾馆	商店、展览馆	影剧院	体育馆
热指标	80～100	90～120	90～120	100～120	115～140	130～190
冷指标	80～110	70～100	80～110	125～180	150～200	140～200

附表 9-1 热水管网水力计算表

($K=0.5$ mm，$t=100$ ℃，$\rho=958.38$ kg/m³，$v=0.295\times10^{-6}$ m²/s)

水流量 G(t·h⁻¹)；流速 v(m·s⁻¹)；比摩阻 R(Pa·m⁻¹)

公称直径/mm	25		32		40		50		70		80		100		125		150	
外径×壁厚/mm	32×2.5		38×2.5		45×2.5		57×3.5		76×3.5		89×3.5		108×4		133×4		159×4.5	
G	v	R	v	R	v	R	v	R	v	R	v	R	v	R	v	R	v	R
0.6	0.3	77	0.2	27.5	0.14	9												
0.8	0.41	137.3	0.27	47.7	0.18	15.8	0.12	5.6										
1.0	0.51	214.8	0.34	73.1	0.23	24.4	0.15	8.6										
1.4	0.71	420.7	0.47	143.2	0.32	47.4	0.21	19.8	0.11	3.0								
1.8	0.91	695.3	0.61	236.3	0.42	84.2	0.27	26.1	0.14	5								
2.0	1.01	858.1	0.68	292.2	0.46	104	0.3	31.9	0.16	6.1								
2.2	1.11	1038.5	0.75	353	0.51	125.5	0.33	36.2	0.17	7.4								
2.6			0.88	493.3	0.6	175.5	0.38	53.4	0.2	10.1								
3.0			1.02	657	0.69	234.4	0.44	71.2	0.23	13.2								
3.4			1.15	844.4	0.78	301.1	0.5	91.4	0.26	17								
4.0					0.92	415.8	0.59	126.5	0.31	22.8	0.22	9						
4.8					1.11	599.2	0.71	182.4	0.37	32.8	0.26	12.9						
6							0.83	252	0.43	44.5	0.31	17.5	0.21	6.4				
6.2							0.92	304	0.48	54.6	0.34	21.8	0.23	7.8	0.15	2.5		
7.0							1.03	387.4	0.54	69.6	0.38	27.9	0.26	9.9	0.17	3.1		
8.0							1.18	506	0.62	90.9	0.44	36.3	0.3	12.7	0.19	4.1		
9.0							1.33	640.4	0.7	114.7	0.49	46	0.33	16.1	0.21	5.1		
10.0							1.48	790.4	0.78	142.2	0.55	56.8	0.37	19.8	0.24	6.3		
11.0							1.63	957.1	0.85	171.6	0.6	68.6	0.41	23.9	0.26	7.6		
12.0									0.93	205	0.66	81.7	0.44	28.5	0.28	8.8	0.2	3.5
14.0									1.09	278.5	0.77	110.8	0.52	38.8	0.33	11.9	0.23	4.7
15.0									1.16	319.7	0.82	127.5	0.55	44.5	0.35	13.6	0.25	5.4
16.0									1.24	363.8	0.88	145.1	0.59	50.7	0.38	15.5	0.26	6.1
18.0									1.4	459.9	0.99	184.4	0.66	64.1	0.43	19.7	0.3	7
20.0									1.55	568.8	1.1	227.5	0.74	79.2	0.47	24.3	0.33	9.3
22.0									1.71	687.4	1.21	274.6	0.81	95.8	0.52	29.4	0.36	11.2
24.0									1.86	818.9	1.32	326.6	0.89	113.8	0.57	35	0.39	13.3
26.0									2.02	961.1	1.43	383.4	0.96	133.4	0.62	41.1	0.43	16.7
28.0											1.54	445.2	1.03	154.9	0.66	47.6	0.46	18.1
30.0											1.65	510.9	1.11	178.5	0.71	54.6	0.49	20.8
32.0											1.76	581.5	1.18	203	0.76	62.2	0.53	23.7
34.0											1.87	656.1	1.26	228.5	0.8	70.2	0.56	26.8
36.0											1.98	735.5	1.33	256.9	0.85	78.6	0.59	30
38.0											2.09	819.8	1.4	286.4	0.9	87.7	0.62	33.4

· 218 ·

续表

公称直径/mm	100		125		150		200		250		300	
外径×壁厚/mm	108×4		133×4		159×4.5		219×6		273×8		325×8	
G	v	R	v	R	v	R	v	R	v	R	v	R
40	1.48	316.8	0.95	97.2	0.66	37.1	0.35	6.80	0.22	2.3		
42	1.55	349.1	0.99	106.9	0.63	40.8	0.36	7.50	0.23	2.5		
44	1.63	383.4	1.04	117.7	0.72	44.8	0.38	8.10	0.25	2.7		
45	1.66	401.1	1.06	122.6	0.74	46.9	0.39	8.50	0.25	2.8		
48	1.77	456.0	1.13	140.2	0.79	53.3	0.41	9.70	0.27	3.2		
50	1.85	495.2	1.18	152.0	0.82	57.8	0.43	10.6	0.28	3.5		
54	1.99	577.6	1.28	177.5	0.89	67.5	0.47	12.4	0.30	4.0		
58	2.14	665.9	1.37	204.0	0.95	77.9	0.50	14.2	0.32	4.5		
62	2.29	761.0	1.47	233.4	1.02	88.9	0.53	16.3	0.35	5.0		
66	2.44	862.0	1.56	264.8	1.08	101.0	0.57	18.4	0.37	5.7		
70	2.59	969.9	1.65	297.1	1.15	113.8	0.60	20.7	0.39	6.4		
74			1.75	332.4	1.21	126.5	0.64	23.1	0.41	7.1		
78			1.84	369.7	1.28	141.2	0.67	25.7	0.44	8.2		
80			1.89	388.3	1.31	148.1	0.69	27.1	0.45	8.6		
90			2.13	491.3	1.48	187.3	0.78	34.2	0.50	11.0		
100			2.36	607.0	1.64	231.4	0.86	42.3	0.56	13.5	0.3	5.1
120			2.84	873.8	1.97	333.4	1.03	60.9	0.67	19.5	0.46	7.4
140					2.30	454.0	1.21	82.9	0.78	26.5	0.54	10.1
160					2.63	592.3	1.38	107.9	0.89	34.6	0.62	13.1
180							1.55	137.3	1.01	43.8	0.70	16.6
200							1.72	168.7	1.12	54.1	0.77	20.5
220							1.90	205.0	1.23	65.4	0.85	24.7
240							2.07	243.2	1.34	77.9	0.93	29.5
260							2.24	285.4	1.45	91.4	1.01	34.7
280							2.41	331.5	1.57	105.9	1.08	40.2
300							2.59	380.5	1.68	121.6	1.16	46.2
340							2.93	488.4	1.90	155.9	1.32	55.9
380							3.28	611.0	2.13	195.2	1.47	74.0
420							3.62	745.3	2.35	238.3	1.62	90.5
460									2.57	286.4	1.78	108.9
500									2.80	348.1	1.93	128.5

附表 9-2　热水管网局部阻力当量长度表($K=0.5$ mm)(用于蒸汽管网 $K=0.2$，乘修正系数 $\beta=1.26$)

名称	局部阻力系数 ζ	公称直径/m 当量长度/mm 32	40	50	70	80	100	125	150	175	200	250	300	350	400	450	500	600	700	800
截止阀	4~9	6	7.8	8.4	9.6	10.2	13.5	18.5	24.6	39.5	—	—	—	—	—	—	—	—	—	—
闸阀	0.5~1	—	—	—	1	—	1.65	2.2	2.24	2.9	3.36	3.73	4.17	4.3	4.5	4.7	5.3	5.7	6	6.4
旋启式止回阀	1.5~3	0.98	1.26	0.65	2.8	1.28	4.95	7	9.52	13	16	22.2	29.2	33.9	46	56	66	89.5	112	133
升降式止回阀	7	5.25	6.8	1.7	14	3.6	23	30.8	39.2	50.6	58.8	—	—	—	—	—	—	—	—	—
套筒补偿器(单向)	0.2~0.7	—	—	9.16	—	17.9	0.66	0.88	1.68	2.17	2.52	—	-4.17	—	-10	-11.7	-13.1	-16.5	-19.4	-22.8
套筒补偿器(双向)	0.6	—	—	—	—	—	1.98	2.64	3.36	4.34	5.04	3.33	8.34	5	12	14	15.8	19.9	23.3	27.4
波纹管补偿器(无内套)	1~1.7	—	—	—	—	—	5.57	7.5	8.4	10.1	10.9	6.66	13.9	10.1	16	—	—	—	—	—
波纹管补偿器(有内套)	0.1	—	—	—	—	—	0.38	0.44	0.56	0.72	0.84	13.3	1.4	15.1	2	—	—	—	—	—
方形补偿器												1.1		1.68						
三缝焊弯 $R=1.5d$	2.7	3.5	4	5.2	6.8	7.9	9.8	12.5	17.6	22.1	24.8	33	40	47	55	67	76	94	110	128
锻压弯头 $R=(1.5-2)d$	2.3~3	1.8	2	2.4	3.2	3.5	3.8	5.6	15.4	19	23.4	28	34	40	47	60	68	83	95	110
焊弯头 $R≥4d$	1.16	—	—	—	—	—	—	—	6.5	8.4	9.3	11.2	11.5	16	20	—	—	—	—	—
45°单缝焊接弯头	0.3	0.38	0.48	0.65	1	1.28	1.65	2.2	1.68	2.17	2.52	3.33	4.17	5	6	7	7.9	9.9	11.7	13.7
60°单缝焊接弯头	0.7	0.22	0.29	0.4	0.6	0.76	0.98	1.32	3.92	5.06	5.9	7.8	9.7	11.8	14	16.3	18.4	23.2	27.2	32
锻压弯头 $R=4d$	0.5	—	—	—	—	—	—	—	2.8	3.62	4.2	5.55	6.95	8.4	10	11.7	13.1	16.5	19.4	22.8
煨弯 $R=4d$	0.3	—	—	—	—	—	—	—	1.68	2.17	2.52	3.3	4.17	5	6	—	—	—	—	—
除污器	10	—	—	—	—	—	—	—	56	72.4	84	111	139	168	200	233	262	331	388	456

续表

公称直径/mm 当量长度/m 名称	局部阻力系数 ζ	32	40	50	70	80	100	125	150	175	200	250	300	350	400	450	500	600	700	800
分流三通直通管	1.0	0.75	0.97	1.3	2	2.55	3.3	4.4	5.6	7.24	3.4	11.1	13.9	16.8	20	23.3	26.3	33.1	38.8	45.7
分支管	1.5	1.13	1.45	1.96	3	3.82	4.95	6.6	8.4	10.9	12.6	16.7	20.8	25.2	30	35	39.4	49.6	58.2	68.6
合流三通直通管	1.5	1.13	1.45	1.96	3	3.82	4.95	6.6	8.4	10.9	12.6	16.7	20.8	25.2	30	35	39.4	49.6	58.2	68.6
分支管	2.0	1.5	1.94	2.62	4	5.1	6.6	8.8	11.2	14.5	16.8	22.2	27.8	33.6	40	46.6	52.5	66.2	77.6	91.5
焊接异径接头（按小管径计算） $F_1/F_0=2$	0.1	—	0.1	0.13	0.2	0.26	0.33	0.44	0.56	0.72	0.84	1.1	1.4	1.68	2	2.4	2.6	3.3	3.9	4.6
$F_1/F_0=3$	0.2~0.3	—	0.14	0.2	0.3	038	0.98	1.32	1.68	2.17	2.52	8.3	4.17	5	5.7	5.9	6.0	6.6	7.8	9.2
$F_1/F_0=4$	0.3~0.49	—	0.19	0.26	0.4	0.51	1.6	2.2	2.8	3.62	4.2	5.55	6.85	7.4	7.8	8	8.9	9.9	11.6	13.7

附表 9-3　热水管网管局部损失与沿程损失的估算比值

补偿器类型	公称直径/mm	估算比值 α_j 蒸汽管道	估算比值 α_j 热水和凝结水管道
输送干线 套筒或波纹管补偿器(带内衬筒)	≤1 200	0.2	0.2
方形补偿器	200～350	0.7	0.5
方形补偿器	400～500	0.9	0.7
方形补偿器	600～1 200	1.2	1.0
输配干线 套筒或波纹管补偿器(带内衬筒)	≤400	0.4	0.3
(带内衬筒)	450～1 200	0.5	0.4
方形补偿器	150～250	0.8	0.6
方形补偿器	300～350	1.0	0.8
方形补偿器	400～500	1.0	0.9
方形补偿器	600～1 200	1.2	1.0

注：有分支管接出的干线称输配干线；长度超过 2 km 无分支管的干线称输送干线

附表 12-1　碳素钢管弹性模数及线膨胀系数

管壁温度 $t/℃$	弹性模数 $E/(N \cdot m^{-2})$	线膨胀系数 $\alpha/[m \cdot (m \cdot ℃)^{-1}]$	$E \cdot \alpha/[M \cdot (m^2 \cdot ℃)^{-1}]$
20	20.104×10^{10}	1.18×10^{-5}	23.723×10^{5}
75	19.515×10^{10}	1.20×10^{-5}	23.418×10^{5}
100	19.368×10^{10}	1.22×10^{-5}	23.629×10^{5}
125	19.123×10^{10}	1.24×10^{-5}	23.710×10^{5}
150	18.927×10^{10}	1.25×10^{-5}	23.659×10^{5}
175	18.78×10^{10}	1.27×10^{-5}	23.851×10^{5}
200	18.387×10^{10}	1.28×10^{-5}	23.537×10^{5}
225	18.113×10^{10}	1.30×10^{-5}	23.547×10^{5}
250	17.848×10^{10}	1.31×10^{-5}	23.381×10^{5}
275	17.554×10^{10}	1.32×10^{-5}	23.171×10^{5}
300	17.211×10^{10}	1.34×10^{-5}	23.063×10^{5}
325	16.936×10^{10}	1.35×10^{-5}	22.864×10^{5}
350	16.622×10^{10}	1.36×10^{-5}	22.606×10^{5}
375	16.328×10^{10}	1.37×10^{-5}	22.369×10^{5}
400	15.958×10^{10}	1.38×10^{-5}	22.059×10^{5}
425	15.69×10^{10}	1.40×10^{-5}	21.966×10^{5}
450	15.396×10^{10}	1.41×10^{-5}	21.708×10^{5}

注：1. 钢材是指 A_1、A_2、A_3、A_4、10、15 及 20 号钢。
　　2. 表中 α 为由 0 ℃ 加热到 t ℃ 的平均线膨胀系数

附表 12-2　常用管道规格和材料特性数据表

公称直径 DN	外径 D_w	壁厚 δ	内径 d	管内断面积 F	管壁断面积 f	管子断面惯性矩 I	管子断面抗弯矩 w	\multicolumn{2}{c}{管子刚度 $(E\cdot a)$ 10^4 N/m^2}
mm	mm	mm	mm	cm^2	cm^2	10^{-5} m^4	10^{-5} m^3	200 ℃	350 ℃
25	32	2.5	27	5.73	2.32	2.54	1.58	0.467	0.422
32	38	2.5	33	8.55	2.79	4.41	2.32	0.811	0.733
40	45	2.5	40	12.57	3.30	7.55	3.36	1.388	1.255
50	57	3.5	50	19.63	5.88	21.11	7.40	3.882	3.509
65	73	3.5	66	34.2	7.64	46.3	12.40	8.513	7.696
80	89	3.5	82	52.81	9.41	86	19.3	15.813	14.295
100	108	4	106	78.54	13.1	177	32.8	32.55	29.42
125	133	4	125	122.7	16.2	337	50.8	61.97	56.02
150	159	4.5	150	176.7	21.9	652	82	119.89	108.38
200	219	4	211	349.5	27	1 559	142	286.66	259.14
200	219	6	207	336.5	40.2	2 279	208	419.05	378.82
250	273	4	265	551	33.8	3 053	219	561.37	507.48
250	273	7	259	526.9	58.4	5 177	379	951.92	860.54
300	325	5	315	778.9	50.2	6 424	395	1 181.21	1 067.81
300	325	8	309	749.9	79.7	1 0010	616	1 840.59	1 663.89
350	377	5	367	1 057	58.4	10 092	535	2 057.92	1 677.52
350	377	9	359	1 012	104	17 620	935	3 239.87	2 928.84
400	426	6	414	1 346	79	17 460	820	3 210.45	2 902.25
400	426	9	480	1 307	118	25 600	1 204	4 707.19	4 255.3

附表 12-3　碳素钢管综合系数 C 值

介质温度/℃	50	100	150	200	250	300
综合系数	1.18	2.26	3.43	4.61	5.69	6.86

附表 12-4　90°L 形弯管形状系数表

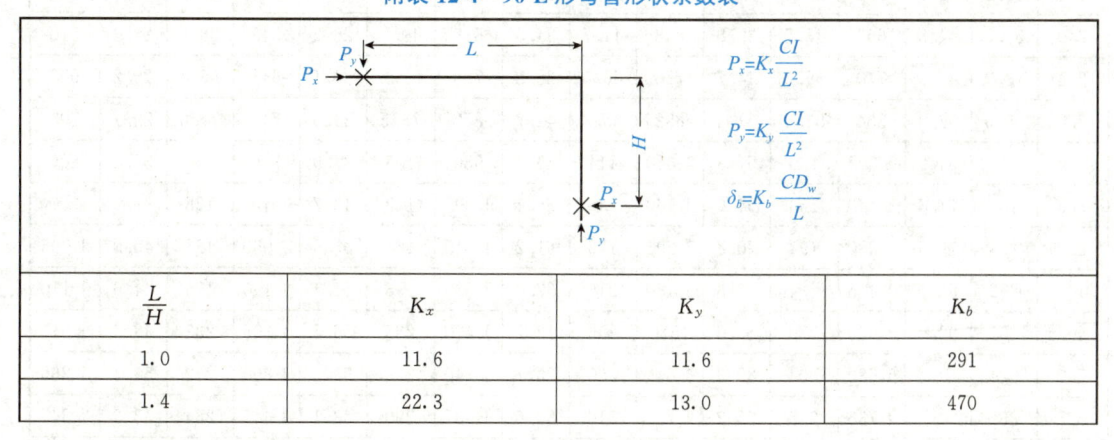

$$P_x = K_x \frac{CI}{L^2}$$

$$P_y = K_y \frac{CI}{L^2}$$

$$\delta_b = K_b \frac{CD_w}{L}$$

$\dfrac{L}{H}$	K_x	K_y	K_b
1.0	11.6	11.6	291
1.4	22.3	13.0	470

续表

1.8	40.7	14.9	680
2.2	66.2	17.3	970
2.6	99.8	20.0	1 130
3.0	145	22.3	1 690
3.4	201	25.7	2 100
3.8	266	28.6	2 670
4.2	345	32.0	3 080
4.6	442	35.0	3 640
5.0	552	38.2	4 270
5.4	678	41.7	4 940
5.8	828	44.6	5 630
6.2	990	48.3	6 390
6.6	1 170	51.8	7 230
7.0	1 380	55.0	8 060
7.5	1 560	59.3	8 720
8.0	2 000	63.4	10 400

附表 12-5 90°Z形弯管形状系数表

$$P_x = K_x \frac{CI}{L^2}$$

$$P_y = K_y \frac{CI}{L^2}$$

$$\delta_b = K_b \frac{CD_w}{L}$$

$\dfrac{L_1}{L_2}$		1			1.5			2			3			4	
$\dfrac{L}{H}$	K_x	K_y	K_b	K_x	K_y	K_b	K_x	K_y	K_b	K_x	K_y	K_b	K_x	K_y	K_b
1.0	16.7	36.7	502	15.4	33.0	559	13.9	28.1	534	12.2	21.3	4.22	11.5	18.4	405
2.0	51.8	44.3	643	48.5	39.8	648	44.7	34.0	616	40.7	26.2	543	38.8	23.3	510
2.4	73.7	49.5	740	69.0	44.7	776	66.0	38.8	728	59.2	30.1	648	56.4	26.2	600
2.8	99.0	56.3	884	93.0	51.4	892	88.3	44.7	852	78.5	34.0	745	77.6	29.1	705
3.2	128	64.2	1 005	120	57.3	1 040	114	49.5	980	103	37.9	866	101	33.0	802
3.6	163	71.8	1 140	163	64.0	1 160	145	55.4	1 095	132	43.7	973	128	37.0	900
4.0	204	79.5	1 280	191	70.8	1 290	176	61.2	1 215	161	47.6	1 080	158	40.8	1 005
4.4	252	88.0	1 415	234	78.6	1 430	215	67.0	1 330	198	51.4	1 190	195	44.6	1 110
4.8	301	96.0	1 560	279	85.3	1570	256	72.7	1 470	236	56.3	1 305	232	48.5	1 215
5.0	324	100	1 630	304	89.3	1 645	280	75.7	1 540	253	59.2	1 360	252	50.4	1 265
5.5	362	107	1 735	345	95.2	1 755	316	80.6	1 637	290	63.1	1 445	284	53.3	1 345

续表

$\dfrac{L_1}{L_2}$	\multicolumn{3}{c	}{1}	\multicolumn{3}{c	}{1.5}	\multicolumn{3}{c	}{2}	\multicolumn{3}{c	}{3}	\multicolumn{3}{c	}{4}
$\dfrac{L}{H}$	K_x	K_y	K_b	K_x	K_y	K_b	K_x	K_y	K_b	K_x	K_y	K_b	K_x	K_y	K_b
6.0	476	121	1 980	447	109	2 010	410	92.2	1 880	374	71.0	1 660	370	61.2	1 540
6.5	563	132	2 170	527	119	2 200	476	100	2 047	444	77.7	1 800	438	66.0	1 662
7.0	650	141	2 330	617	128	2 380	518	108	2 220	518	83.5	1 950	510	71.8	1 815
7.5	757	154	2 540	713	137	2 570	640	117	2 380	598	90.3	2 140	590	77.0	1 945
8.0	872	165	2 730	815	147	2 750	747	125	2 570	682	96.0	2 260	672	82.5	2 080

附表 12-6　方形补偿器的补偿能力

补偿能力 ΔL/mm	型号	\multicolumn{11}{c	}{公称通径/mm}
		20	25	32	40	50	65	80	100	125	150	200	250
		\multicolumn{12}{c	}{臂长 H/mm}
30	1	450	520	570	670								
	2	530	580	630	850								
	3	600	760	820	850								
	4		760	820									
50	1	570	650	720	760	790	860	930	1 000				
	2	690	750	830	870	880	910	930	1 000				
	3	790	850	930	970	970	980	980					
	4		1 060	1 120	1 140	1 050	1 240	1 240					
75	1	680	790	860	920	950	1 050	1 100	1 220	1 380	1 530	1 800	
	2	830	930	1 020	1 070	1 080	1 150	1 200	1 300	1 380	1 530	1 800	
	3	980	1 060	1 150	1 220	1 180	1 220	1 250	1 350	1 450	1 600		
	4		1 350	1 410	1 430	1 450	1 450	1 350	1 450	1 530	1 650		
100	1	780	910	980	1 050	1 100	1 200	1 270	1 400	1 590	1 730	2 050	
	2	970	1 070	1 070	1 240	1 250	1 330	1 400	1 530	1 670	1 830	2 100	
	3	1 140	1 250	1 360	1 430	1 450	1 470	1 500	1 600	1 750	1 830	2 100	
	4		1 600	1 700	1 780	1 700	1 710	1 720	1 730	1 840	1 980	2 190	
150	1	1 100	1 260	1 270	1 310	1 400	1 570	1 730	1 920	2 120	2 500		
	2	1 330	1 450	1 540	1 550	1 660	1 760	1 920	2 100	2 280	2 630	2 800	
	3	1 560	1 700	1 800	1 830	1 870	1 900	2 050	2 230	2 400	2 700	2 900	
	4			2 070	2 170	2 200	2 200	2 260	2 400	2 570	2 800	3 100	
200	1	1 240	1 370	1 450	1 510	1 700	1 830	2 000	2 240	2 470	2 840		
	2		1 540	1 700	1 800	1 810	2 000	2 070	2 250	2 500	2 700	3 080	3 200
	3			2 000	2 100	2 100	2 220	2 300	2 450	2 670	2 850	3 200	3 400
	4				2 720	2 750	2 770	2 780	2 950	3 130	3 400	3 700	
250	1			1 630	1 620	1 700	1 950	2 050	2 230	2 520	2 780	3 160	
	2			1 900	2 010	2 040	2 260	2 340	2 560	2 800	3 050	3 500	3 800
	3				2 370	2 500	2 600	2 800	3 050	3 300	3 700	3 800	
	4					3 000	3 100	3 230	3 450	3 640	4 000	4 200	

附表12-7　方形补偿器的弹性力　　　　　　　　　　　　　　　　　　　　　　　　　　　　　kN

管径/mm H/mm	25 32×2.5	32 38×2.5	40 45×2.5	50 57×3.5	70 76×3.5	80 89×3.5	100 108×4	125 133×4	150 159×4.	200 219×6	250 273×7
500	33	51	74	163	304	425					
750	22	34	50	109	202	283					
1 000	17	26	37	82	152	212	360	560			
1 250			30	65	122	170	290				
1 500			25	55	102	142	240	374	600	1 530	2 800
1 750			21	47	87	122	210				
2 000			19	41	76	106	180	280	450	1 150	2 080
2 250			17	36	95	160					
2 500			15	33	61	85	145	224	360	915	1 670
3 000			13	27	51	71	120	187	300	765	1 400
3 500					44	61	103	160	260	765	1 200
4 000					38	53	91	140	226	655	1 050
4 500					34	47	80	125	200	510	925
5 000					31	43	73	112	180	460	835

附表12-8　管道许用外载综合应力

管子规格 $D_y \times t$/mm	工作温度200 ℃， 工作压力1.3 MPa 的(δ_w)/MPa	工作温度350 ℃， 工作压力1.3 MPa 的(δ_w)/MPa	管子规格 $D_y \times t$/mm	工作温度200 ℃， 工作压力1.3 MPa 的(δ_w)/MPa	工作温度350 ℃， 工作压力1.3 MPa 的(δ_w)/MPa
$\phi 32 \times 2.5$	111.8	74.27	$\phi 133 \times 4.0$	109.96	71.39
$\phi 38 \times 2.5$	111.7	74.13	$\phi 159 \times 4.5$	109.65	70.85
$\phi 45 \times 2.5$	111.49	74.06	$\phi 219 \times 6$	107.91	68.22
$\phi 57 \times 3.5$	111.31	73.85	$\phi 273 \times 7$	107.19	67.19
$\phi 73 \times 3.5$	111.29	73.44	$\phi 325 \times 8$	106.77	66.50
$\phi 89 \times 3.5$	110.78	72.82	$\phi 377 \times 9$	106.37	65.91
$\phi 108 \times 4.0$	110.68	72.56	$\phi 425 \times 9$	104.88	63.23

附表12-9　配置弯管补偿器的供热管道固定支座受力计算表

序号	示意图	计算公式	备注
1		$F = P_{d1} + q_1 \mu L_1 - 0.7(P_{d2} + q_2 \mu L_2)$	

续表

序号	示意图	计算公式	备注
2		$F_1=P_{d1}+q_1\mu L_1$ 或 $F_2=P_{d2}+q_2\mu L_2$	阀门关闭时
3		$F=P_{d1}+q_1\mu L_1$	
4		$F_x=P_{d1}+q_1\mu L_1-0.7[P_x+q_2\mu\left(L_2+\dfrac{L_3}{2}\right)\cos\alpha]$ $F_y=P_y+q_2\mu\left(L_2+\dfrac{L_3}{2}\right)\sin\alpha$	
5		$F_x=P_{d1}+q_1\mu L_1-0.7[P_x+q_2\mu\left(L_2+\dfrac{L_3}{4}\right)\cos\alpha]$ $F_y=P_y+q_2\mu\left(L_2+\dfrac{L_3}{4}\right)\sin\alpha$	
6		$F_x=P_{x1}+\mu q_1\left(L_1+\dfrac{L_3}{2}\right)\cos\alpha_1$ $-0.7\left[P_{x2}+\mu q_2\left(L_2+\dfrac{L_4}{2}\right)\cos\alpha_2\right]$ $F_y=P_{y1}+\mu q_1\left(L_1+\dfrac{L_3}{2}\right)\sin\alpha_1$ $-0.7\left[P_{y2}+\mu q_2\left(L_2+\dfrac{L_4}{2}\right)\sin\alpha_2\right]$	

注：式中 F，F_x——固定支座承受的水平推力(N)；
　　　　F_1，F_2——热媒从不同方向流动时，在固定支座上承受的推力(N)；
　　　　F_y——固定支座承受的侧向推力(N)；
　　　　P_d——补偿器的弹性力(N)；
　　　　P_x，P_y——自然补偿管段在 x，y 方向的弹性力(N)；
　　　　q——计算管段单位管长的质量(N/m)；
　　　　L——管段的长度(m)；
　　　　μ——管道与支座间的摩擦系数。

附表 12-10　配置套筒补偿器的供热管道固定支座受力计算表

序号	示意图	计算公式	备注
1		$F=P_{tm\cdot 1}+q_1\mu L_1-0.7(P_{tm\cdot 2}+q_2\mu L_2)+P_n(f_1-f_2)$	
2		$F=P_{tm\cdot 1}-0.7P_{tm\cdot 2}+P_n(f_1-f_2)$	
3		$F_1=P_{tm\cdot 1}+\mu q_1 L_1+P_n f_1$ 或 $F_2=P_{tm\cdot 2}+\mu q_2 L_2+P_n f_2$	阀门关闭时
4		$F=P_{tm\cdot 1}+q_1\mu L_1-0.7P_{tm\cdot 2}+P_n(f_1-f_2)$	
5		$F=P_{tm\cdot 1}+\mu q_1 L_1-0.1\begin{bmatrix}P_x\\+\mu q_2\left(L_2+\dfrac{L_3}{2}\right)\cos\alpha\end{bmatrix}$ $+P_n f_1 \quad F_y=P_y+\mu q_2\left(L_2+\dfrac{L_3}{2}\right)\sin\alpha$	

注：P_{tm}——套筒补偿器的摩擦力(N)；
　　P_n——管内热媒的工作压力(表压力)(N/m²)；
　　f——管子的截面面积(m²)。

附表 12-11　配置波形补偿器的管道固定支座推力计算表

序号	示意图	计算公式	备注
1		$F=P_{tm\cdot 1}+q_1\mu L_1-0.7(P_{tm\cdot 2}+q_2\mu L_2)+P_n(f_1-f_2)$	
2		$F=P_{tm\cdot 1}-0.7P_{tm\cdot 2}+P_n(f_1-f_2)$	
3		$F_1=P_{tm\cdot 1}+\mu q_1 L_1+P_n f_1$ 或 $F_2=P_{tm\cdot 2}+\mu q_2 L_2+P_n f_2$	阀门关闭时

续表

序号	示意图	计算公式	备注
4		$F = P_{m\cdot 1} + q_1\mu L_1 - 0.7 P_{tm\cdot 2} + P_n(f_1 - f_2)$	
5		$F = P_{tm\cdot 1} + \mu q_1 L_1 - 0.1 \left[P_x + \mu q_2 \left(L_2 + \dfrac{L_3}{2} \right) \cos\alpha \right] + P_n f_1$ $F_y = P_y + \mu q_2 \left(L_2 + \dfrac{L_3}{2} \right) \sin\alpha$	

· 229 ·

参考文献

[1] 贺平，孙刚，等．供热工程[M]．5版．北京：中国建筑工业出版社，2021．
[2] 李德英．供热工程[M]．2版．北京：中国建筑工业出版社，2018．
[3] 陆亚俊．暖通空调[M]．3版．北京：中国建筑工业出版社，2015．
[4] 李向东．现代住宅暖通空调设计[M]．北京：中国建筑工业出版社，2003．
[5] 涂光备．供热计量技术[M]．北京：中国建筑工业出版社，2003．
[6] 余宁．流体与热工基础[M]．北京：中国建筑工业出版社，2005．
[7] 陈宏振．供暖系统安装[M]．北京：中国建筑工业出版社，2008．
[8] 蒋志良．供热工程[M]．3版．北京：中国建筑工业出版社，2011．
[9] 李立君，王锋．实用建筑节能工程设计[M]．北京：中国电力出版社，2008．
[10] 吴耀伟．暖通施工技术[M]．北京：中国建筑工业出版社，2005．
[11] 张金和．图解供热系统安装[M]．北京：中国电力出版社，2007．
[12] 魏恩宗．锅炉与供热[M]．北京：机械工业出版社，2003．
[13] 李先瑞．供热空调系统运行管理、节能、诊断技术指南[M]．北京：中国电力出版社，2004．
[14] 马志彪．供热系统调试与运行[M]．2版．北京：中国建筑工业出版社，2016．
[15] 石兆玉，杨同球．供热系统运行调试与控制[M]．北京：中国建筑工业出版社，2018．
[16] 陆耀庆．实用供热空调设计手册[M]．北京：中国建筑工业出版社，2008．
[17] 朱林．暖通空调常用数据手册[M]．北京：中国建筑工业出版社，2002．
[18] 李岱森．简明供热设计手册[M]．北京：中国建筑工业出版社，1998．
[19] 中华人民共和国住房和城乡建设部．GB 50019—2015 工业建筑供暖通风与空气调节设计规范[S]．北京：中国计划出版社，2016．
[20] 中华人民共和国建设部．GB 50242—2002 建筑给水排水及采暖工程施工质量验收规范[M]．北京：中国标准出版社，2002．
[21] 冯秋良．实用管道工程安装技术手册[M]．北京：中国电力出版社，2006．
[22] 中华人民共和国住房和城乡建设部．CJJ 28—2014 城镇供热管网工程施工及验收规范[S]．北京：中国建筑工业出版社，2004．
[23] 李善化，康慧，等．实用集中供热手册[M]．北京：中国电力出版社，2006．
[24] 叶欣．燃气热力工程施工便携手册[M]．北京：中国电力出版社，2006．
[25] 中华人民共和国住房和城乡建设部．GB 50176—2016 民用建筑热工设计规范[S]．北京：中国建筑工业出版社，2017．
[26] 中华人民共和国住房和城乡建设部．GB 50736—2012 民用建筑供暖通风与空气调节设计规范[S]．北京：中国建筑工业出版社，2012．
[27] 中华人民共和国住房和城乡建设部．CJJ/T 34—2022 城镇供热管网设计标准[S]．北

京：中国计划出版社，2010.
[28] 中华人民共和国住房和城乡建设部，中华人民共和国国家质量监督检验检疫总局. GB/T 50114—2016 暖通空调制图标准[S]. 北京：中国计划出版社，2011.
[29] 中华人民共和国住房和城乡建设部. GJJ/T 78—2010 供热工程制图标准[S]. 北京：中国计划出版社，2011.
[30] 王丽. 供热管网系统安装[M]. 北京：中国建筑工业出版社，2006.
[31] 陈宏振，相里梅琴，张丽娟. 供热工程[M]. 江苏：中国矿业大学出版社，2018.